撰稿人员名单

策　　划： 沈长春

撰稿人员： 蔡建堤　刘勇　马超　徐春燕　庄之栋　沈长春　戴天元

各章节撰稿人：

前　言　戴天元

第一章　绪论　戴天元　沈长春

第二章　调查和研究方法　戴天元　蔡建堤　刘勇

第三章　福建海区渔业资源结构　戴天元　沈长春

第四章　鱼类

第一节 带鱼　马超
第二节 蓝圆鲹　刘勇
第三节 二长棘鲷　蔡建堤
第四节 鲐鱼　庄之栋
第五节 龙头鱼　刘勇
第六节 叫姑鱼　徐春燕
第七节 竹筴鱼　庄之栋
第八节 黄鲫　刘勇
第九节 四线天竺鲷　刘勇

第五章　甲壳类

第一节 中华管鞭虾　蔡建堤
第二节 假长缝拟对虾　蔡建堤
第三节 鹰爪虾　蔡建堤
第四节 哈氏仿对虾　蔡建堤
第五节 高脊管鞭虾　蔡建堤
第六节 凹管鞭虾　蔡建堤
第七节 口虾蛄　刘勇
第八节 拥剑梭子蟹　马超
第九节 红星梭子蟹　马超
第十节 善泳蟳　马超
第十一节 日本蟳　马超
第十二节 锈斑蟳　马超
第十三节 蟹类资源养护与管理　马超

第六章　头足类

第一节 剑尖枪乌贼　徐春燕
第二节 杜氏枪乌贼　蔡建堤
第三节 火枪乌贼　刘勇
第四节 短蛸　庄之栋
第五节 柏氏四盘耳乌贼　马超

第七章　海洋捕捞结构及其资源利用

第一节 单船拖网　徐春燕
第二节 灯光围网　庄之栋
第三节 张网　刘勇
第四节 光诱敷网　马超
第五节 刺网　戴天元

第八章　福建海区渔业资源可持续利用　戴天元　沈长春

附　录　福建海区渔获种类名录　戴天元　刘勇

统　　稿： 戴天元　蔡建堤

FUJIAN HAIQU YUYE ZIYUAN
KECHIXU LIYONG

福建海区渔业资源可持续利用

沈长春 蔡建堤 戴天元 刘勇 马超 徐春燕 庄之栋 /编著

厦门大学出版社 国家一级出版社
XIAMEN UNIVERSITY PRESS 全国百佳图书出版单位

图书在版编目(CIP)数据

福建海区渔业资源可持续利用/沈长春等编著.—厦门:厦门大学出版社，2018.5
ISBN 978-7-5615-6945-0

Ⅰ. ①福… Ⅱ. ①沈… Ⅲ. ①海洋渔业-水产资源-资源利用-研究-福建 Ⅳ. ①S937.3

中国版本图书馆 CIP 数据核字(2018)第 078867 号

出 版 人 郑文礼
责任编辑 陈进才
封面设计 蒋卓群
技术编辑 许克华

出版发行 厦门大学出版社
社　　址 厦门市软件园二期望海路 39 号
邮政编码 361008
总 编 办 0592-2182177 0592-2181406(传真)
营销中心 0592-2184458 0592-2181365
网　　址 http://www.xmupress.com
邮　　箱 xmup@xmupress.com
印　　刷 厦门市万美兴印刷设计有限公司

开本 787mm×1092mm 1/16
印张 17
插页 2
字数 414 千字
版次 2018 年 5 月第 1 版
印次 2018 年 5 月第 1 次印刷
定价 68.00 元

厦门大学出版社
微信二维码

厦门大学出版社
微博二维码

内容提要

本书综合了近30年来福建省水产研究所承担的国家、省部级等有关部门下达的科研课题研究成果。课题组先后利用单船拖网、定置张网等多种捕捞作业在福建海区开展渔业资源动态调查、监测，获得了大量第一手资料，然后系统研究了渔业资源生物种类组成、群落结构、资源量、主要渔业资源种类生物学特征、海洋捕捞结构及其资源利用、渔业资源管理与可持续利用等内容，根据福建海区渔业资源利用现状，提出了资源养护和管理的建议。

本书从科研技术角度较客观地反映了福建海区渔业资源及利用现状，又从管理层面上探讨了渔业资源养护与管理策略，为持续利用渔业资源提供了养护管理模式，可供从事海洋渔业、海洋生物、海洋生态、海洋环境研究的工作者和海洋渔业管理人员及大专院校师生参阅。

前 言

本书综合了近30年来福建省水产研究所承担的国家科技部、国家海洋局、东海区渔政渔港管理监督局、福建省科技厅、福建省海洋与渔业厅下达的多项科研课题研究成果，主要有:2008—2010年，国家科技部支撑项目“东海区主要渔场重要渔业资源调查与评估”(国家科技部支撑项目，B01.2008)；2008—2010年，国家海洋局908海域调查项目“福建省潜在渔业资源开发利用与保护研究”(FJ908020103)；2008—2016年，东海区渔政渔港监督管理局组建的东海区渔业资源监测网，每年开展的渔业资源动态监测调查报告；1999—2000年，福建省海洋与渔业厅的“福建海区渔业资源生态容量和海洋捕捞业管理研究”；2003—2010年，福建省科技厅的重大项目“两岸联合开展台湾海峡渔业资源养护与利用研究”；2009—2011年，福建省科技厅专项“福建海区蟹类生产性调查及经济种类资源评估”；2015年，福建省科技厅专项“基于格局强度的鱼群聚集特性方法研究及应用”；2016年开展的闽南渔场渔业资源调查。30多年来，课题组先后利用单拖渔船、桁杆拖网渔船、灯光围网渔船、光诱敷网渔船、张网渔船开展鱼类、虾蟹类、头足类等渔业资源调查，采用大面积调查和定点调查相结合、生产性调查和动态监测相结合、海上调查和陆上收集资料相结合的方式，获得了大量第一手资料。作者基于这些资料，系统研究了福建海区渔业资源生物组成、群落结构、资源量、主要渔业资源种类生物学特征、海洋捕捞结构及其资源利用、渔业资源管理与可持续利用等内容，并根据福建海区渔业资源利用现状，提出了资源养护和管理的建议，最后形成了本专著。

本书内容丰富，从科研技术角度较客观地反映了福建海区渔业资源及利用现状，又从管理层面上探讨了渔业资源养护与管理策略，为持续利用渔业资源提供了养护管理模式。

本书的问世，将为福建海区海洋渔业的可持续发展做出贡献，同时，它也是从事这方面科研和教学工作的宝贵文献。

著 者

2017年10月10日

前言

目 录

第一章 绪论 …… 1

第一节 福建海区渔业资源可持续利用研究的意义 …… 1

第二节 国内外本领域的研究进展 …… 2

一、海洋生态系统动力学 …… 2

二、渔业资源调查与评估 …… 2

三、渔业资源增殖和养护 …… 3

第三节 我省本领域的研究进展 …… 5

一、海域生态系统动力学 …… 5

二、渔业资源调查与动态监测 …… 5

三、两岸联合开展渔业资源养护与管理研究 …… 6

四、渔业资源增殖和养护 …… 7

第四节 本领域研究展望与建议 …… 8

第二章 调查和研究方法 …… 11

第一节 调查方法 …… 11

一、材料来源 …… 11

二、调查方法 …… 11

三、调查范围和时间及站位 …… 12

四、调查渔船及渔具 …… 14

第二节 研究方法 …… 16

一、拖网调查数据处理与资源量评估方法 …… 16

二、张网调查数据处理与资源量评估方法 …… 16

三、营养动态模式评估法 …… 16

四、最大可持续产量评估方法 …… 17

五、渔获物优势种计算方法 …… 17

第三章　福建海区渔业资源结构 …… 18

第一节　群落结构特征 …… 18

一、种类组成 …… 18

二、种类组成时空分布 …… 18

三、区系组成 …… 19

四、福建海区新记录的鱼种 …… 20

五、优势种 …… 20

第二节　渔业资源量及利用现状 …… 24

一、渔业资源总密度 …… 24

二、资源密度的变化 …… 25

三、渔业资源量及利用现状 …… 25

第四章　鱼类 …… 27

第一节　带鱼 …… 27

一、洄游分布 …… 28

二、主要生物学特性 …… 28

三、资源动态监测 …… 30

四、渔业与资源状况 …… 35

第二节　蓝圆鲹 …… 37

一、数量分布 …… 37

二、主要生物学特性 …… 39

三、渔业与资源状况 …… 41

第三节　二长棘鲷 …… 43

一、数量分布 …… 43

二、主要生物学特性 …… 46

三、渔业与资源状况 …… 47

第四节　鲐鱼 …… 48

一、种群与洄游分布 …… 49

二、主要生物学特性 …… 49

三、渔业与资源状况 …… 51

第五节　龙头鱼 …… 54

一、数量分布 …… 54

二、洄游分布 …… 55

三、主要生物学特性 …… 56

四、渔业与资源状况 …… 58

第六节　叫姑鱼 …… 60

一、洄游分布 …… 60

二、主要生物学特性 …… 61

三、渔业与资源状况 …… 62
第七节 竹筴鱼 …… 63
一、种群与洄游分布 …… 64
二、主要生物学特性 …… 64
三、渔业与资源状况 …… 66
第八节 黄鲫 …… 67
一、数量分布 …… 68
二、洄游分布 …… 69
三、主要生物学特性 …… 70
四、渔业与资源状况 …… 72
第九节 四线天竺鲷 …… 75
一、数量分布 …… 76
二、生长与食性 …… 78
三、渔业与资源状况 …… 78

第五章 甲壳类 …… 80

第一节 中华管鞭虾 …… 80
一、数量分布 …… 81
二、主要生物学特性 …… 84
三、渔业与资源状况 …… 86
第二节 假长缝拟对虾 …… 87
一、数量分布 …… 87
二、主要生物学特性 …… 90
三、渔业与资源状况 …… 92
第三节 鹰爪虾 …… 93
一、数量分布 …… 94
二、主要生物学特性 …… 95
三、资源状况 …… 100
第四节 哈氏仿对虾 …… 101
一、数量分布 …… 101
二、主要生物学特性 …… 103
三、渔业与资源状况 …… 108
第五节 高脊管鞭虾 …… 109
一、数量分布 …… 109
二、主要生物学特性 …… 111
三、渔业与资源状况 …… 116
第六节 凹管鞭虾 …… 117
一、数量分布 …… 117
二、主要生物学特性 …… 120

三、渔业与资源状况 …… 122
第七节 口虾蛄…… 123
一、数量分布 …… 124
二、主要生物学特性 …… 126
三、渔业与资源状况 …… 129
第八节 拥剑梭子蟹…… 131
一、数量分布 …… 131
二、主要生物学特性 …… 133
三、渔业与资源状况 …… 137
第九节 红星梭子蟹…… 137
一、数量分布 …… 138
二、主要生物学特性 …… 139
三、渔业与资源状况 …… 143
第十节 善泳蟳…… 144
一、数量分布 …… 144
二、主要生物学特性 …… 145
三、渔业与资源状况 …… 149
第十一节 日本蟳…… 150
一、主要生物学特性 …… 151
二、渔业与资源状况 …… 154
第十二节 锈斑蟳…… 155
一、主要生物学特性 …… 156
二、渔业与资源状况 …… 160
第十三节 蟹类资源养护与管理…… 160

第六章 头足类 …… 162

第一节 剑尖枪乌贼…… 162
一、数量分布 …… 163
二、主要生物学特性 …… 164
三、渔业与资源状况 …… 167
第二节 杜氏枪乌贼…… 169
一、数量分布 …… 169
二、主要生物学特性 …… 170
三、渔业与资源状况 …… 174
第三节 火枪乌贼…… 175
一、数量分布 …… 176
二、主要生物学特性 …… 177
三、渔业与资源状况 …… 178
第四节 短蛸…… 179

一、数量分布 …… 180
二、主要生物学特性 …… 181
三、渔业与资源状况 …… 181
第五节 柏氏四盘耳乌贼 …… 182
一、数量分布 …… 182
二、主要生物学特性 …… 183
三、渔业与资源状况 …… 183

第七章 海洋捕捞结构及其资源利用 …… 185

第一节 单船拖网 …… 185
一、作业原理 …… 185
二、渔船和网具的发展演变及其作业特点 …… 185
三、资源利用状况 …… 188
四、渔场渔期的分布和变化 …… 189
五、对主要经济种类幼鱼损害的分析 …… 189
六、作业管理建议 …… 191
第二节 灯光围网 …… 192
一、渔业概况 …… 192
二、资源分析 …… 193
第三节 张网 …… 195
一、作业基本原理 …… 195
二、渔业地位 …… 195
三、渔获物组成 …… 198
四、渔期 …… 198
五、存在问题及相应措施 …… 198
第四节 光诱敷网 …… 200
一、基本作业原理 …… 200
二、发展概况 …… 200
三、主要渔场、渔期和渔获物组成 …… 201
四、主要经济种类生物学 …… 203
五、光诱敷网渔业资源养护与管理 …… 204
第五节 刺网 …… 205
一、作业基本原理及其特点 …… 205
二、历史沿革及渔业地位 …… 206
三、渔场、渔期和渔获组成 …… 210
四、发展前景展望 …… 210

第八章 福建海区渔业资源可持续利用 …… 211

第一节 渔业资源养护与管理 …… 211

一、建立法律法规 …… 211
二、加强渔业执法力度，提高渔业执法效能 …… 213
第二节 建立信息化、负责任管理模式 …… 214
一、建立以生态系统为基础的渔业管理模式 …… 214
二、实施负责任捕捞管理模式 …… 215
第三节 海洋生物资源的恢复 …… 222
一、保护区建设 …… 223
二、水生生物增殖放流 …… 223
三、人工鱼礁建设 …… 223
四、海洋牧场建设 …… 223
参考文献 …… 224
附录 福建海区渔获种类名录 …… 229

第一章 绪 论

第一节 福建海区渔业资源可持续利用研究的意义

福建省地处台湾海峡的西部，海洋资源条件优越，拥有十分丰富的海岸线、浅海滩涂和港湾资源。海岸线长 3324 km，占全国海岸线总长的 18.3%，居全国第二位；海域面积 13.6 万 km^2，其中 200 m 水深以内的海洋渔场 12.5 万 km^2，潮间带浅海滩涂面积 18.9 万 hm^2，10 m 等深线以内的浅海 41.3 万 hm^2；大于 500 m^2 的岛屿 1546 个，岛屿岸线 2804 km，岛屿数量和岸线均占全国的 22%，居全国第二位；港湾有 125 个（刘修德，2007）。台湾海峡存在多处上升流区，上升流区营养盐和有机物质丰富，初级生产水平高，水文环境条件较稳定，有利于鱼类索饵、生殖洄游和栖息集群，海洋渔业资源十分丰富。但是，近年来，由于渔业资源的过度利用，造成渔业资源补充量大量减少，临海工业大力发展使得鱼类繁育空间不断减小，环境污染导致鱼类生存环境恶化，气候变化造成渔业资源多样性改变，致使鱼类种群的生态结构变化，结果造成渔业资源不断衰退。再者，由于我省和台湾共同利用同一海峡的渔业资源，两岸管理的不协调造成渔业资源养护困难，这些已成为我省海洋渔业资源可持续利用的主要制约因素。因此，为了使海洋渔业资源可持续利用，就必须对海洋渔业资源的可持续利用有充分的认识，即对渔业资源的生存环境、资源数量和空间分布、种类组成特征及生物多样性等有清楚的了解；同时，应开展渔业资源养护以及海洋生物多样性修复行动。

为此，本书集成了 20 世纪 80 年代以来，我所联合兄弟院所开展相关课题的研究成果，阐述了福建海区重要渔业资源种类的时空分布、种群动态变化、聚集特性、生物学特性、渔业状况和渔业资源量，提出渔业资源可持续利用养护与管理建议。希望本研究成果能为福建海区渔业生产、管理及研究者提供基础资料，促进福建海区渔业资源可持续利用。

第二节　国内外本领域的研究进展

一、海洋生态系统动力学

全球海洋生态系统动力学(Global Ocean Ecosystem Dynamics, GLOBEC),系以浮游动物为主要研究对象来认识海洋物理过程与生物过程的相互作用和海洋生态系统的动态,是当今国际海洋科学最为活跃的前沿研究领域之一。经过20世纪科学家的研究,人们认识到海洋生态系统生产力的变化与海洋生物地球化学过程密不可分,尤其是海洋中营养与痕量元素的生物地球化学循环。在此背景下,新的海洋科学研究"海洋生物地球化学和海洋生态系统整合研究(Integrated Marine Biogeochemistry and Ecosystem Research, IMBER)"计划应声形成,其主要目标是了解海洋生物地球循环与海洋生命过程之间的相互作用及其对全球变化的反馈。GLOBEC和IMBER的研究计划共同构建了IGBP－Ⅱ(国际地球生物圈计划第二阶段)针对"全球可持续性"的需求在海洋方面的研究主题。联合国千年生态系统评估报告指出:近海生态系统与人类文明活动最为密切,那里的资源与生物多样性极为丰富,但又是受人类活动影响十分显著的地区。因此,海洋生态系统的服务功能及其多样性保护的相关研究蓬勃开展(Worm,B.,2005;Skewgar,E.,2007;Powers,J. E.,2010; Tittensor, D. P. ,2007; Tittensor, D. P. ,2010)。同时,营养生态评估模型也开始用于生态系统功能的评价(Gascuel, D. ,2008;Freire, K. ,2008;Costallo, C. ,2008)。

我国自20世纪80年代起,就开始进行海洋渔业生态系统的研究。主要研究项目有"渤海增殖生态基础调查研究""黄海渔业生态系统调查""海洋生物资源补充调查及资源评价"等(唐启升等,2012)。从20世纪90年代末起,我国又转向海洋生态系统动力学的研究:1999年启动了"渤海生态系统动力学与生物资源持续利用"和"东海、黄海生态系统动力学与生物资源可持续利用",从而初步建立了我国近海生态系统动力学理论体系;2010年,又完成了"我国近海生态系统食物产出的关键过程及其可持续机理"的研究,对近海生态系统食物产出的支持功能和产出功能等关键科学问题有了进一步的诠释。同时开展研究的还有"中国近海水母爆发的关键过程、机理及生态环境效应"和"多重压力下近海生态系统可持续产出和适应性管理",在机理和机制研究的基础上,从生态系统整体效应和适应管理层面上进一步推进海洋生态系统动力学研究的进程(金显仕等,2012)。

二、渔业资源调查与评估

国际上,海洋渔业发达国家通过卫星遥测技术、声呐探鱼仪和水下电视等先进技术和设备,开展海洋渔业资源监测调查,为渔业资源管理提供科学依据。如2009年完成了第四次国际海洋生物普查,发现了许多奇特的物种的栖息地,如新西兰海岸附近的海蛇尾栖息集聚地,章鱼向南极洄游的通道,以及墨西哥湾海底的微型甲壳类动物栖息地(Cullis - Suzuki, S. ,2010)。北大西洋沿海国家,如挪威、英国、法国、加拿大、荷兰和比利时等国,通过国际海洋考察理事会(ICES),对主要捕捞品种,如大西洋鳕鱼、鲱鱼、绿线鳕、鲆鲽类等进行系统渔业资源联合调查,了解和掌握主要捕捞对象的资源分布和洄游路线、种群数量、重要栖息地和生命史过程，通过数学统计和数字扫描声呐对鱼群结构和渔场结构进行了大面积的数字化，为科学制定渔业政策提供了依据。远洋和极地资源的管理和开发在国际上也是热点(Zeller，D. ，2011；Zeller，D. ，2011；水产総合研究センタ一，2010)。日本渔业调查船“昭洋丸”“开洋丸”“俊鹰丸”“第八白岭丸”等，每年定期3～4次对三大洋的重要渔业资源（如金枪鱼、柔鱼类、狭鳕、深海鱼类、南极虾等）进行科学调查，同时还与秘鲁、阿根廷、印尼等国合作，在他国专属经济区的水域进行渔业资源的调查。2004年开始，日本渔业研究机构根据调查评估结果，每年发表一本《国际渔业资源现状》的评价报告(Gwak，W. ，2011)。俄罗斯对南太平洋的竹筴鱼资源就进行了200多次的调查。美国定期对太平洋海盆和大西洋海盆的生物量进行调查。澳大利亚和新西兰对南太平洋深海物种、脆弱生境的物种进行系统调查，绘制了生态地图。

在全球海洋生物资源衰退的背景下，水生生物资源的评估和保护工作也是国际上渔业海洋科学研究的重点。联合国粮农组织(FAO)在一份报告中，把47%的生物资源种类定为“充分开发利用”，18%定为“过度捕捞”，9%定为“濒危”，25%定为“尚可开发利用”，只有1%定为“可以恢复”。欧盟委员会曾决定加强水产资源保护，削减2009年北大西洋鳕鱼和鲱鱼的捕捞配额，同比减少25%。

我国把近海渔业资源的综合调查与评价作为保护近海基础生产力和渔业资源的重要基础工作、渔业资源养护与利用的基础研究内容。20世纪80年代中期以前，我国主要针对海洋渔业中单种群的生物学、数量分布、主要渔场及渔场环境开展综合调查与研究。主要研究项目有“中国海洋渔业自然资源调查与区划”“中国海岸带和滩涂资源调查”“东海大陆架外缘和大陆架坡深海渔场综合调查”等。近年来，我国开展了渤海、黄海、东海、南海渔业资源及其栖息环境调查，尤其是重点海域的渔业资源调查，如中韩暂定措施水域、中日暂定措施水域、中越北部湾共同渔区等，对我国近海主要渔业资源的数量分布及其动态变化、生物学特征以及栖息环境的现状有了较全面的了解，系统而科学地分析了沿海渔场环境特点、资源数量分布以及我国与周边国家对渔业资源的利用情况，这既为我国渔业资源合理利用提供了依据，又为维护我国专属经济区权益提供了有效依据。

1987年以来，东海区渔政渔港监督管理局组织了东海水产研究所、浙江省海洋水产研究所、上海市水产研究所、福建省水产研究所、江苏省海洋水产研究所5个沿海水产研究所的科研力量，组建了东海区渔业资源动态监测网，围绕东海区渔业生产与管理的热点、重点问题，以各种作业及主要鱼种的监测调查为基础，结合相关课题研究，比较客观地掌握了东海区渔业资源动态，为东海区渔业结构调整和管理提供了决策依据（张秋华，2007）。另外，从2009年开始，农业部在全国沿海11个省（市、区）开展海洋捕捞信息的采集工作，构建了海洋捕捞动态信息采集网，掌握了海洋捕捞生产的基础信息，及时把握海洋渔业资源变化及利用状况的动态。

三、渔业资源增殖和养护

1. 水生生物增殖放流

世界上的渔业发达国家十分重视增殖放流工作，分别于1997年在挪威、2002年在日本、2006年在美国召开了三次资源增殖与海洋牧场国际研讨会。据FAO资料显示，目前有

94个国家开展了增殖放流工作，其中开展海洋增殖放流活动的国家有64个。日本、美国、俄罗斯、挪威等国家均把增殖放流作为今后资源养护和生态修复的发展方向，这些国家放流鱼类的回捕率有些高达20%。据FAO统计，世界各国开展增殖放流活动所涉及的品种达180多个(唐启升等，2012)。世界各国均十分重视增殖放流生态效应的相关研究，包括增殖放流种类对野生种类的影响以及相关保护措施等(Head, W. R，2011；Hamasaki，K.，2011；Danancher，D. ，2011；Abodolhay，H. A.，2011)。

我国十分重视增殖放流等生态修复工作，20世纪80年代初就系统地在海洋开展增殖渔业活动，2005年开始增殖放流的投入稳步增加，放流种类不断增多，呈多样化趋势。2010年，全国增殖放流投入资金达到7.1亿元，共放流苗种289.4亿尾，放流种类在100种以上，主要是水生经济种类和珍稀濒危物种两大类，目前已取得明显的经济与社会效益。在开展苗种放流的同时，十分重视增殖放流的相关评价工作，农业部渔业局2010年专门组织了增殖放流效果评估，并对重点放流水域进行了专题研究；在开展放流时，对大黄鱼、黑鲷、梭子蟹、日本对虾、海蜇、贝类等一些放流幼鱼幼体进行标志，对不同方法的标志效果进行评价。我国的渔业专家根据渔业资源评估原理，结合渔业资源组织放流的特点，提出一套计算群体生物统计量进而评估渔业资源放流效果的方法——“放流效果统计量评估法”(陈丕茂，2006)，已在广东省开展放流效果评估的实际中应用，取得了很好的效果。

2. 人工鱼礁

早在20世纪50年代，日本便开始有计划地在近海建造人工鱼礁，并收到了良好效果。自20世纪60年代初以来，美国、英国、德国、意大利、韩国、澳大利亚等许多国家都陆续建设人工鱼礁。美国以废弃物改造利用为主建造人工鱼礁，规模大但投资少，与休闲游钓业结合程度高，同时，带动了生态型海洋渔业的发展，人工鱼礁所带来的经济效益十分明显。欧洲主要采用废弃车辆、船只、飞机等原材料建设人工鱼礁。2007年，欧洲在西班牙巴塞罗那召开以“水”为主题的国际讨论会，对人工鱼礁的礁区布设、栖息地改造等方面的系统性理论进行研讨。韩国人工鱼礁建设起点较高，近年来快速发展，以人工鱼礁建设为基础发展海洋牧场事业，至2007年，韩国中央和地方政府合计投入约5300亿韩元，建成礁区面积14万hm^2。日本对人工鱼礁的研究非常细致和深入，包括研究人工鱼礁与鱼类的关系，人工鱼礁的效益，人工鱼礁的机理、结构、材料和工程学原理等(金显仕等，2012)。

我国的人工鱼礁建设始于20世纪80年代，1979年开始，在南海北部沿海进行了人工鱼礁试验，1979—1984年期间共投放鱼礁单体6171个及一些废弃船只，总体积4289 m^3，分布在30×10^4 m^2海域。目前我国的人工鱼礁建设已初具规模。人工鱼礁工程已成为我国优化渔业产业结构，改善海域生态环境和调控海域生态效力的手段之一。“十一五”期间，中国水产科学研究院建立了人工鱼礁资料库，设计制作了10种类型共50种规格的礁体模型。国家“863”项目“南海人工鱼礁生态增殖及海域生态调控技术”，制定了人工鱼礁的优化组合方案、礁区规模大小及整体布局模式，取得礁区资源增殖技术和生态调控技术初步研究成果，基本摸清了人工鱼礁对浅海生态系统结构和功能的效应，提出了通过提高人工鱼礁对鱼类诱集效果、生物附着效果，改善礁区物理环境等，来提高人工鱼礁建设效果的生态调控模式。目前，我国已初步建立了适合南海、东海、黄海南、黄海北4个不同特征海区的人工鱼礁生态控制区的建设类型和模式(金显仕等，2012)。

第三节 我省本领域的研究进展

一、海域生态系统动力学

台湾海峡存在多处上升流区，上升流是海洋中的一种海水上升运动，上升流能够使营养盐的深层水涌升到表层，为渔场带来大量营养盐和有机物质，促进饵料生物的大量繁殖，是大洋中最肥沃的区域。同时，上升流的动力作用可以调整或改变渔场水文要素分布的格局，因而提供了较稳定适宜的水文环境条件，使之形成各种锋面，具有聚集大量营养物质和饵料生物的作用，这就创造了更有利于鱼类索饵、生殖洄游和栖息集群的优越条件，从而形成中心渔场(刘修德，2007)。因此，开展上升流区的生态系统研究，对了解渔场的形成机制及海洋渔业资源潜在量有着重要意义。1987—1989年，在国家教育委员会和福建省科学技术委员会的支持下，我省开展了第一个上升流区生态系研究课题“闽南－台湾浅滩渔场上升流区生态系研究”(洪华生等，1991)，该课题研讨了闽南－台湾浅滩海区上升流的形成、时空变化及其与渔场的关系，从生物和非生物的相互关系和变动规律中分析上升流生态系的结构和功能特征，探讨了该上升流区的生物生产力和物质循环与渔获量的关系，从上升流区与中心渔场的时空变化以及上升流区生态系结构和功能特征首次肯定了闽南－台湾浅滩为上升流渔场，推动了这一学科领域在我省的发展。1994—1996年，国家教育委员会和福建省科学技术委员会又资助了“台湾海峡及其邻近海域生物生产量及其调控机制研究”(洪华生等，1997)项目，在上升流生态系研究的基础上，综合海洋水文、化学、生物等多学科交叉研究海峡初级生产过程及其调控机制。2004—2012年，在福建省科学技术厅和福建省海洋与渔业厅的支持下，闽台科研院所联合开展了“台湾海峡及邻近海域渔业资源养护与管理”(戴天元等，2011)，该课题进一步研究了黑潮暖流、台湾海峡暖水、大陆沿岸水、黄海水交汇区，在台湾北部海域、澎湖周边海域、台湾浅滩海域等形成的上升流区的生态系特征及其调控机制，利用卫星遥测技术采集海洋表层环境资料，利用营养动态模式、边缘侦测法、歧异度与均匀度指数等方法，研究海洋理化因子和生物等海洋要素与渔业资源种群结构、渔业资源数量及其分布的关系，进一步推进我省有关上升流区海洋生态系及海域生态系统动力学研究进程。

二、渔业资源调查与动态监测

1. 渔业资源调查

沿岸、近海渔业资源的综合调查与评价是渔业资源养护与利用的基础研究内容。20世纪80年代以来，我省在福建海区及毗邻海域曾多次开展海洋生态及渔业资源的调查研究，其中较大规模、有影响的调查研究主要有“闽南－台湾浅滩渔场鱼类资源调查”“闽中、闽东渔场中上层鱼类调查及渔具渔法研究”“闽东北外海渔业资源调查和综合开发利用”。进入21世纪以来，我省渔业资源的调查研究，在内容和方式上均有所创新，有所发展。在研究内容方面，我省把渔业资源生态容量和捕捞业管理结合起来，如1998—2002年开展的“福建海区渔业资源生态容量和海洋捕捞业管理研究”(戴天元等，2004)，研究了福建海区渔业资源与海洋环境要素的关系，渔业资源承受能力，提出减少捕捞渔船数量、海洋捕捞产量实施负增长的管理策略；在组织形式方面，多个科研院所联合在一起，共同开展调查研究，如2008—2010年的国家海洋局908项目“福建海区潜在渔业资源开发利用与保护”，就是福建省相关科研院所联合在一起开展研究；2008—2010年开展的“东海区主要渔场重要渔业资源调查与评价”，是东海区7个科研院所联合在一起开展调查研究；2012—2015年开展的“南海生物多样性调查研究”，是我省与南海的科研院所联合开展研究。

这些调查研究，对我省海域的渔场环境特点，主要渔业资源的数量分布及其动态变化、生物学特征及其栖息环境有了较全面的了解，对台湾北部海域、澎湖周边海域、台湾浅滩海域上升流渔场的形成机制，渔业资源与主要环境要素的关系，气候变化对鲐、鲹等中上层鱼类资源的影响，福建海区潜在渔业资源种类及其可利用资源量进行系统科学的分析，为我省渔业资源的合理利用、海峡两岸共同养护管理渔业资源提供了重要的科学依据。

2. 渔业资源动态监测

掌握渔业资源的动态信息，是渔业生产者制订生产计划，渔业管理者制定渔业管理措施的科学依据。1987年，在东海区渔政局的领导下，我省成立了“东海区渔业资源动态监测网”（张秋华等，2007）。我省作为海区监测网的二级站，30多年来，每年利用张网（定置网）、拖网、灯光围网、光诱敷网等作业开展底层鱼类、中上层鱼类、甲壳类、头足类等主要渔业资源种类的监测调查，对各种作业捕捞的渔获种类、数量进行分析，对主要经济种类开展生物学测定，每年向东海区渔政局、我省各级渔业管理部门提供渔业资源动态信息及捕捞渔船管理建议，使我省的海洋渔业生产者和各级渔业管理部门及时了解海洋渔业资源和捕捞生产的动态，对渔业资源可持续利用进行科学决策。

三、两岸联合开展渔业资源养护与管理研究

台湾海峡及邻近海域海洋生物资源丰富，福建和台湾渔民常年在该海域共同生产作业。近年来，由于受过度捕捞、海洋污染等影响，资源不断衰退，生物多样性受到破坏。虽然两岸各自采取各种海洋生态修复措施，并取得一些效果，但尚未形成海洋生态修复合力，资源养护效果有限。为了修复海峡渔业资源，多年来，两岸的专家学者们就如何联手开展对海峡渔业资源的养护进行了多次探讨。2004—2010年，厦门大学、福建省水产研究所、福建海洋研究所和台湾海洋大学联合开展“台湾海峡及邻近海域渔业资源养护与管理”项目（戴天元等，2011），7年来，两岸科学家通过海上大面积调查，采集渔业活动资料、生物学资料、卫星遥测数据，利用地理信息系统加以整合，应用营养动态模型、剩余产量模式、年级群解析法等模型、模式进行估算，评估了主要渔业资源种类的资源量及生物多样性水平，分析了主要渔场渔业资源与海洋要素的关系、主要渔场的形成机制，应用生物技术分析了渔业资源优势种的种群遗传结构、遗传多态性等。课题成果在两岸海洋与渔业的管理、科研、教学和生产上广泛应用。

四、渔业资源增殖和养护

1. 保护区建设

根据农业部关于积极推进建立水产种质资源保护区的要求，我省海洋与渔业管理部门从2007年开始就组织科研人员对预定海域的海洋生态环境要素，包括水质、叶绿素、初级生产力、浮游植物、浮游动物、游泳动物等开展调查研究。根据研究结果，我省建立了海洋自然资源保护区、水产种质资源保护区。到2010年，我省共建立3个国家级海洋自然保护区：深沪湾海底古森林遗址自然保护区、厦门珍稀物种自然保护区和宁德官井洋大黄鱼种质资源保护区；7个省级海洋自然保护区：漳江口红树林自然保护区、宁德官井洋大黄鱼繁殖保护区、长乐海蚌资源繁殖保护区、龙海红树林自然保护区、东山珊瑚自然保护区、泉州湾河口湿地自然保护区和漳浦县莱屿列岛自然保护区（张秋华等，2007）。这些保护区保护了国家重点海洋生物物种，如中华白海豚、文昌鱼、大黄鱼等的产卵场、索饵场、越冬场和洄游通道等栖息场所，及海洋植物的生态环境。保护区的生态系统稳定，生物多样性保持良好，生态效益和经济效益明显。

2. 水生生物增殖放流

福建沿岸、近海位于台湾海峡西岸，渔业资源丰富。近年来，随着沿海经济快速发展，工程用海数量增多，规模扩大，工业废水和生活污水排放增加，导致传统渔业品种、珍稀濒危物种的繁衍场所大幅度减少，水生生物资源受到破坏。为了修复水生生物资源，福建省十分重视渔业资源增殖放流工作，从20世纪80年代初开始就组织厦门大学、国家海洋局第三海洋研究所、集美大学、福建省水产研究所、厦门市水产研究所等我省海洋水产科研院所对海洋经济品种、濒危物种开展人工繁殖研究，至今已有大黄鱼、日本对虾、中国鲎、真鲷、文昌鱼等几十种取得技术突破并能大批量生产，为增殖放流提供充足的优质苗种；同时对拟开展放流的品种及数量、放流海域的海洋生态环境进行研究，针对区域特点及生物资源空间结构和营养结构，提出了放流种类筛选的原则与方法，保证增殖放流的安全、健康和稳定发展。每年我省都在沿海重要水域开展本地经济品种、珍稀濒危物种增殖放流活动。据不完全统计，到目前为止，福建海域已累计放流日本对虾和长毛对虾等虾苗13.7亿尾，大黄鱼、真鲷等鱼苗3405万尾，鲍、东风螺、菲律宾蛤仔等贝类苗种2170万粒，珍稀保护动物品种：中国鲎13.7万尾、文昌鱼29.7万尾、中华鲟3110尾，还有江蓠11680公斤。通过连续多年的增殖放流，日本对虾、长毛对虾、大黄鱼、真鲷、鲍、东风螺、中国鲎、文昌鱼等放流物种资源明显恢复，资源量有所回升，取得了较好的经济、社会及生态效益。2005年以来，我省连续5年在宁德、罗源海域投放2448万尾野生大黄鱼子一代苗种，2009年以来，每年收购的湾内大黄鱼近200吨，比前几年有明显增加。显然，我省的水生生物资源增殖放流工作取得了明显的成效。

3. 人工鱼礁建设

福建省于1985年就在东山湾外建设了数十个人工鱼礁试验点，投放了鱼类增殖型鱼礁、渔场保护型鱼礁和浅海增殖型鱼礁。2000年以后，我省开始对人工鱼礁的选址、人工鱼礁的礁体模型模拟实验和设计、礁体材料，人工鱼礁形成的流场效应、生态系变化，人工鱼礁的聚鱼效果，人工鱼礁管理等开展一系列研究，为人工鱼礁建设提供了技术支撑。从2007年开始，福建省在农业部“海洋牧场示范建设项目”专项资金的支持下，在宁德市蕉城区斗帽岛的东南部、诏安湾城洲岛的东部海域扩大投放人工鱼礁的规模，在莆田市南日岛和泉州市惠安大港湾海域建设一、二期人工鱼礁工程；同时，为了使人工鱼礁发挥其聚鱼效果和生态效应，在各个人工鱼礁区放养了不同的鱼种。如蕉城区海洋与渔业局在斗帽岛礁区邻近海域放流大黄鱼苗100万尾，曼氏无针乌贼苗10万尾。诏安县从2010年起，在城洲岛投放野生黄鳍鲷苗种，以及人工培育的体长1.2 cm的方斑东风螺苗种71万粒。根据2010年福建省水产研究所的调查，漳州市东山湾湾口礁区鱼礁投放一年后，礁体上附着的节肢动物、软体动物、棘皮动物、腔肠动物、环节动物和藻类等附着生物的平均分布密度每平方米达到24 kg；城洲岛礁区优质种类的比例明显增多，生物种类数平均增加15%以上，生物量平均增长12%～17%。显然，我省人工鱼礁的建设已取得初步的生态效应，海洋生物资源增殖较为明显。为了保证福建省人工鱼礁建设布局合理和有序，2005年，我省通过调查研究我省沿海海洋自然环境和渔业资源现状，分析了人工鱼礁建设的必要性和可行性，编制了《福建省人工鱼礁建设总体发展规划(2006—2025年)》。按照《规划》的指导思想、依据、原则和目标，我省规划了人工鱼礁建设近期、中期和远期的建设重点、规模、布局及资金投入预算，并评估其预期的经济效益、社会效益和生态效益。由此，福建省共规划建造人工鱼礁93处，其中，公益型13个，生产型44个，游钓型36个，同时提出配套设施与管理体系的建设规划。

第四节　本领域研究展望与建议

我省的海洋渔业资源十分丰富，但是，由于气候变化、水域污染和过度捕捞，人类活动对海洋生物资源的负面影响加剧，如捕捞能力大大超过渔业资源的承受能力，临海工业的快速发展，大量的围海造地，摧毁了沿岸、港湾幼鱼和饵料生物的繁育栖息地，损害了渔业海洋生物的生殖、繁育条件，使一些传统渔场的鱼、虾产卵场不复存在，渔业资源量得不到有效补充，严重威胁其再生能力及洄游分布。我省的渔业资源已普遍衰退，部分水域生态出现严重的荒漠化趋势。因此，为了使海洋渔业资源可持续利用，我省必须落实《中国水生生物资源养护行动纲领》提出的要求，开展渔业资源的保护与增殖、海洋生态及海洋生物多样性修复行动。

1. 海洋生态重点保护区的建设

根据福建省海洋生态重点保护区的建设规划(刘修德，2007)，在“十一五”期间，我省准备建设20个省级以上的自然保护区，其中，国家级海洋自然保护区要达到5个，保护面积超过30万公顷，建立20个海洋生态保护示范区。那么，今后我省的海洋生态重点保护区的建设应对现有的国家级、省级自然保护区的生态系统修复状况、重要生物资源的保护状况以及生物多样性的修复状况进行调查评估，落实保护区的管理措施，使保护区的生态保护功能得以实现；对拟新建立的自然保护区的海洋环境要素(水质、水动力等)现状、海洋生态现状(包括初级生产力、浮游植物、浮游动物、生物资源等)开展调查、评价，使新增海洋自然保护区的计划尽快成为现实，让渔业资源发挥更大的保护效果和增殖效果。

2. 水生生物的增殖放流

按照《2010—2015 福建省水生生物资源增殖放流规划》，在福建沿海 125 个海湾中，开展增殖放流的海湾有沙埕港、三沙湾、罗源湾、闽江口等 13 个，海岛有宁德市台山列岛、福州市岐屿岛、莆田市赤屿山岛等 50 个；增殖放流的海洋经济生物和保护动物有大黄鱼、真鲷、黑鲷、黄鳍鲷等 14 个物种；2010—2015 年，资金预算总额高达 2.23 亿元。

现在，《2010—2015 福建省水生生物资源增殖放流规划》已过去两年，所确定规划的目标有的尚未达到，有些任务尚未完成。那么，今后我省的渔业资源增殖放流工作则不仅应完成规划的任务，实现规划的目标，而且应进一步扩大规划目标、任务；对适于海洋水生生物资源增殖放流的水域，衰退的重要水生生物资源物种、数量、规模继续开展调查评估，不断加强对濒危物种及资源量衰竭的海洋生物的人工繁殖、育苗和病害防治的研究力度，为增殖放流提供充足的优质苗种；同时，加大对放流物种适宜的标识措施的研究，开发体外带状标记、荧光标记、金丝线码标记、茜素络合物染色标记等系列标记，研究推进式标记注射枪等标记工具和增殖放流快速标记车，提升标志放流技术水平；研发提高放流成活率的放流装置；研究提出优化增殖放流区段、时间、规格、计量方法等规范；建立“标志放流—追踪回捕—效果评价”的增殖放流效果评价体系；为海洋水生生物放流回捕对社会、经济及生态影响的评估提供科学依据，全面提升水生生物资源养护管理水平和水生生物多样性水平，促进人与自然和谐，向更高层次发展。

3. 人工鱼礁建设

我省人工鱼礁的建设已取得初步的生态效应，为了保证我省人工鱼礁布局合理和有序建设，2005 年，我省通过调查沿海海洋自然环境和渔业资源现状，分析了人工鱼礁建设的必要性和可行性，编制了《福建省人工鱼礁建设总体发展规划(2006—2025 年)》。按照《福建省人工鱼礁建设总体发展规划》的指导思想、依据、原则和目标，我省规划了人工鱼礁建设近期、中期和远期的建设重点、规模、布局及资金投入预算，并评估其预期的经济效益、社会效益和生态效益。由此，福建省共规划建造人工鱼礁 93 处，其中，公益型 13 个，生产型 44 个，游钓型 36 个，同时提出配套设施与管理体系的建设规划。

现在，《规划(2006—2025 年)》已实施 11 年，然而，《规划》的近期和中期目标有的尚未实现，有些任务尚未完成。那么，今后我省的人鱼礁建设工作则应落实、完成《规划》的任务，实现《规划》的远期目标；同时，对拟投放人工鱼礁选址海域的海洋环境现状的科学性和合理性进行研究；对悬浮式、浮式深度可控、节点拼装式等人工鱼礁的礁体模拟实验和设计、礁体的材料、人工鱼礁形成的流场效应、生态系变化、人工鱼礁的聚鱼效果、自然岛礁—人工鱼礁配置组合等开展一系列研究；同时，根据人工海藻场生态功能及对生态环境修复作用的机理，探讨鱼—贝—藻多元生态修复技术、筏式浮岛海藻生态修复工程技术，使人工鱼礁发挥更大的生态效应。

4. 海洋牧场建设

海洋牧场是保护和增殖渔业资源，修复水域生态环境的重要手段。2013 年，《国务院关于促进海洋渔业持续健康发展的若干意见》明确要求“发展海洋牧场，加强人工鱼礁投放”。在中央财政对海洋牧场建设项目专项资金的支持下，我省的海洋牧场建设已形成一定规模，经济效益、生态效益和社会效益日益显现。今后，我省的海洋牧场建设要在现有海洋牧场建设的基础上，高起点、高标准、以人工鱼礁建设为重点，配套增殖放流、底播、移植等措施，创建一批国家级海洋牧场示范区。在示范区的示范和辐射带动作用下，我省扩大海洋牧场的建设数量和规模，同时，不断提升海洋牧场建设和管理水平，积极养护海洋渔业资源，修复水域生态环境，带动增殖养殖业、休闲渔业及其他产业发展，促进渔业提质、增效、调结构，实现渔业可持续发展和渔民增收。

5. 两岸联合开展渔业资源养护与管理研究

福建省处于台湾海峡西岸，特殊的地理区位，决定了我省渔业资源可持续利用研究具有独自的特点。台湾海峡是福建和台湾渔民共同的生产渔场。该海域的渔业资源的可持续利用，关系到两岸人民的福祉。近年来，两岸的海洋渔业科学家联合开展对该海域渔业资源的调查研究，取得了一定的成果，并已被两岸的海洋渔业主管部门引用，作为制定法律、法规和执法的参考依据。但是，由于受到两岸的一些现存制度的限制，互信度不够，两岸科学家联合开展研究的过程，还限于分开、独立调查，资信及材料共用的局面。由于两岸的科学家还未能直接到对方的调查船上开展调查，因此，取得的资料的同步性、整体性还有局限。因此，今后两岸的科学家应进一步深入合作，增强互信，争取能够上对方的调查船联手调查，进一步调查研究台湾海峡的海洋生态环境、海洋生物多样性、海洋主要环境要素与渔业资源的关系，上升流区生态系统动力学及主要渔场的形成机制等内容；同时，联手建设厦金海域、福马海域、台湾浅滩等海洋渔业资源养护试验区，在试验区内联手开展渔业资源增殖放流、人工鱼礁建设、渔业管理等工作，使试验区成为海洋生态修复、渔业资源恢复和海洋牧场建设的示范区。

第二章 调查和研究方法

第一节 调查方法

一、材料来源

本著作材料选自我所近年来开展的有关近海渔业资源的调查数据，主要有《福建海区渔业资源动态监测调查》(2001—2016)、《福建海区渔业资源生态容量和海洋捕捞业管理研究》(1998—2002)、《近海海洋生物生态调查》(2006—2008)、《福建沿岸海域与重点港湾重要渔业种类调查》(2006—2007)、《两岸联合开展台湾海峡渔业资源养护与利用研究》(2004—2012)、《东海区主要渔场重要渔业资源调查与评估》(2008—2010)、《福建省潜在渔业资源开发利用与保护》(2007—2011)、《福建海区蟹类生产性调查及经济种类资源评估》(2009—2011)、《基于格局强度的鱼群聚集特性方法研究及应用》(2015—2017)等项目的有关数据。

二、调查方法

福建近海渔业资源调查采用拖网或定置网进行，两种渔具的调查均按 GB/T 12763.6—2007《海洋调查规范 第 6 部分:海洋生物调查》(中国国家标准化管理委员会，2007)和 SC/T 9110—2007《建设项目对海洋生物资源影响评价技术规程》(中华人民共和国农业部，2008)进行。根据不同海域环境条件、渔业生产实况，拖网调查采用单拖、桁杆拖网两种网具形式进行，网具规格、网目尺寸也有差异，每网拖曳速度、拖曳时间根据海上作业条件而定。定置网调查的网具规格也有所不同，调查频次的间隔时间大于一个潮周期，有效作业时间在 6 h左右。拖网调查取出全部渔获物，定置网调查从渔获物中随机取样 10～15 kg 样品，不足 10 kg 的则全部取出。两种方式调查获取的样品均带回实验室，进行渔获物定性和定量分析，对每个种类分别进行称重和计数，测定重要经济种类体长、体重等生物学资料。

三、调查范围和时间及站位

1. 2000—2001 年单拖渔业资源调查

2000 年 5 月—2001 年 4 月，福建省水产研究所开展福建省水产厅“福建海区渔业资源生态容量和海洋捕捞业管理研究”重大项目，利用单拖在台湾海峡（22°00′～27°00′N、117°30′～123°00′E）布设 30 个站点（图 2-1），进行 4 个季度月（4 个航次）的定点调查。

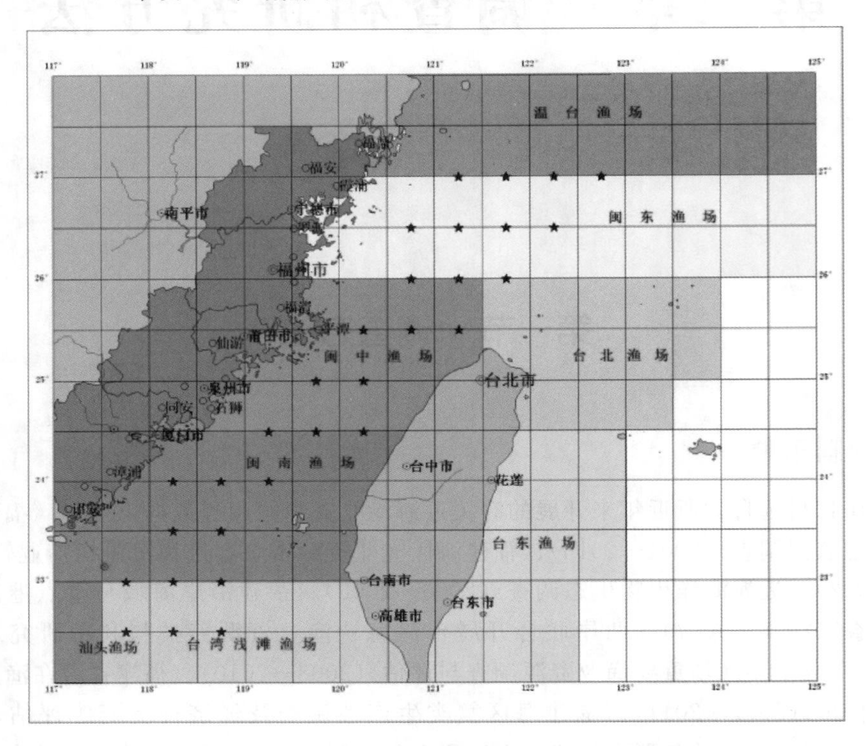

图 2-1　2000—2001 年台湾海峡单拖渔业资源调查图

2. 2008—2009 年桁杆拖网虾蟹类、头足类资源调查

2008 年 5 月、8 月、11 月和 2009 年 2 月，福建省水产研究所开展国家科技部“东海区主要渔场重要渔业资源调查”的科技支撑项目，利用桁杆拖网在台湾海峡北部海域（闽东渔场和温台渔场）设置 30 个站位（图 2-2），开展头足类和虾蟹类资源 4 个季度月的调查。

3. 2001—2016 年定置张网渔业资源动态监测

2001—2016 年，东海区渔业资源监测网福建省监测站开展“福建海区渔业资源动态监测”，利用定置网分别在闽东渔场的 235/3、6，236/6、9 小区，闽中渔场的 255/3 小区和闽南渔场的 291/4，292/2 小区进行了周年张网作业渔获物监测（图 2-3），每月取样一次。

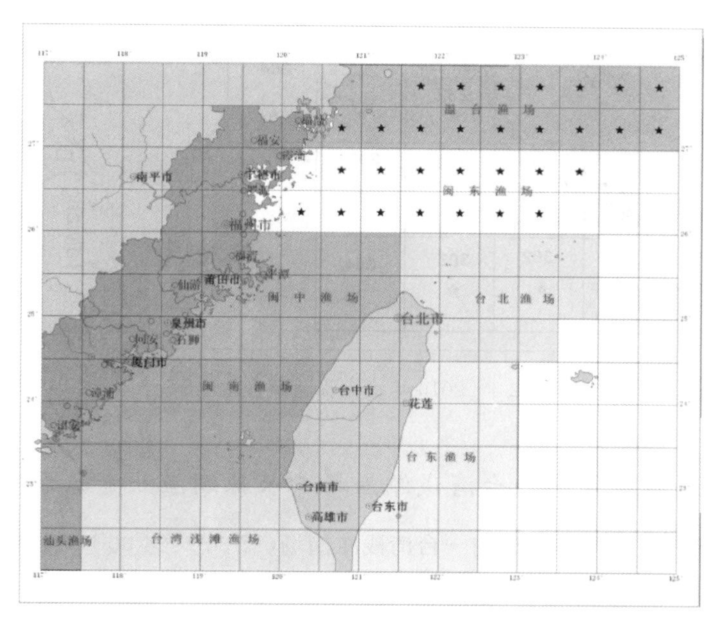

图 2-2 2008—2009 年台湾海峡北部海域桁杆拖网渔业资源调查图

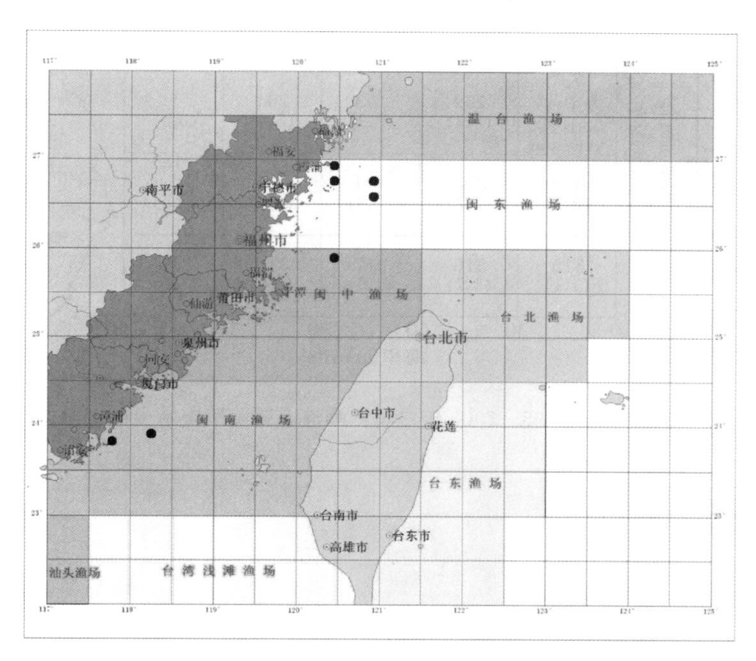

图 2-3 2001—2016 年定置张网渔业资源动态监测站位图

4. 2016 年闽南渔场渔业资源调查

2016 年 4 月、11 月，福建省在闽南渔场开展了春秋两季游泳动物渔业资源的专项调查，共设 10 个调查渔区(图 2-4)。

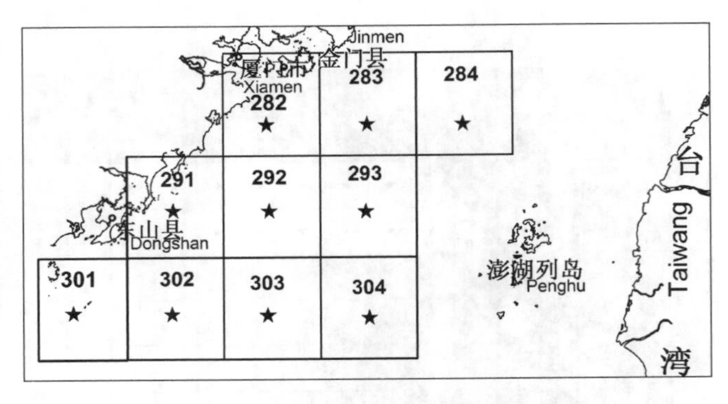

图 2-4 2016 年渔业资源调查站位图

5. 1998—2000 年闽南一台湾浅滩渔场二长棘鲷渔业资源调查

1998 年 7 月到 2000 年 6 月，闽南一台湾浅滩渔场(22°30′～24°30′N，117°30′～120°00′E)二长棘鲷渔业资源专项调查(图 2-5)。

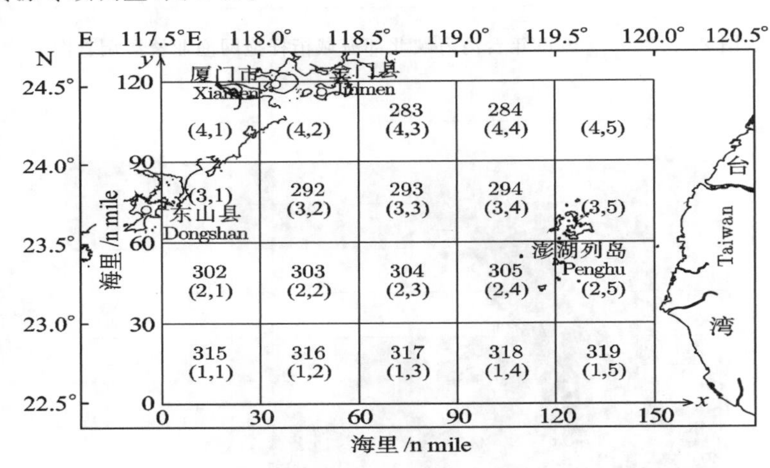

图 2-5 1998—2000 年二长棘鲷渔业资源调查站位图

四、调查渔船及渔具

1. 2000—2001 年单拖调查

闽东渔场的调查船为闽霞渔 1307 号单拖渔船，闽中渔场的调查船为闽平渔 2131 号单拖渔船，闽南渔场调查船为闽东渔 2330 号单拖渔船，其主机功率和吨位及网具规格见表 2-1。

2. 2008—2009 年桁杆虾拖调查

调查船为闽霞渔 1433 号，作业类型为桁杆拖网，其主机功率和吨位及网具规格见表 2-1。

表 2-1 2000—2001 年调查船及网具规格

年份	船号	作业类型	主机功率(kW)	吨位(t)	网口(目×mm)	规格(m×m)	网总长(m)	网囊目(mm)
2000—2001	闽霞渔 1307	单拖	183.75	103	460×280	128.80×71.98	71.98	35
2000—2001	闽平渔 2131	单拖	198.45	70	500×250	125.00×60.85	60.85	35
2000—2001	闽东渔 2330	单拖	202.13	50	440×160	70.40×41.90	41.90	30
2008—2009	闽霞渔 1433	桁杆拖网	257	110	1830×25	45.75×32.60	32.6	80

3. 2001—2016 年张网渔业资源动态监测

渔业资源动态监测的监测渔船开始为闽东渔场监测船闽鼎渔 3106，主机功率为88.2 kW，吨位为 15 t，闽中渔场监测船闽平渔 0007，主机功率为 91.14 kW，吨位为 60 t，闽南渔场监测船闽东渔 4722，主机功率为 29.4 kW，吨位为 8 t，渔船和网具的具体情况详见表 2-2。

表 2-2 2001—2016 年张网调查船及网具规格

船号	主机功率(kW)	吨位(t)	网口(目×mm)	规格(m×m)	网总长(m)	网囊目(mm)
闽鼎渔 3106	88.2	15	460×270	124.20×79.03	79.03	12
闽平渔 0007	91.14	60	610×270	164.70×124.10	124.10	14
闽东渔 4722	29.4	8	320×260	83.20×47.00	47.00	12

4. 2011—2016 年渔业资源调查

2011 年，渔业资源单拖调查为闽狮渔 07152 号，渔船主机功率为 350 kW，网具规格 14.0 m×20.0 m。

5. 2016 年闽南渔场渔业资源调查

调查船为闽东渔 61792 底拖网船(渔船吨位 51 t，主机功率 183 kW，网口宽度 10.0 m，网口高度 5.5 m，囊网网目 1.8 cm)。

6. 1998—2000 年闽南—台湾浅滩渔场二长棘鲷渔业资源调查

闽东渔 2330 和闽东渔 1615 单拖船作为生产性探捕船，载重量为 46 t，主机功率198.45 kW，网具规格 70.4 m×41.9 m(25.5 m)，囊网网目 35 mm，平均拖速 5.37 km/h，平均网口高度 5.30 m，平均袖口端距 10.70 m。

第二节 研究方法

一、拖网调查数据处理与资源量评估方法

调查水域海洋生物渔业源量的估算采用资源密度面积法评估，其计算公式为：

$$M=\frac{d}{p\times(1-E)}\times S$$

式中：M 为调查水域海洋生物渔业资源量，渔获率 d 为渔获量平均密度指数(t/h)，p 为拖网每小时扫海面积(km^2)，E 为逃逸率，S 为调查海区面积(km^2)。

二、张网调查数据处理与资源量评估方法

首先，按照 SC/T 9110—2007《建设项目对海洋生物资源影响评价技术规程》(中华人民共和国农业部，2008)的公式计算调查水域渔业资源密度，然后，再根据海域面积计算海域资源量，资源密度的估算公式为：

$$V=\frac{C\times d}{v\times t\times a\times q}$$

式中：V：调查水域资源密度；C：单位网次平均渔获量；d：平均水深；a：迎流网口面积；t：有效作业时间，单位为小时，平均取 6 小时；v：涨、落潮平均流速；q：捕捞效率，设定为 0.5。

那么，资源量的计算公式则为：

$$B=V\times A$$

式中：A：调查海域面积。

三、营养动态模式评估法

1. Parsons 公式

英国的生物学家 Parsons T R 和 Takahashi M(1973)在海洋生物学论文集里提出根据海区的初级生产力、利用不同营养层次之间的生态效率评估海区潜在渔业资源量的公式(Parsons T R，1973)：

$$P=BE^n$$

$$B=P_0\delta$$

式中：P 为潜在渔业资源生产量，B 为浮游植物产量，E 为生态效率，n 为营养转换级数，P_0 为年初级生产力有机碳生产量，δ 为有机碳与浮游植物湿重的比例。

2. Cushing 公式

英国的生物学家 D. H. Cushing(1971)在“上升流和鱼类产量”的论文中，提出了根据初级生产力估算次级生产量、第三级生产量的公式，最后，用渔业资源年含碳量除以鱼类含碳率，来估算鱼类产量的模型(Cushing，D. H，1971)，其模型的表达式如下：

$$G = (0.01P_0 + 0.1S) \div 2$$

$$P = G/\mu$$

式中：G 为渔业资源年含碳量，P_0 为年初级生产力有机碳生产量，S 为年次级生产力有机碳生产量，P 为渔业资源生产量，μ 为资源生物鲜重含碳率。

四、最大可持续产量评估方法

由于调查利用的网具规格不同，首先对网具进行标准化，然后利用以下公式进行估算：

(1)Cadima 公式(Gulland,J. A,1983)

$$MSY = 0.5(Y + MB)$$

式中：MSY 为评估海区渔业资源的最大持续产量，Y 为年平均总渔获量，B 为同一年份的平均资源生物量，M 为自然死亡系数。

(2)剩余产量模型(Surplus yield model)(Schaefer, M. B. ,1957;詹秉义,1995)

剩余产量(Schaefer)模型：

$$y_e = af_e - bf_e^2$$

$$f_{MSY} = \frac{a}{2b} \qquad MSY = \frac{a^2}{4b}$$

式中：y_e 为平衡产量，f_e 为标准化捕捞力量，a、b 为常数，MSY 为平衡状态下的最大持续产量，f_{MSY} 为最大持续产量相对应的捕捞力量。

剩余产量(Fox)模型(Schaefer, M. B. ,1957;詹秉义,1995)：

$$y_e = Cf_e \mathrm{e}^{-\mathrm{d}f_e} \qquad u_e = \frac{y_e}{f_e} = C\mathrm{e}^{-\mathrm{d}f}$$

$$\mathrm{Ln}U_e = \mathrm{Ln}C - \mathrm{d}f$$

式中：U_e 为单位捕捞努力量渔获量，C、d 为常数。

五、渔获物优势种计算方法

通过 Pinkas 等(1971)应用的相对重要性指数(IRI)(Pinkas L,1971)来确定优势渔获物：

$$\mathrm{IRI} = (N + W) \times F$$

式中：N 为某种类的尾数占总渔获物尾数的百分比；W 为某种类的重量占渔获物总重量的百分比；F 为某种类在调查中被捕获的站位数量与总站位数之比。

第三章　福建海区渔业资源结构

第一节　群落结构特征

一、种类组成

2000—2016 年，福建省在福建海区开展了多次渔业资源调查研究工作，主要有福建省水产研究所 2000—2001 年开展的“福建海区渔业资源生态容量和海洋捕捞业管理研究”项目；2008—2009 年开展的“东海区渔业资源调查与评估”项目；国家海洋局第三海洋研究所 2008—2014 年开展的“台湾海峡西部海域游泳动物多样性”项目和福建省渔业资源动态监测站 2000—2016 年间每年开展的渔业资源动态监测工作。综合以上渔业资源监测调查结果，福建省在福建海区共采集并鉴定的游泳动物种类有 624 种(附录 1)，其中鱼类居多，有 434 种，占总种数的 69.55％，其次为甲壳类有 157 种，占总数的 25.16％，头足类较少为 33 种，占总数的5.29％。在鱼类中，软骨鱼类 34 种，占鱼类种数的 7.83％，硬骨鱼类 400 种，占鱼类种数的 92.17％。甲壳类中，虾类 71 种，蟹类 86 种，分别占甲壳类种数的 45.22％和 54.78％(表 3-1-1)。

二、种类组成时空分布

根据 2000—2001 的调查结果(戴天元等，2004)，在福建闽东、闽中、闽南 3 个渔场，共采集并鉴定的游泳生物有 497 种，其中，鱼类居多，有 367 种，占总种数的 73.84％，其次为甲壳类，有 102 种，占总种数的 20.52％，头足类较少，为 28 种，占总种数的 5.63％。在鱼类中，软骨鱼类 28 种，占鱼类种数的 7.63％，硬骨鱼类 339 种，占鱼类种数的 92.37％。在甲壳类中，虾类 47 种，蟹类 46 种，分别占甲壳类种数的 46.08％和 45.10％(表 3-1-1)。

根据 2008—2009 年的调查结果(戴天元等，2014)，在闽东北海域，共采集并鉴定的游泳动物种类有 293 种，其中：鱼类 185 种、占 63.1％，虾类 44 种、占 15.0％，蟹类 47 种、占 16.0％，头足类 17 种、占 5.8％(表 3-1-1)。

根据2008—2014年的调查结果(林龙山等,2016),在台湾海峡西部11个港湾与河口、3个近海海域,共采集并鉴定的游泳动物有415种,其中鱼类居多,有277种,占总种数的66.75%,其次为甲壳类,有121种,占总数的29.16%,头足类较少,只有17种,占总种数的4.10%。在鱼类中,软骨鱼类17种,占鱼类种数的6.14%,硬骨鱼类260种,占鱼类种数的93.86%。甲壳类中,虾类40种,蟹类81种,分别占甲壳类种数的33.05%和66.95%(表3-1-1)。

表3-1-1 2000—2015年调查福建海区游泳动物渔获种类组成

渔场(海域)	鱼类种数/(%)	甲壳类种数/(%)	头足类种数/(%)	合计/(%)
闽东渔场(2000—2001)	178(74.48)	48(20.08)	13(5.44)	239(100)
闽中渔场(2000—2001)	185(75.51)	48(19.59)	12(4.99)	245(100)
闽南-台浅渔场(2000—2001)	273(74.79)	68(18.63)	24(6.58)	365(100)
闽东北海域(2008—2009)	185(63.1)	91(31.1)	17(5.8)	293(100)
沿岸港湾(2008—2014)	277(66.75)	121(29.16)	17(4.10)	415(100)
福建海区	434(69.55)	157(25.16)	33(5.29)	624(100)

可见,由于调查海域的差异,调查时期不同,动物种类总数和类别均有不同。2000—2001年是利用拖网调查福建海区3个主要渔场的渔业资源,渔获的鱼类、甲壳类、头足类所占游泳动物总数的比例相近;2008—2009年利用桁杆拖网调查闽东北海域渔业资源,其结果甲壳类所占比例较大(31.1%);而2008—2014年利用拖网或张网调查沿岸港湾的游泳动物,小型鱼类群体、杂鱼较多,与上面两次调查结果有所差别。

三、区系组成

3次调查采集并鉴定的鱼类、甲壳类和头足类共有624种,分别属于30目,156科350属。其中鱼类434种,占总数的69.55%;甲壳类157种,占总数的25.16%;头足类33种,占总数的5.29%。

鱼类434种分别隶属24目,117科259属,其中,软骨鱼类34种,占鱼类种数的7.83%;硬骨鱼类400种,占92.17%。软骨鱼类共计6目15科18属34种,其中鲼目种类居多,有11种,其次为鳐目和真鲨目9种。软骨鱼类所属目、科、属、种列示如下:

六鳃鲨目 Hexanchiformes　　1科1属1种
须鲨目 Orectolobiformes　　1科1属1种
真鲨目 Carcharhiniformes　　4科7属9种
鳐　目 Rajiformes　　4科4属9种
鲼　目 Myliobatiformes　　3科3属11种
电鳐目 Torpediniformes　　2科2属3种

硬骨鱼类共18目102科241属400种,其中,鲈形目最多,有203种;其次为鲽形目,有39种;再次为鲉形目,有38种。硬骨鱼类所属目、科、属、种列示如下:

鼠鱚目 Gonorhynchiformes　　1科1属1种
鲱形目 Clupeiformes　　3科11属21种

鲑形目 Salmoniformes 1科1属1种
灯笼鱼目 Myctophiformes 2科5属9种
鳗鲡目 Anguilliformes 8科18属28种
鲶形目 Siluriformes 2科2属3种
颌针鱼目 Beloniformes 2科2属2种
鳕形目 Gadiformes 3科4属5种
金眼鲷目 Beryciformes 1科1属1种
海鲂目 Zeiformes 1科1属1种
刺鱼目 Gasterosteiformes 2科4属7种
鲻形目 Mugiliformes 3科6属9种
鲈形目 Perciformes 53科118属203种
鲉形目 Scorpaeniformes 8科28属38种
鲽形目 Pleuronectiformes 4科19属39种
鲀形目 Tetraodontiformes 5科17属26种
海蛾鱼目 Pegasiformes 1科1属1种
鮟鱇目 Lophiiformes 2科2属4种

甲壳类共鉴定157种，分别隶属于3目33科78属，其目、科、属、种列示如下：

口足目 Stomatopoda 3科9属14种
十足目 Decapoda 11科20属57种
短尾目 Brachyura 19科49属86种

头足类共鉴定33种，分别隶属于3目6科13属，其目、科、属、种列示如下：

枪形目 Teuthoidea 3科5属10种
乌贼目 Spioidea 2科6属11种
八腕目 Octopoda 1科2属12种

四、福建海区新记录的鱼种

本研究对调查渔获的434种鱼类，通过《福建鱼类志（上下卷）》（福建鱼类志编写组，1984、1985）、《台湾海峡常见鱼类图谱》（苏永全等，2011）、《东海鱼类志》（朱元鼎，1963）和《中国福建南部海洋鱼类图鉴》（刘敏等，2013）检索，发现大眼拟海康吉鳗（*Parabathymyrus macrophthalmus*）等4种在上面文献中没有记录。它们分别是：

1. 大眼拟海康吉鳗 *Parabathymyrus macrophthalmus*（Kamohara，1938）
2. 中线天竺鲷 *Apongon kiensis*（Jordan & Snyder，1901）
3. 小牙鲾 *Gazza minuta*（Bloth，1795）
4. 吕宋绯鲤 *Upeneus luzonius*（Jordan & Seale，1907）

五、优势种

由于台湾海峡的北部、中部海域主要受黑潮、台湾暖流和闽浙沿岸水交汇的影响，南部海域主要受闽浙沿岸水、黑潮支梢、南海暖流和粤东沿岸水等水系消长的影响，造成不同海域的初级生产力、温盐度、营养盐有所差异，不同港湾、不同近海海域的游泳动物的生存环境也有所差异，而且，随着时间的推移，气候的变化，人为捕捞强度的增加，海域水质受污染程度的加剧，不同调查时段，不同调查海域的游泳动物优势种出现很大的差别，为了分析比较其变化情况，我们列出了 2000—2001 与 2008—2014 年在不同海域的调查结果。

1. 2000—2001 福建全海区调查结果

(1)生物量的优势种

全海区生物量的优势种(表 3-1-2)，以中国枪乌贼居首位，占总生物量的 15.85%；其次为带鱼，占 9.76%；再次为发光鲷，占 4.92%；其余依序为拥剑梭子蟹、大头狗母鱼、口虾蛄、剑尖枪乌贼、条尾绯鲤、丝背细鳞鲀、目乌贼、长蛇鲻、竹筴鱼、黑姑鱼、棕腹刺鲀、白姑鱼、哈氏仿对虾、绿布氏筋鱼。各个渔场的生物量优势种差别很大，尤其闽南一台浅渔场与闽中和闽东渔场的差别较大。

表 3-1-2　福建海区游泳动物生物量优势种组成(2000—2001)

海区	优势种组成%
全省海区	中国枪乌贼 15.85、带鱼 9.76、发光鲷 4.92、拥剑梭子蟹 4.62、大头狗母鱼 3.54、口虾蛄 2.48、剑尖枪乌贼 1.68、条尾绯鲤 1.38、丝背细鳞鲀 1.35、目乌贼 1.25、长蛇鲻 1.18、竹筴鱼 1.14、黑姑鱼 1.11、棕腹刺鲀 1.08、白姑鱼 1.06、哈氏仿对虾 1.05、绿布氏筋鱼 1.03
闽东渔场	发光鲷 12.70、带鱼 10.70、剑尖枪乌贼 5.0、长蛇鲻 3.5、黑姑鱼 3.3、棕腹刺鲀 3.2、口虾蛄3.1、刺鲳 2.6、尖嘴魟 2.4、白姑鱼 2.1、目乌贼 2.0 竹筴鱼 2.0
闽中渔场	带鱼 33.60、口虾蛄 7.86、哈氏仿对虾 5.76、龙头鱼 5.35、发光鲷 3.53、叫姑鱼 3.27、黄斑篮子鱼 2.66、紫隆背蟹 2.62、须赤虾 2.22、海鳗 2.15、中华管鞭虾 2.04、杜氏枪乌贼 1.98、白姑鱼 1.95、鹰爪虾 1.89、黄鲫 1.67
闽南台浅渔场	中国枪乌贼 33.03、拥剑梭子蟹 9.62、大头狗母鱼 7.37、条尾绯鲤 2.87、丝背细鳞鲀 2.82、绿布氏筋鱼 2.15、二长棘鲷 2.12、多鳞鱚 1.95、蓝圆鲹 1.89、半线天竺鲷 1.79、静鲾 1.67、目乌贼 1.21、六指马鲅 1.19、花斑蛇鲻 1.07、竹筴鱼 0.98

* 材料源自《福建海区渔业资源生态容量和海洋捕捞业管理研究》(戴天元等，2004)

(2)尾数的优势种

全省海区尾数优势种如表 3-1-3 所示。可见，福建海区渔业资源尾数优势种以发光鲷居首位，占总密度的 12.84%，其次为静鲾占 11.28%，再者为须赤虾占 7.51%，占总密度 1%以上的种类依序有：鹰爪虾 4.12%、拥剑梭子蟹 3.17%、剑尖枪乌贼 3.01%、中华管鞭虾 2.51%、绿布氏筋鱼 2.66%、带鱼 2.49%、中国枪乌贼 2.41%、半线天竺鲷 2.06%、凹管鞭虾 2.02%、条尾绯鲤 1.58%、大头狗母鱼 1.52%、口虾蛄 1.40%、双斑蟳 1.32%、麦氏犀鳕 1.30%、长缝拟对虾 1.19%。各个渔场的密度优势种差别很大，尤其闽南一台湾浅滩渔场与闽中和闽东渔场的差别较大。

表 3-1-3 福建海区游泳动物尾数优势种组成(2000—2001)

海区	优势种组成%
全省海区	发光鲷 12.84、静蝠 11.28、须赤虾 7.51、鹰爪虾 4.12、拥剑梭子蟹 3.17、剑尖枪乌贼 3.01、中华管鞭虾 2.51、绿布氏筋鱼 2.66、带鱼 2.49、中国枪乌贼 2.41、半线天竺鲷 2.06、、凹管鞭虾 2.02、条尾绯鲤 1.58、大头狗母鱼 1.52、口虾蛄 1.40、双斑蟳 1.32、麦氏犀鳕 1.30、长缝拟对虾 1.19
闽东渔场	发光鲷 30.80、须赤虾 10.20、剑尖枪乌贼 7.90、凹管鞭虾 5.30、双斑蟳 3.49、麦氏犀鳕 3.40、中华管鞭虾 3.30、鹰爪虾 3.10、长缝拟对虾 3.10、带鱼 3.0、黄带绯鲤 2.10
闽中渔场	角突仿对虾 17.08、须赤虾 10.75、口虾蛄 8.24、带鱼 7.84、中华管鞭虾 7.26、发光鲷 6.37、紫隆背蟹 5.84、鹰爪虾 4.46、七星鱼 3.99、直额蟳 3.93、龙头鱼 2.40、杜氏枪乌贼 2.30、黄斑篮子鱼 1.20、叫姑鱼 1.93、黄鲫 1.85
闽南台浅渔场	静蝠 25.20、拥剑梭子蟹 7.10、绿布氏筋鱼 5.94、中国枪乌贼 5.38、鹰爪虾 4.85、半线天竺鲷 4.62、须赤虾 4.00、条尾绯鲤 3.53、大头狗母鱼 3.39、多鳞鱚 2.28、斑鲆 2.22、赤鼻棱鳀 1.45、柏氏四盘耳乌贼 1.35、丝背细鳞鲀 1.14、

* 材料源自《福建海区渔业资源生态容量和海洋捕捞业管理研究》(戴天元等,2004)

2. 2004—2014 年台湾海峡西海域(主要港湾及近海)调查结果

为了便于分析北部、中部和南部港湾及近海优势种的差异,我们把东山湾、诏安湾、旧镇湾和厦门港划为海峡南部港湾,围头湾、泉州湾、兴化湾和福清湾划归海峡中部港湾,闽江口、罗源湾、三沙湾划归北部港湾,浮头湾、西洋岛、闽东北海域划归近海海域。本研究把每个港湾(海域)的游泳动物渔获重量(尾数)比例高于 10%的渔获种类列为优势种。表 3-1-4 中所示的各优势种的百分比(%)即为该物种在某个港湾(海域)渔获重量(尾数)占该港湾(海域)总渔获重量(尾数)的比例(表中显示的比例不叠加在其他港湾所占的比例)。

(1)生物量优势种

在台湾海峡西部海域游泳动物的重量优势种中(表 3-1-4),叫姑鱼居首位,其在北、中、南部港湾和近海都有分布,仅在罗源湾的调查中,就占总生物量的 45.8%;其次为斑鰶,在围头湾春季调查中,其生物量占 50.28%;再次为林氏团扇鳐,在东山湾及浮头湾外部海域的夏季调查中生物量分别占 30.63%和 29.0%,其余还有大黄鱼、红星梭子蟹、毛虾、黄魟、小眼魟、龙头鱼、口虾蛄、带鱼等。各个港湾、近海的重量优势种差别很大,尤其南部港湾与北部港湾及近海的差别较大,中部港湾游泳动物重量比例大于 10%的种类最少,仅有 4 种。

表 3-1-4 台湾海峡西部港湾、近海游泳动物生物量优势种组成

海域	优势种组成(%)
北部港湾	叫姑鱼 45.8,大黄鱼 35.97,红星梭子蟹 33.10,白姑鱼 18.95,三疣梭子蟹 18.30,龙头鱼 15.1,奈氏魟,14.05,斑鰶 12.42,凤鲚 11.24,黄魟 11.20
中部港湾	斑鰶 50.28,奈氏魟 14.05,凤鲚 11.24,黑鳃舌鳎 12.08
南部港湾	林氏团扇鳐 30.63,小眼魟 28.5,黄魟 25.47,日本单鳍电鳐 19.40,鲨 16.94,龙头鱼 15.47,褐菖鲉 14.80,条纹斑竹鲨 14.68,尖嘴魟 14.32,斑鳐 13.87,中颌棱鳀 12.54,叫姑鱼 11.75,口虾蛄 11.05
近海海域	毛虾 30.02,林氏团扇鳐 29.0,龙头鱼 25.04,带鱼 20.70,口虾蛄 19.04,四线天竺鲷 17.82,赤鼻棱鳀 13.22,罗氏舌鳎 11.79

* 材料源自《台湾海峡西部海域游泳动物多样性》(林龙山等,2016)

(2)尾数优势种

台湾海峡西海域游泳动物的尾数优势种与重量优势种相比,有所差异。尾数优势种以中国毛虾居首位,仅于 2013 年 9 月在西洋岛的调查中,就占总尾数的 92.18%,其次为叫姑鱼,北、中、南部港湾都有分布,所占比例为 9.0%~62.6%,再次为哈氏仿对虾,北、中、南部港湾也都有分布,所占比例分为 8.32%~21.7%,其余依次有赤鼻棱鳀、四线天竺鲷、斑鰶、康氏小公鱼、鳄齿鰧、凤鲚、口虾蛄、中颌棱鳀、褐菖鲉、中华管鞭虾、鹰爪虾等(表 3-1-5)。

表 3-1-5 台湾海峡西部港湾近海游泳动物尾数优势种组成

海域	优势种组成(%)
北部海域	叫姑鱼 62.60,大黄鱼 17.70,葛氏长臂虾 17.54,哈氏仿对虾 14.40,龙头鱼 12.15,条尾绯鲤 10.90,鲜明鼓虾 10.80,直额蟳 10.68
中部海域	斑鰶 27.51,哈氏仿对虾 21.70,凤鲚 19.28,红狼牙鰕虎鱼 13.25,中华管鞭虾 12.96,食蟹豆齿鳗 12.24,褐菖鲉 10.56,康氏小公鱼 10.08
南部海域	中颌棱鳀 31.85,口虾蛄 27.70,眶棘双边鱼 25.12,鹰爪虾 24.69,哈氏仿对虾 17.06,叫姑鱼 16.32,须赤虾 15.31,日本单鳍电鳐 14.74,中国毛虾 14.43,眼瓣沟鰕虎鱼 11.08,白姑鱼 11.69
近海海域	毛虾 92.18,赤鼻棱鳀 32.61,四线天竺鲷 32.55,康氏小公鱼 22.17,鳄齿鰧 21.38,须赤虾 18.11,中华管鞭虾 11.52,口虾蛄 11.30,叫姑鱼 11.15,

* 材料源自《台湾海峡西部海域游泳动物多样性》(林龙山等,2016)

第二节　渔业资源量及利用现状

一、渔业资源总密度

1. 重量密度组成

根据2008—2014年的调查结果(林龙山等,2016),游泳动物重量密度平均为967.35 kg/km^2,其中,鱼类平均重量密度最高为680.11 kg/km^2,甲壳类次之为251.32 kg/km^2,头足类最少为35.92 kg/km^2。从季节变化来看,冬季的资源密度最高,为1295.74 kg/km^2,夏季次之,为1288.89 kg/km^2。鱼类的资源密度冬季最高,为961.50 kg/km^2,夏季次之,为830.17 kg/km^2;甲壳类和头足类资源的重量密度是夏季最高,分别为394.43 kg/km^2和64.29 kg/km^2,甲壳类春季最低,为140.33 kg/km^2,头足类秋季最低,为16.75 kg/km^2(表3-2-1)。

表3-2-1　福建近海及主要港湾游泳动物各季度、各类别资源质量密度(kg/km^2)

类别	春季	夏季	秋季	冬季	平均
鱼类	443.24	830.17	485.55	961.50	680.11
甲壳类	140.33	394.43	177.42	293.10	251.32
头足类	21.49	64.29	16.75	41.14	35.92
合计	605.06	1288.89	679.71	1295.74	967.35

* 材料源自《台湾海峡西部海域游泳动物多样性》(林龙山等,2016)

2. 尾数密度组成

根据2008—2014年的调查结果(林龙山等,2016),游泳动物尾数密度平均为134164.65 ind./km^2,其中,甲壳类最高,为84278.83 ind./km^2,鱼类次之,为46859.46 ind./km^2,头足类最少,为3026.36 ind./km^2。从季节变化来看,秋季的资源密度最高,为222564.90 ind./km^2,夏季次之,为129475.60 ind./km^2;鱼类的尾数密度冬季最高,为56596.50 ind./km^2,秋季次之,为531943.76 ind./km^2;甲壳类资源的尾数密度是秋季最高,为168119.03 ind./km^2,夏季次之,为79568.80 ind./km^2;头足类资源的尾数密度是夏季最高,为5821.40 ind./km^2,冬季次之,为3359.25 ind./km^2(表3-2-2)。

表3-2-2　海峡西部港湾及沿岸近海游泳动物各季度、各类别尾数密度(ind./km^2)

类别	春季	夏季	秋季	冬季	平均
鱼类	33562.18	44085.40	531943.76	56596.50	46859.46
甲壳类	31156.73	79568.80	168119.03	58270.75	84278.83
头足类	1672.69	5821.40	1252.12	3359.25	3026.36
合计	66391.59	129475.60	222564.90	118226.50	134164.65

* 材料源自《台湾海峡西部海域游泳动物多样性》(林龙山等,2016)

二、资源密度的变化

2008—2014 年的调查(林龙山等,2016)与 2000—2001 年调查(戴天元等,2004)的情况(表 3-2-3)相比,游泳动物重量密度大幅度下降,下降幅度达 23.11%;但尾数密度出现非常明显增加,增加幅度达到 60.42%。可见,福建近海湾游泳动物小型化和低龄化非常严重,在大部分近海港湾海域,游泳动物以小杂鱼、低龄鱼为主,个体较小,总渔获量较低。

从渔获类别的资源密度看,鱼类的重量相对密度减少了 198.72 kg/km^2,减少幅度为 22.61%;甲壳类增加了 29.99 kg/km^2,增加幅度为 13.55%;头足类减少了 122.05 kg/km^2 减少幅度为 77.26%;鱼类尾数密度减少了 4481.00 ind./km^2,减少幅度为 8.73%;甲壳类增加了 57738.00 ind./km^2,增加了 217.54%;头足类减少了 2724.00 ind./km^2,减少幅度为 47.37%。这表明福建近海和主要港湾游泳动物在小型化的同时,其资源结构已发生了较大变化,短寿命周期的甲壳类数量增加明显,鱼类种类和尾数占比同步下降,且重量下降幅度更大,由此可见,福建近海和主要港湾游泳动物已严重衰退,平均营养级下降明显。从调查期间的渔获个体的生物学测定得到佐证,并经初步研究表明,当前游泳动物资源已从生产性的捕捞过度变成生物特征的捕捞过度。

表 3-2-3 台湾海峡游泳动物资源密度

年份	类别	鱼类	甲壳类	头足类	合计
2000—2001	重量相对密度(kg/km^2)	878.83	221.33	157.97	1258.13
	尾数相对密度(ind./km^2)	51340.00	26541.00	5750.00	83631.00
2008—2014	重量相对密度(kg/km^2)	680.11	251.32	35.92	967.35
	尾数相对密度(ind./km^2)	46859.00	84279.00	3026.00	134165.00

* 材料源自《台湾海峡西部海域游泳动物多样性》(林龙山等,2016)和《福建海区渔业资源生态容量和海洋捕捞业管理研究》(戴天元等,2004)

三、渔业资源量及利用现状

1. 渔业资源量

根据 2000—2001 年福建省水产研究所开展福建海区渔业资源生态容量的调查资料,我们应用 Cushing 模式和营养动态模型评估,台湾海峡(包括闽东、闽中、闽南、台湾浅滩、台北 5 个渔场,海区范围为 117°10′~126°30′E,22°00′~27°10′N)的渔业资源量为 250.23 万 t。在潜在渔业资源量评估结果的基础上,我们应用 Cadima 模型和 Gulland 经验公式评估,最大持续产量为 136.9 万 t,结果如表 3-2-4 所示(戴天元等,2004)。

表 3-2-4 台湾海峡渔业资源量及最大持续产量

模式	渔业资源量				最大持续产量		
	Parsons T R 公式(万 t)	营养动态模式(万 t)	Cushing 模式(万 t)	平均值(万 t)	Cadima 模型(万 t)	Gulland 公式(万 t)	平均值(万 t)
结果	252.55	215.46	283.00	250.23	148.75	125.12	136.9

*《福建海区渔业资源生态容量和海洋捕捞业管理研究》(戴天元等,2004)

2. 资源利用现状

台湾海峡的渔业资源主要是由福建省和台湾渔民共同开发利用。近年来，福建省每年投入台湾海峡生产的渔船虽然数量有所减少，但渔船的功率却有所增加，2007 年的捕捞产量为 192.1 万 t，而后逐年有所增加，2016 年为 203.86 万 t(图 3-2-1)。

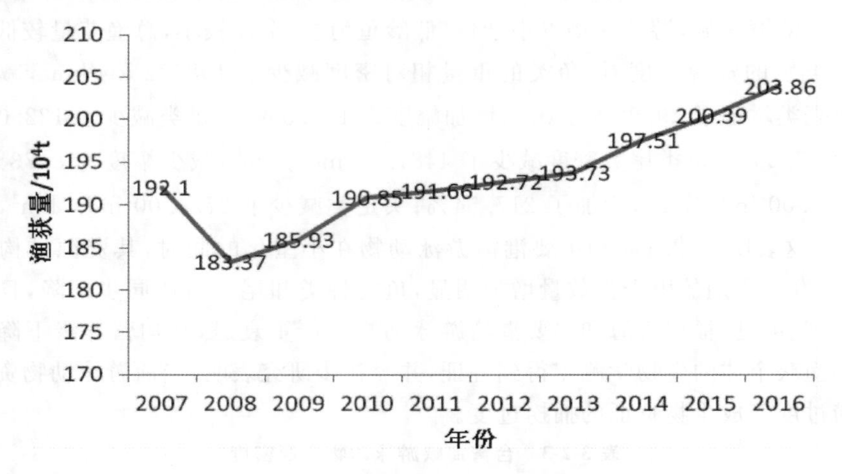

图 3-2-1　2007—2016 年福建省近海捕捞产量

虽然在台湾海峡进行捕捞生产的不仅有福建省渔船，还有台湾省渔船、浙江省渔船、广东省渔船，但是，仅福建省渔船的年产量已大大超过渔业资源量，显然，渔业资源已过度开发利用。为了持续利用海峡渔业资源，我们必须转变传统观念，合理配置资源，调整捕捞结构，降低海峡捕捞强度，海峡的捕捞产量必须实施负增长策略，两岸渔业管理部门应积极开展渔业资源的养护工作，保护渔业资源的生存环境，有效保护经济鱼类幼鱼资源的繁殖，增加渔业资源的补充量，确实、有效地进行渔业资源管理。

第四章 鱼 类

第一节 带 鱼

带鱼[*Trichiurus japonicus* (Temminck et Schlegel)],属鲈形目,带鱼科,带鱼属,俗称刀鱼、裙带鱼、白带鱼等,为近底层的暖温性种类。它广泛分布于中国、朝鲜、日本、印度尼西亚、菲律宾、印度、非洲东岸及红海等海域。

形态特征:体显著延长,侧扁,呈带状,尾渐细,末端鞭状。鳞退化。侧线完全,在胸鳍上方向下显著弯曲后折向腹部,沿腹缘伸达尾端。头狭长,眼间隔平坦或微凹。口大,下颌突出,舌尖长。颌牙侧扁,强大尖锐,排列稀疏,上、下颌前端具倒钩状犬牙。具假鳃。背鳍1个,基底延长,臀鳍退化,由分离的仅尖端外露的小棘组成,第一鳍棘甚小,胸鳍短小,无腹鳍,尾鳍消失。体银白色,尾部灰黑色,背鳍上半部及胸鳍浅灰色,具细小黑点(图4-1-1)。

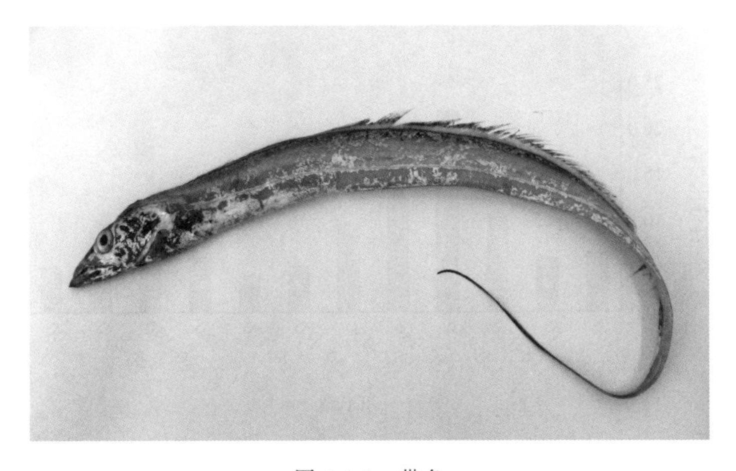

图4-1-1 带鱼

一、洄游分布

带鱼群体大，沿着暖流和沿岸水之间的混合水区呈带状分布，并做南北往返的季节性洄游。每年秋末冬初，北方冷空气南下，水温下降，鱼群由北往南，沿 30～60 m 等深线进行越冬洄游，11 月中旬至翌年 1 月中旬分批进入闽东渔场、闽中渔场，12 月中旬至翌年 2 月上旬进入闽南渔场，形成各地冬季带鱼汛。翌年春季，鱼群又由南往北进行索饵、生殖洄游。除南北洄游的鱼群，还有相当数量常年栖息于各渔场或较深海区的鱼群，到了秋季汛期，受天气变化、混合水区变动等影响，做深海到浅海、浅海至深海的移动，并有部分加入南北洄游的鱼群。

二、主要生物学特性

2011 年，福建省水产研究所利用闽南石狮市单拖作业船“闽狮渔 07152”号作为监测船（主机功率：350 kW，网具规格 14.0 m×20.0 m），在闽中、闽南渔场即 273、274、275、276、283、284、285、286、294、295 等渔区进行渔业资源监测调查，共取样 203 尾带鱼进行生物学测定，其结果如下：

1. 群体组成

(1)肛长组成

测定结果表明 2011 年带鱼肛长范围为 74～282 mm，平均肛长 141.8 mm，优势组为 110～140 mm，占 59.1%（见表 4-1-1 和图 4-1-2）。

表 4-1-1　2011 年福建单拖作业带鱼肛长与体重

年份	测定尾数	肛长(mm)			体重(g)		
		范围	平均	优势组(%)	范围	平均	优势组(%)
2011	203	74～282	141.8	110～140(59.1)	7.4～147.0	45.1	10～40(57.6)

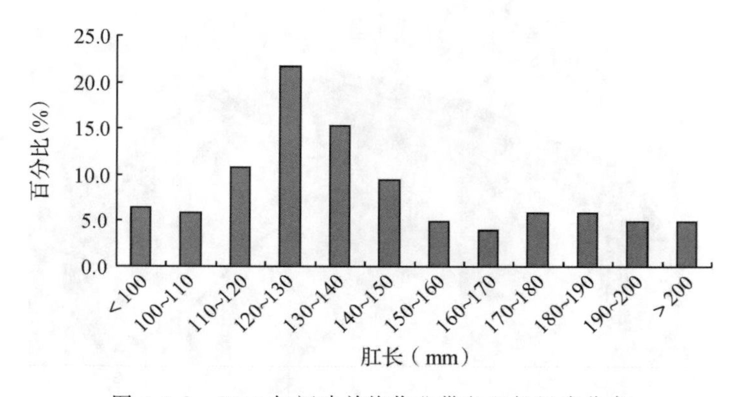

图 4-1-2　2011 年福建单拖作业带鱼肛长组成分布

(2)体重组成

带鱼体重范围为7.4～147.0 g,平均体重为45.1 g,优势组为10.0～40.0 g,占57.6%(表4-1-1、图4-1-3)。

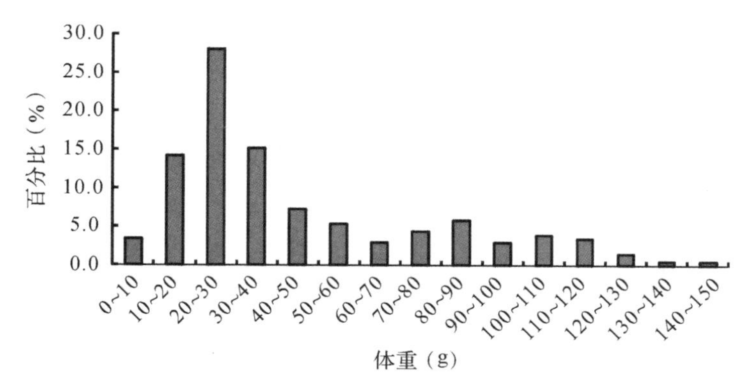

图4-1-3 2011年福建单拖作业带鱼体重组成分布

(3)肛长—体重的关系

2011年,闽中、闽南单拖作业监测调查资料显示,带鱼体重(W)与肛长(L)的关系如图4-1-4,其关系式为:

$$W=1.89\times10^{-5}L^{2.9314}(R^2=0.896,n=203)$$

式中W表示体重(g),L表示肛长(mm),R^2为相关系数,n表示样品数量(ind.)(下同)。

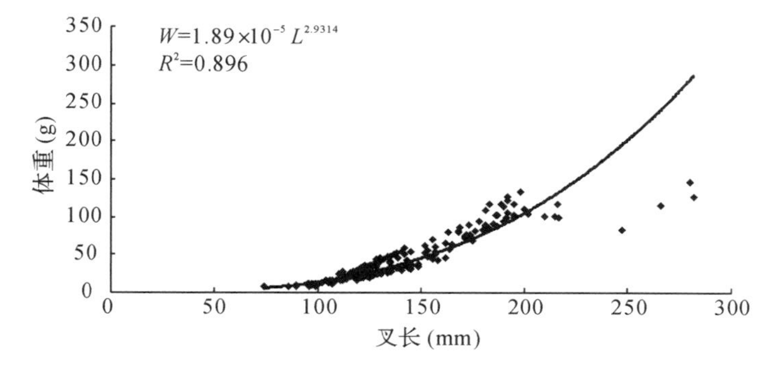

图4-1-4 2011年福建单拖作业带鱼肛长与体重关系

2. 繁殖习性

(1)性比

闽东渔场带鱼雌雄性比总体为1∶1.12,雄性略多于雌性。2—6月波动在1∶0.66～1∶0.96,表现为雌性多于雄性;7—11月波动在1∶1.09～1∶3.33,雄性多于雌性,其中7—8月份雄性明显多于雌性。闽中渔场带鱼雌雄性比总体为1∶0.95,雌性略多于雄性。1—2月和9—10月雌性明显多于雄性。其表现为生殖季节雌性多于雄性。闽南渔场带鱼雌雄性比总体为1∶0.88,雌性略多于雄性,各月变化不具规律性。

(2)性腺成熟度

福建海区3个渔场带鱼的生殖特性为:闽东渔场的带鱼2月份和4—11月份均有出现Ⅴ期及其以上的个体,而以5—6月份所占比例最高,表明闽东渔场带鱼生殖期长,1年出现2个生殖期,以5—6月份为生殖高峰;闽中渔场的带鱼在1—2月和5—9月份均有出现Ⅴ期的个体,表明闽中渔场带鱼生殖期也很长,也是1年出现2个生殖期,以6—7月份为生殖高峰;闽南渔场的带鱼,雌性性腺成熟度以Ⅱ和Ⅲ期为主,分别占44.2%和48.1%,Ⅳ期的仅占7.7%,没有采集到Ⅴ期的个体,而且Ⅳ期的个体仅在8月份出现。

3. 摄食

带鱼为肉食性凶猛鱼类,食性较广,摄食种类多达几十种,摄食对象包括鱼类、虾类、蟹类和头足类等。摄食不具有明显的选择性,但一般被摄食个体比自身小。不同季节摄食的主要饵料种类略有差异,这可能与带鱼不同季节分布区域的饵料组成有关。

从周年调查资料分析,福建3个渔场的带鱼摄食强度不大,均以1级占多数。平均摄食等级闽东渔场的稍低。闽东渔场带鱼摄食强度除了3月份以3级和4级为主外,其余各月均以0~2级为主。总体以1级占绝对优势,达46.2%,4级为最少,仅占2.1%。平均摄食等级为1.12级。闽中渔场的带鱼摄食强度总体以1级最多,占31.1%;其次为2级和3级,分别占27.9%和16.4%;0级占14%,4级为最少,仅占10.7%。平均摄食等级为1.79级。闽南渔场带鱼摄食强度总体以1级最多,占34.2%;其次为0级,占27.0%;2级占23.5%,3级和4级最少,分别占6.6%和7.6%。平均摄食等级为1.48级。

三、资源动态监测

1. 单拖

2016年8—12月单拖监测船(闽狮渔07152号,主机功率350 kW,吨位278 t,网具规格30 m)带鱼渔获产量93.976 t,占监测船总渔获量的17.6%,居第二位,较2014年和2015年分别下降28.3个百分点和13.6个百分点。带鱼渔获比重9月最高,为30.2%,8月最低,占9.6%。带鱼各月CPUE变化于31.0~130.3 kg/h,9月最高,12月最低。带鱼总CPUE为77.4 kg/h,较2014年和2015年分别下降44.7%和12.0%(表4-1-2)。

表4-1-2　2014—2016年8—12月闽南单拖作业带鱼渔获生产情况

时间		渔获量(kg)	占渔获(比例%)	平均网产(kg)	CPUE(kg/h)
8月	2014年	60902	65.1	422.9	210.0
	2015年	11152.5	22.5	89.9	48.2
	2016年	13810	9.6	91.5	44.5
9月	2014年	20200	59.5	190.6	91.8
	2015年	36152	35.1	215.2	103.3
	2016年	40664	30.2	257.4	130.3

续表

时间		渔获量(kg)	占渔获(比例%)	平均网产(kg)	CPUE(kg/h)
10 月	2014 年	31751	45.0	286.0	137.5
	2015 年	33085	32.7	236.3	114.9
	2016 年	23823	13.3	195.3	100.1
11 月	2014 年	29302	28.4	230.7	114.9
	2015 年	15835	27.8	186.3	94.8
	2016 年	10042	28.0	118.1	58.4
12 月	2014 年	10235	33.4	222.5	110.1
	2015 年	17139	32.2	137.1	68.0
	2016 年	5637	14.5	62.6	31.0
合计	2014 年	152390	45.9	285.4	139.9
	2015 年	113363.5	31.2	176.6	88.0
	2016 年	93976	17.6	155.1	77.4

总的来看,2016 年 8—12 月单拖监测船带鱼渔获产量和 CPUE 均不及 2014 年和 2015 年同期(表 4-1-2,图 4-1-5,图 4-1-6)。

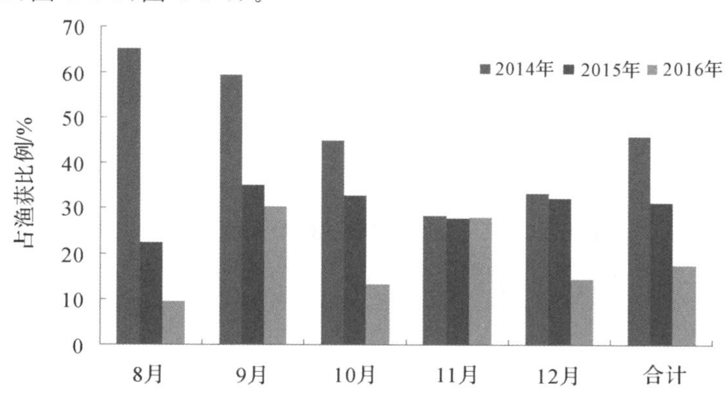

图 4-1-5 2014—2016 年 8—12 月单拖网监测船带鱼比重变化

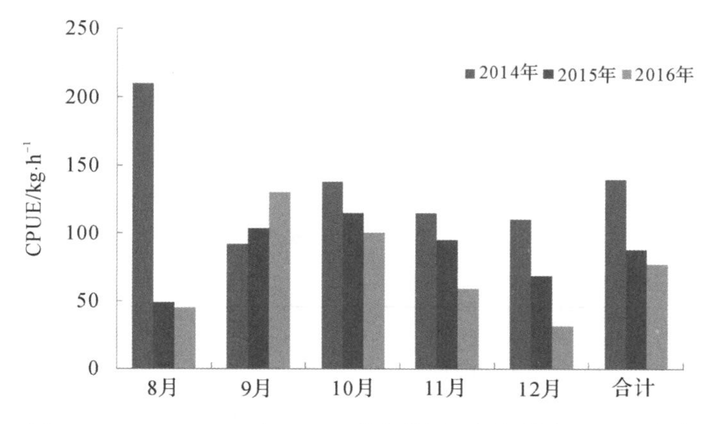

图 4-1-6 2014—2016 年 8—12 月单拖网监测船带鱼 CPUE 变化

2. 带鱼幼鱼监测

福建省张网渔业资源监测选择闽南漳浦县六鳌附近海域作为监测点。监测船船号为闽漳渔 05308 号，主机功率为 33.3 kW，日挂网 8～9 张，网具规格为 68 m×42.5 m。作业渔区为 292。

2016 年带鱼渔获重量为 7.75 t，比 2014 年下降 72.52%，比 2015 年下降 54.88%，占总渔获的比例为 10.2%，仅次于龙头鱼，居第 2 位，比 2014 年下降 24.6 个百分点，比 2015 年下降 10.0 个百分点(表 4-1-3)。

表 4-1-3　2014—2016 年闽南近海张网监测船带鱼渔获状况

年份	项目＼月份	1	2	3	4	7	8	9	10	11	12	全年
2014年	渔获量(kg)	116	108	251	1402	9277	3068	1509	3397	4131	4952	28211
	挂网数（张）	176	189	168	176	88	120	144	192	192	192	1637
	平均体重(g)	2.8	15.5	18.5	6.7	75.8	97.1	42.8	23.0	42.4	29.8	32.3
	渔获尾数($\times 10^4$)	4.14	0.70	1.36	20.93	12.24	3.16	3.53	14.77	9.74	16.62	87.19
	占渔获比例(%)	1.5	2.1	4.6	25.5	71.5	53.8	14.2	32.3	44.5	59.1	34.8
	平均网产(kg)	0.7	0.6	1.5	8.0	105.4	25.6	10.5	17.7	21.5	25.8	17.2
	平均网产(ind.)	235	37	81	1189	1390	263	232	769	507	865	533
2015 年	渔获量(kg)	2982	44	324	1086	2765	4674	1995	2867	272	171	17180
	挂网数（张）	160	136	160	168	120	184	176	192	192	200	1688
	平均体重(g)	24.4	7.7	20	37.4	81.2	53.2	51.9	19.2	36	8.7	33.7
	渔获尾数($\times 10^4$)	12.22	0.57	1.62	2.90	3.41	8.79	3.84	14.93	0.76	1.97	51.01
	占渔获比例(%)	47.6	1.0	6.0	15.6	28.4	37.7	16.6	24.2	3.0	2.5	20.2
	平均网产(kg)	18.6	0.3	2.0	6.5	23.0	25.4	11.3	14.9	1.4	0.9	10.2
	平均网产(ind.)	764	42	101	173	284	478	218	778	39	98	302
2016 年	渔获量(kg)	57	38	35	68	5251	1585	236	274	103	106	7752
	挂网数（张）	224	208	192	192	112	200	184	225	216	216	1969
	平均体重(g)	9.6	15.0	9.7	10.1	91.9	59.0	18.7	15.0	33.9	19.0	54.5
	渔获尾数($\times 10^4$)	0.59	0.25	0.36	0.67	5.71	2.69	1.26	1.83	0.30	0.56	14.22
	占渔获比例(%)	1.0	0.8	1.0	1.5	61.1	13.7	2.5	2.7	1.1	1.3	10.2
	平均网产(kg)	0.3	0.2	0.2	0.4	46.9	7.9	1.3	1.2	0.5	0.5	3.9
	平均网产(ind.)	27	12	19	35	510	134	69	81	14	26	72

带鱼全年均可捕获，2016 年以开捕后的 7 月和 8 月为旺汛期，其他月份产量均较少，其中 7 月产量达最高，为 5251 kg。带鱼渔获比例以 7 月最高，高达 61.1%，其次是 8 月，为 13.7%。带鱼各月平均网产重量变化为 0.2～46.9 kg，7 月最高，总平均网产重量为 3.9 kg，

比 2014 年下降 77.33%，比 2015 年下降 61.76%；各月平均网产尾数为 12～510 ind.，7 月最高，8 月其次，2 月最低，总平均网产尾数为 72 ind.，比 2014 年下降 86.49%，比 2015 年下降 76.16%（表 4-1-3，图 4-1-7）。

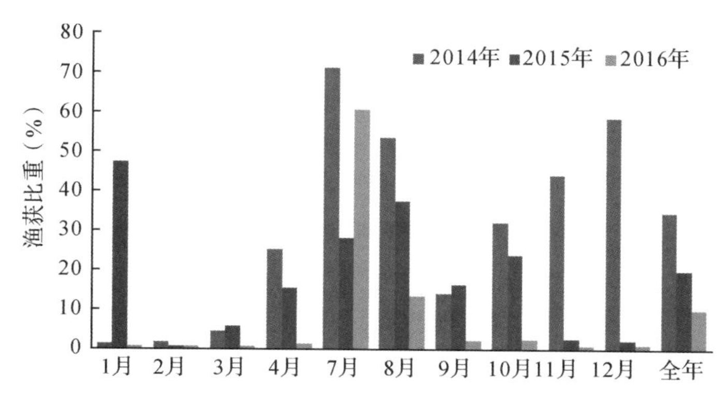

图 4-1-7　2014—2016 年闽南近海张网带鱼幼鱼比重变化

同比前两年，2016 年闽南近海带鱼幼鱼发生量水平较低，全年总平均网产尾数仅为 72 ind./网，低于 2014 年和 2015 年；和 2015 年一样，幼鱼发生量总体上是休渔开捕后好于休渔前，高峰期出现在 7—8 月，其中，7 月最高，为 510 ind./网，自 9 月起带鱼幼鱼发生量开始下降，并未像往年一样在冬季旺发（图 4-1-8）。

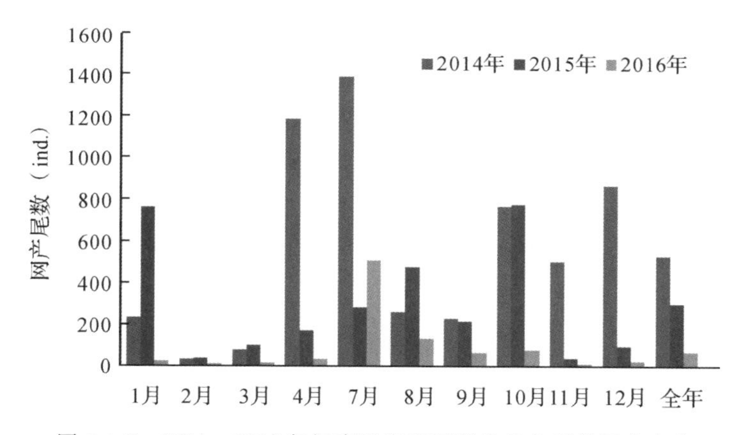

图 4-1-8　2014—2016 年闽南近海张网带鱼幼鱼平均网产变化

2016 年闽南近海张网监测船各月测定带鱼渔获样品平均体重为 9.6～91.9 g，年平均体重为 54.8 g，比 2015 年增加 51.80%，渔获个体小于 50 g 的数量占 50.0%，个体小于 100 g 的数量占 85.0%。2016 年，除 7—8 月带鱼平均体重分别达到 91.9 g 和 59.0 g，其他月份平均体重和往年一样都在 50 g 以下，其中 1 月平均体重最小，仅 9.6 g（表 4-1-4）。

表 4-1-4 2016 年闽南近海张网监测船带鱼幼鱼生物学测定

月份	测定尾数	肛长(mm)		体重(g)		备注
		范围	平均	范围	平均	
1	6	49～110	79.5	1.6～21.3	9.6	
2	3	62～125	89.7	4.3～32.4	15.0	
3	6	84～102	92.3	6.6～14.2	9.7	
4	9	57～131	83.1	1.9～37.6	10.1	
7	51	152～215	187.1	53.6～130.2	91.9	100 g 以下个体数量占 70.6%
8	20	63～255	137.0	3.0～262.8	59.0	50 g 以下个体数量占 60%
9	8	85～116	98.9	10.0～27.5	18.7	
10	11	89～124	103.3	11.0～30.3	15.0	
11	2	93～178	135.5	15.5～52.2	33.9	
12	4	84～128	109.0	6.0～28.8	19.0	
全年	120	49～255	141.4	1.6～262.8	54.8	50 g 以下个体数量占 50.0%； 100 g 以下个体数量占 85.0%

根据生物学测定数据，2016 年闽南近海张网渔获带鱼的肛长范围为 49～255 mm，平均为 141.4 mm，肛长优势组为 80～110 mm 和 170～190 mm，所占比例分别为 26.7%和 22.5%；带鱼的体重范围 1.6～262.8 g，平均为 54.8 g，体重优势组为 0～20 g 和 80～100 g，所占比例分别为 36.7%和 21.7%(图 4-1-9，图 4-1-10)。所测定的带鱼最大肛长和最大体重均较 2015 年有所增长，平均肛长和平均体重也比 2015 年有所增大。50 g 以下个体数量占50.0%，100 g 以下个体数量占 85.0%，分别比 2015 年下降 26.2 个百分点和 10.1 个百分点。

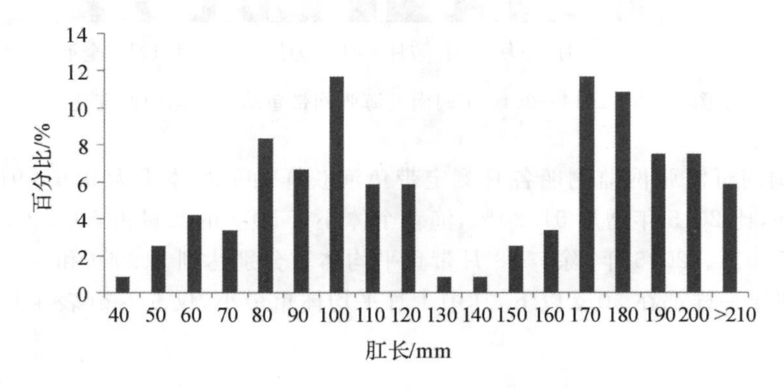

图 4-1-9 2016 年闽南张网渔获带鱼肛长组成

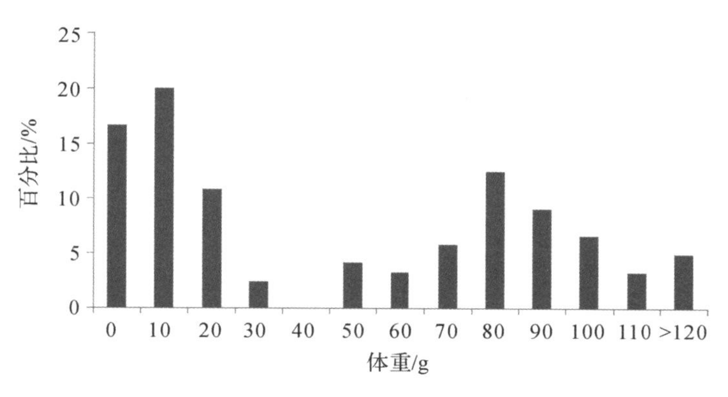

图 4-1-10 2016 年闽南张网渔获带鱼体重组成

与 2014 年和 2015 年相比，2016 年闽南近海带鱼幼鱼发生量水平较低。张网监测船带鱼渔获重量为 7.75 t，比 2014 年下降 72.52%，比 2015 年下降 54.88%，渔获比例以 7 月最高，8 月其次，年渔获量占总渔获的比例为 10.2%，仅次于龙头鱼居第 2 位，比 2015 年下降 10 个百分点，比 2014 年下降 24.6 个百分点。全年总平均网产尾数为 72 ind./网，低于 2014 年和 2015 年；和 2015 年一样，幼鱼发生量总体上是休渔开捕后好于休渔前，高峰期出现在 7—8 月，其中 7 月最高，为 510 ind./网，自 9 月起带鱼幼鱼发生量开始下降，并未像往年一样在冬季旺发。测定带鱼样品中，50 g 以下个体数量占 50.0%，100g 以下个体数量占 85.0%，分别比 2015 年下降 26.2 个百分点和 10.1 个百分点。

四、渔业与资源状况

1. 渔业概况

带鱼是我国四大海产之一，也是福建省沿海最重要的经济鱼类。20 世纪 70 年代，福建带鱼年产量约 75000 t，2011—2015 年平均年产量在 17 万 t 左右。带鱼历史上曾经是福建省机帆船大围缯、延绳钓、拖网等作业的主捕对象，其产量在 20 世纪 70 年代以前曾位居全省海洋捕捞产量的首位，占海捕量比例最高(1961—1970 年)，曾达 24.9%。20 世纪 80 年代以后，由于各地盲目提高捕捞强度，使资源严重衰退，1990—2000 年的渔获组成百分比仅占7.15%。2006 年以来，福建带鱼年捕捞产量维持在 17 万 t 的水平，渔获比例在 8.41%～10.16%之间(表 4-1-5，图 4-1-11)。20 多年来，虽然政府及有关部门努力采取了一系列保护措施，但其效果并不理想，渔获群体结构仍然不合理，群体组成仍处于小型化、低龄化状态，资源状况仍然不容乐观。

表 4-1-5 2007—2015 年福建省带鱼捕捞产量及比例

年份	全省海洋捕捞产量(t)	带鱼捕捞产量(t)	带鱼产量比例(%)
2007	1830570	185923	10.16
2008	1872689	157488	8.41
2009	1859258	170214	9.15
2010	1908468	164638	8.63
2011	1916560	167192	8.72
2012	1927150	165420	8.58
2013	1937300	166897	8.61
2014	1975062	180086	9.12
2015	2003917	173071	8.64

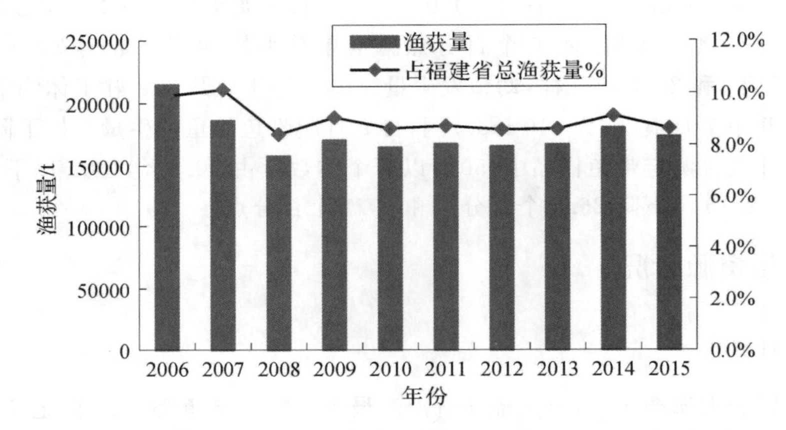

图 4-1-11 2006—2015 年福建省带鱼渔获量及占全省总渔获量百分比

2. 资源状况

从福建省单拖监测结果来看，2016 年的带鱼总 CPUE 为 77.4 kg/h，较 2014 年和 2015 年分别下降 44.7%和 12.0%，可见福建海区的带鱼资源密度总体呈下降趋势。

3. 养护与管理意见

(1)严格贯彻、执行现行的带鱼资源养护措施，坚持以往的一贯主张，对带鱼资源管理采取“夏保、秋养、冬捕”方针。

(2)研究和制定东海带鱼许可捕捞力量和捕捞量，对许可捕捞量、许可捕捞力量实行合理分配，同时出台和落实相应的管理制度，使渔业生产的重要捕捞对象——带鱼尽快地实施总许可捕捞量(TAC)管理办法。

(3)保证渔业资源养护管理工作的资金投入，加强带鱼资源的监测和研究，及时掌握资源动态，提出有效的对策。

第二节 蓝圆鲹

蓝圆鲹[*Decapterus maruadsi*(Temminck et Schlegel)]，属鲈形目、鲹科、圆鲹属，俗称巴浪鱼、鳀鲇、黄占，系近海暖水性中上层鱼类。中国南海、东海、黄海以及日本、朝鲜等海域均有分布。蓝圆鲹是中国主要经济鱼类，东海和南海为其重要产区，尤以台湾海峡和浙江近海资源较丰富。

形态特征：体纺锤形，体侧、颊部、鳃盖上部、头顶部和胸部均有小圆鳞，第二背鳍和臀鳍具低鳞鞘。侧线完全，前部为广弧形，直线部始于第二背鳍中部，棱鳞仅存于侧线的直线部，侧线上有普通鳞 49～61 枚，棱鳞 32～38 枚。吻长稍长于眼径，脂眼睑发达。口前位，上下颌各具细牙 1 行，犁骨、颚骨和舌面均具细牙。背鳍 2 个，第一背鳍由 8 条鳍棘组成，第二背鳍和臀鳍基底均较长、同形，后方各有 1 个小鳍，臀鳍前方有 2 条游离鳍棘，胸鳍为镰刀状，腹鳍胸位，尾鳍深叉形。鱼体背部青蓝色，腹部银灰色，鳃盖后缘具一黑斑，第二背鳍前部上端有一白斑，各鳍浅色(图 4-2-1)。

图 4-2-1 蓝圆鲹

一、数量分布

数据来源：2016 年 4 月(春季)和 11 月(秋季)在闽南渔场开展的底层单拖作业调查。

1. 渔获重量密度指数的季节变化

蓝圆鲹春季渔获重量密度指数范围为 0～394.9 g/h，以 293 渔区最高，调查海区平均值为 80.8 g/h；秋季渔获重量密度指数范围为 0～421.8 g/h，以 293 海区最高，调查海区平均值为 180.1 g/h(表 4-2-1)。总体上，秋季渔获重量密度指数比春季高 1.22 倍。

表 4-2-1 2016 年闽南渔场蓝圆鲹渔获重量密度指数

调查海区	春季	秋季
	g/h	g/h
283	0	201.9
292	0	169.4
293	394.9	421.8
302	0	410.1
303	332.3	373.8
304	/	44.1
调查海区均值	80.8	180.1

2008 年 5 月、8 月、11 月和 2009 年 2 月福建省水产研究所在闽东海区开展的四个航次桁杆虾拖网作业调查资料显示，调查海区蓝圆鲹平均重量渔获率春季为 12.3 g/h，夏季为 2.0 g/h，秋、冬季未捕获到蓝圆鲹。

2. 渔获数量密度指数的季节变化

2016 年 4 月(春季)和 11 月(秋季)在闽南渔场开展的底层单拖作业调查资料显示，蓝圆鲹春季渔获数量密度指数范围为 0～107.0 ind./h，以 303 渔区最高，调查海区平均值为 12.3 ind./h；秋季渔获数量密度指数范围为 0～7.0 ind./h，以 293 和 303 海区最高，调查海区平均值为 3.0 ind./h。总体上，秋季渔获数量密度指数比春季下降 75.61%，主要是由于春季在 303 渔区集中捕获大量蓝圆鲹幼鱼所致(4-2-2)。

表 4-2-2 2016 年闽南渔场蓝圆鲹渔获数量密度指数

调查海区	春季	秋季
	ind./h	ind./h
283	0	2.0
292	0	4.0
293	4.0	7.0
302	0	6.0
303	107.0	7.0
304	/	1.0
调查海区均值	12.3	3.0

2008 年 5 月、8 月、11 月和 2009 年 2 月福建省水产研究所在闽东海区开展的四个航次桁杆虾拖网作业调查资料显示，调查海区蓝圆鲹平均尾数渔获率春季为 0.1 ind./h，夏季为 1.1ind./h，秋、冬季未捕获到蓝圆鲹。

3. 种群与洄游分布

根据以往国内外学者的研究结果，福建海区的蓝圆鲹有两个不同种群，即闽南一粤东近海地方种群和东海种群。闽南一粤东近海地方种群的蓝圆鲹主要分布于闽南一粤东近海和台湾浅滩。由于闽南一台湾浅滩渔场独特的生态环境，终年受黑潮支梢影响，水温大于20℃、盐度大于33.5，因而蓝圆鲹一般不作长距离洄游。遇到西南风强盛年份，幼鱼阶段部分鱼群可能到达闽中—闽东近海索饵。东海种群则具有长距离洄游习性，洄游路线大致为：秋季在浙江北部海域索饵，冬季自北而南由闽东—闽中渔场到达台湾海峡中南部渔场越冬，春季随着性腺逐渐发育成熟，又自南向北边洄游边产卵，产卵过后的亲鱼继续北上至浙江北部近海索饵，孵化的幼鱼也随波逐流北上浙江近海。

二、主要生物学特性

福建省水产研究所2004年从灯光围网在闽南一台湾浅滩渔场调查的渔获物中取样358尾，2005年3—8月从灯光围网在闽南一台湾浅滩渔场调查的渔获物中取样250尾，2006年3—5月从灯光围网在闽南一台湾浅滩渔场调查的渔获物中取样190尾，2007年8—10月从单拖在闽中、闽南一台湾浅滩渔场调查的渔获物中取样171尾，2008年从单拖在闽中、闽南一台湾浅滩渔场调查的渔获物中取样168尾，分别在不同采样期开展蓝圆鲹生物学测定，结果如下：

1. 群体组成

(1)叉长组成

蓝圆鲹的叉长有变小的趋势，2004年的叉长范围为162～238 mm，平均叉长为191.4 mm；2008年的叉长范围为131～252 mm，平均叉长为186.2 mm，平均叉长减少了5.2 mm。最大叉长在2007年为253 mm，最小叉长同样在2007年为83 mm(表4-2-3)。

(2)体重组成

蓝圆鲹的体重组成的变化与叉长一样有变小的趋势，2004年的体重范围为53～182 g，平均体重为103.7 g；2008年的体重范围为30.0～201.4 g，平均体重为87.9 g，平均体重减少了15.8 g。最大体重在2008年为201.4 g，最小体重在2005年为26 g，最大平均体重在2004年，为103.7 g。最大体重优势组在2004年为90～120 g(表4-2-3)。

表4-2-3　2004—2008年闽南一台湾浅滩渔场蓝圆鲹群体组成

年份	样本尾数	叉长(mm)			体重(g)		
		范围	优势组(%)	平均	范围	优势组(%)	平均
2004	358	162～238	180～200(58.9)	191.4	53～182	90～120(55.0)	103.7
2005	250	118～230	131～190(75.6)	171.6	26～170	31～80(64.8)	68.9
2006	190	162～231	171～200(53.7)	182.2	55～170	61～80(58.9)	81.6
2007	171	83～253	160～200(68.4)	175.4	65～201	50～70(35.7)	73.4
2008	168	131～252	170～200(83.9)	186.2	30.0～201.4	70～100(73.8)	87.9

(3)叉长与体重的关系

2011 年 9—12 月从泉州晋江灯光围网作业中取样蓝圆鲹 173 尾进行生物学测定,结果显示,闽南—闽中近海蓝圆鲹的叉长(L,单位 mm)和体重(W,单位 g)呈幂函数关系,其关系式如下(图 4-2-2):

$$W=1.375\times10^{-5}L^{2.5637}\ (R^2=0.842, n=173)$$

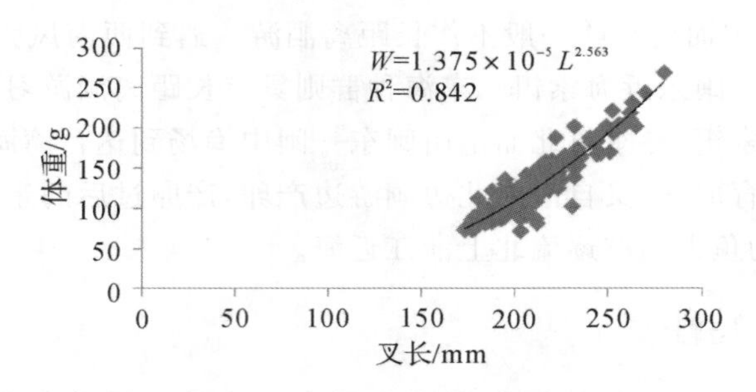

图 4-2-2 闽南—闽中近海灯光围网作业蓝圆鲹叉长与体重的关系

2. 繁殖

(1)性比

2011 年 9—12 月闽南—闽中近海灯光围网作业蓝圆鲹渔获群体的雌雄比为 1∶0.73,其中,9 月为 1∶1,10 月为 1∶0.92,11 月为 1∶0.52,12 月为 1∶0.44,各月均是雌性多于雄性。

(2)性腺成熟度

2005 年和 2006 年,闽南—台湾浅滩渔场蓝圆鲹雌性性腺发育成熟度分布如表 4-2-4 所示。2005 年 3—5 月,蓝圆鲹的雌雄比为 1:0.63,雌性性腺成熟度以Ⅱ期为主,占 61.8%;Ⅲ期居第二,占 22.8%,Ⅳ期和Ⅴ期最少,仅占 15.4%。2006 年 3—5 月,蓝圆鲹群体的雌雄比为 1∶0.62。雌性性腺成熟度以Ⅱ期为主,占 64.0%;Ⅲ期仅占 18.0%;Ⅳ期和Ⅴ期占 21.0%。

3. 摄食

福建近海蓝圆鲹的食性种类以浮游动物和小型鱼类为主,其中,闽南—台湾浅滩渔场蓝圆鲹食料组成有:犀鳕、桡足类、翼足类、毛颚类、端足类、糠虾类、鳀科幼鱼等,闽中—闽东渔场蓝圆鲹食料组成有:桡足类、端足类、腹足类、十足类和磷虾、圆腹鲱等小型鱼类的幼鱼等。

2005 年 3—5 月,蓝圆鲹群体摄食等级以 1 级和 2 级为主,分别占 64.0%和 27.5%;3 级仅占 8.5%。2006 年蓝圆鲹群体摄食等级以 1 级占绝对优势,为 68.9%;2 级居第二,占 22.1%;0 级、3 级和 4 级较少,分别占 3.2%、4.2%和 1.6%(表 4-2-4)。

表 4-2-4 2005—2006 年福建近海蓝圆鲹性腺成熟度及摄食强度

年份	雌雄比	性腺成熟度分布(%)			摄食强度分布(%)				
		Ⅱ	Ⅲ	Ⅳ、Ⅴ	0	1	2	3	4
2005	1:0.63	61.8	22.8	15.4	—	64.0	27.5	8.5	—
2006	1:0.62	64.0	18.0	21.0	3.2	68.9	22.1	4.2	1.6

三、渔业与资源状况

1. 渔业状况

福建近海蓝圆鲹的主要捕捞方式有灯光围网、光诱敷网、拖网等，其中以灯光围网和疏目拖网捕捞效果最好，渔获产量亦最高。灯光围网和拖网全年均能捕到，其他作业为季节性生产。福建海区蓝圆鲹产量在整个东海区中最高，占75%左右。

近10年来，福建海区蓝圆鲹渔获量波动于(21.89～26.84)×10^4 t之间，年平均渔获量为24.32×10^4 t，占总渔获量的比例范围为10.57%～13.93%，波动范围较小，近年来有小幅度上升(表4-2-5，图4-2-3)。

表4-2-5　2006—2015年福建海区蓝圆鲹渔获量及占海区总渔获量的比例

年份	海区总渔获量(t)	蓝圆鲹(t)	蓝圆鲹占比(%)
2006	2169678	229347	10.57
2007	1830570	255050	13.93
2008	1872689	260722	13.92
2009	1881659	223438	11.87
2010	1908468	228438	11.97
2011	1916560	218922	11.42
2012	1927150	242405	12.58
2013	1937300	241235	12.45
2014	1975062	264322	13.38
2015	2003917	268480	13.40

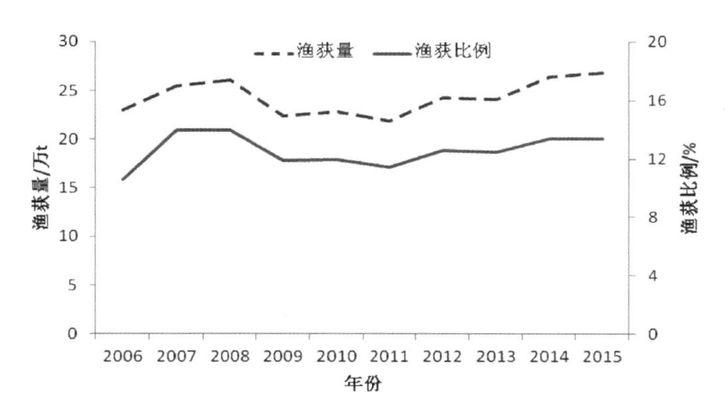

图4-2-3　福建近海蓝圆鲹渔获量及所占渔获比例

福建海区蓝圆鲹的主要作业渔场有闽南—台湾浅滩渔场和闽中—闽东渔场。现将各渔场主要的生产季节、捕捞作业及捕捞群体等状况分述如下：

(1)闽南—台湾浅滩渔场

该渔场全年都能捕到蓝圆鲹。蓝圆鲹常与金色小沙丁鱼、脂眼鲱等中上层鱼类混栖，在灯光围网渔获物中占绝对优势，比例高达48.3%～64.0%。3—6月的春汛灯光围网主捕蓝圆鲹生殖群体，作业渔场在台湾浅滩南部约30～60 m水深海域，随着时间的推移逐渐向东偏北方向移动；7—9月的夏汛主捕蓝圆鲹幼鱼索饵群体，作业渔场在台湾浅滩南部水域、东碇、礼是列岛、兄弟岛及南彭列岛外侧40～60 m水深海域；10月至翌年2月的秋冬汛主要捕捞索饵群体和生殖群体，作业渔场移至台湾浅滩南部，与春夏汛分布海区大致相同，但位置偏南。

20世纪90年代中期，福建沿海地区为适应近海渔业资源的变化，在设计使用疏目拖网捕捞鲐鲹鱼类的技术方面取得重大进展，并在渔业生产实践中逐步得到推广应用。近年，在闽南—台湾浅滩渔场生产的疏目单拖渔船有300多艘、疏目双拖渔船有20多条，主捕对象为蓝圆鲹、金色小沙丁鱼和鲐鱼等中上层鱼类，其中，蓝圆鲹的年渔获量有4.00×10^4 t左右。疏目快拖作业在闽南渔场捕捞蓝圆鲹的中心渔场有两个：一个在闽南渔场东北海域，几乎常年可作业；另一个在兄弟岛东北部附近海域，主要作业季节为8—10月。台湾浅滩渔场蓝圆鲹的主要作业区为浅滩渔场西北部海区，主要作业季节也是8—10月。此外，闽南—台湾浅滩渔场还有小网目单拖网渔船近2000艘，常年均可捕获到一定数量的蓝圆鲹，大约占渔获比重的5.0%，年渔获量1.00×10^4 t左右。

(2)闽中—闽东渔场

闽中、闽东渔场为数量众多的小网目单拖和双拖作业渔场，几乎全年都可捕到一定数量的蓝圆鲹，年平均渔获比例约2.6%～3.7%，年渔获量4.0×10^4 t左右。以蓝圆鲹、鲐鱼等中上层鱼类为主捕对象的大网目单拖和双拖渔船在本渔场的数量虽仅有700多艘，但蓝圆鲹的年渔获量达$(7.00\sim9.00)\times10^4$ t。每年夏季在闽中—闽东沿岸海区的中小围缯、鳀树缯等中小型作业，捕捞对象是蓝圆鲹幼鱼索饵群体。6—9月春夏汛期间，在闽中—闽东沿岸、近海生产的光诱鱿鱼敷网作业也可兼捕到为数不少的蓝圆鲹幼鱼。

2. 资源状况

根据2016年4月和11月的单拖作业调查数据，闽南渔场春、秋季蓝圆鲹的重量密度指数分别为4.363 kg/km^{2}和9.726 kg/km^2，再乘以闽南渔场面积(47332.7 km^2)，可得闽南渔场蓝圆鲹春季资源量为20.65×10^4 t，秋季资源量为46.04×10^4 t，平均为33.35×10^4 t。

3. 资源利用潜力

根据2003年对台湾海峡中北部、闽南—台湾浅滩渔场鲐鲹鱼类资源量和最大持续产量的评估结果，台湾海峡中北部蓝圆鲹的资源量为30.39×10^4 t、最大持续渔获量为15.04×10^4 t；闽南—台湾浅滩渔场蓝圆鲹的资源量为20.15×10^4 t、最大持续渔获量为$(11.23\sim12.81)\times10^4$ t。该评估结果与2003年相应海区蓝圆鲹的实际渔获量相比较，亦表明台湾海峡中北部的蓝圆鲹资源已经得到较为充分的开发利用，而闽南—台湾浅滩渔场的蓝圆鲹资源尚有一定的开发利用潜力，但也需要合理控制灯光围网作业的灯光强度，同时合理规范拖网作业网具的最小网目尺寸，减少对蓝圆鲹幼鱼的损害。

第三节 二长棘鲷

二长棘鲷(*Parargyrops edita* Tanaka)属于近海暖水性近底鱼类，栖息于近海水深20～70 m的底质岩礁、砂砾、泥沙的海域，分布于北太平洋西部，我国主要分布在南海和东海南部。其系洄游小型鱼类，季节性很强，主要食物有鱼虾类、沙蚕类、幼小软体管蛸类。

形态特征：体侧扁，呈椭圆形，背缘狭窄、弓状弯曲度。口小、前位，上颌前端犬牙4枚、下颌犬牙6枚，两颌两侧各具臼齿2列。前鳃盖骨后平滑。鳃盖骨后缘具1扁棘。背鳍连续无缺刻，背鳍第1和第2鳍棘很短小，但第3和第4棘突出延长如丝状，故而得名二长棘鲷，尾鳍叉形(图4-3-1)。

图4-3-1 二长棘鲷

一、数量分布

数据来源：1998年7月到2000年6月闽南—台湾浅滩渔场开展二长棘鲷资源的专项调查资料。

1. 渔获重量密度指数的季节变化

全调查区月平均资源密度指数为4.91 kg/网，以7月最高，为17.80 kg/网，其次为8月为12.34 kg/网，其余依次为6月、5月、9月、4月、10月、1月、2月、11月、3月、12月。按分布渔区的平均资源密度指数，以7月最高，为47.47 kg/网，其余依次为4月、6月、2月、8月、5月、9月、1月、11月、10月、3月、12月。

1月份，渔场重心位置为(118.0415°E,24.1410°N)。2月份，生殖群体重心往东偏南方向移动，移动的距离较大，渔场中心在305渔区，渔场重心位置为(119.2500°E,23.2500°N)。3月份，渔场重心位置为(119.2500°E,23.2500°N)，生殖群体仍然在305渔区。4月份，幼鱼群体重心迅速向西迁移到303渔区，渔场重心位置为(118.2500°E,23.2500°N)。5月份，幼鱼群体重心继续向西迁移到302渔区，渔场重心位置为(117.7500°E,23.2500°N)。6月份，索饵群体重心向东北方向移动，主要分布在291、292渔区，重心位置为(117.9691°E,23.6688°N)。7月份，索饵群体重心向东北方向移动，重心位置为(118.0097°E,23.7500°N)。8

月份，索饵群体重心开始往南迁移，重心位置为(118.1106°E,23.4889°N)。9月份，渔场重心由东偏南移动，渔场重心位置为(118.4729°E,23.4247°N)。10月份，鱼群重心向西移动，渔场重心位置为(117.9713°E,23.5113°N)。11月份，鱼群重心向西南方向移动，渔场重心位置为(117.8297°E,23.0505°N)。12月份，鱼群只分布在316渔区，渔场重心向东南方向移动，渔场重心位置为(118.7500°E,22.7500°N)(表4-3-1，图4-3-2)。由此表明，修改后的不同群体渔场重心变化规律较显著，4—5月份，幼鱼群体重心向西迁移，6—7月份，索饵群体重心向东北方向移动，8月份，索饵群体重心开始往南迁移，9—11月份，越冬群体重心逐渐向南移动，12月份，生殖群体重心继续往南迁移，1—3月份，生殖群体主要集中在305渔区(119°15′E，23°15′N)附近进行生殖活动，鱼群少有迁移(图4-3-2)(蔡建堤等，2015)。

表4-3-1 二长棘鲷各渔区分月生产情况(kg/网)

渔区	1月	2月	3月	4月	5月	6月	7月	8月	9月	10月	11月	12月
282	—	—	—	—	—	—	—	—	—	—	—	—
283	—	—	—	—	—	—	12.19	—	—	—	—	—
291	—	—	—	—	—	71.55	127.83	72.36	13.15	7.50	—	—
292	12.73	—	—	—	—	56.38	138.13	36.18	7.38	13.33	—	—
293	—	—	—	—	—	—	4.18	—	—	—	—	—
294	—	—	—	—	—	—	—	11.61	0.61	—	—	—
302	—	—	—	—	51.05	14.25	—	20.61	—	9.79	9.56	—
303	0.55	—	—	48.57	9.72	10.56	—	13.59	0.44	2.30	3.45	—
304	—	—	—	—	—	7.90	0.71	21.25	38.90	—	—	—
305	—	22	11.87	—	—	7.56	—	0.33	—	—	—	—
314	—	—	—	—	—	—	—	—	—	—	—	—
315	—	—	—	—	—	—	—	—	—	2.38	8.64	—
316			0.37		0.67	0.40	1.76		—	—	—	1.00
317	—	—	—	—	—	—	—	20.36	—	—	—	—
318	—	—	—	5.34	—	—	—	1.22	—	—	—	—
319	10	—	—	—	—	—	—	—	—	—	—	—

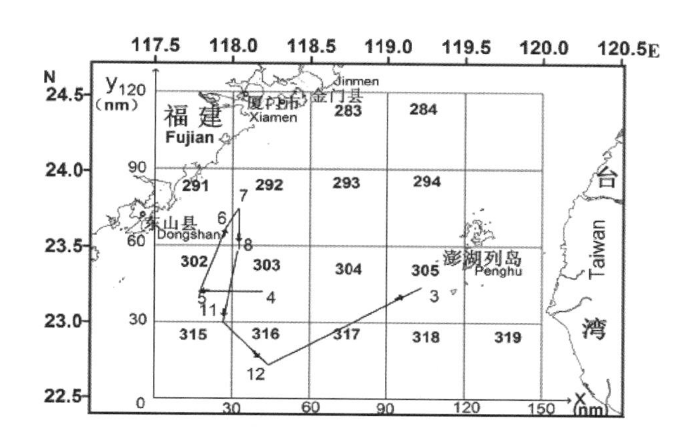

图 4-3-2 二长棘鲷洄游路线图

从季节分布上看,夏季种群数量最多,主要分布在闽南渔场中部的 219、292 渔区,春季群体主要以幼鱼为主,分布在闽南渔场近岸,秋季种群分布在闽南渔场中部偏南海域,冬季群体主要分布在南部外海。

2. 种群聚集特性的月变化

生殖季节 12 月到翌年 3 月,鱼类生殖群体集群性最强;4—5 月幼鱼大量出现,幼鱼群体相对集中;主要索饵季节为 6—8 月,其中 8 月份鱼群分散最明显,其次是 6 月份,而 7 月份鱼群相对集中。可见,闽南一台湾浅滩二长棘鲷群体在索饵洄游期间,分散索饵,且索饵场的范围比较大,7 月鱼群相对集中,8 月鱼群明显开始分散。9 月份鱼群较分散,而 11 月份鱼群集中明显,据推测可能是因为鱼群为适应水温和生殖,在外移过程中逐渐集中。全年 8 月份鱼群最为分散,其次 9 月份,其余依次为 6 月、10 月、1 月、4 月、7 月、11 月、5 月、3 月、12 月和 2 月,分散程度依次占全年的 24.2%、16.1%、13.6%、10.9%、8.6%、7.7%、7.4%、6.5%、2.5%、2.5%、0%、0%(图 4-3-4)。可见,闽南一台湾浅滩二长棘鲷的生殖群体集群性最强,其次是幼鱼群体、以适应水温和寻找产卵场为目的的群体,而索饵群体分散(图 4-3-3)(蔡建堤等,2013)。

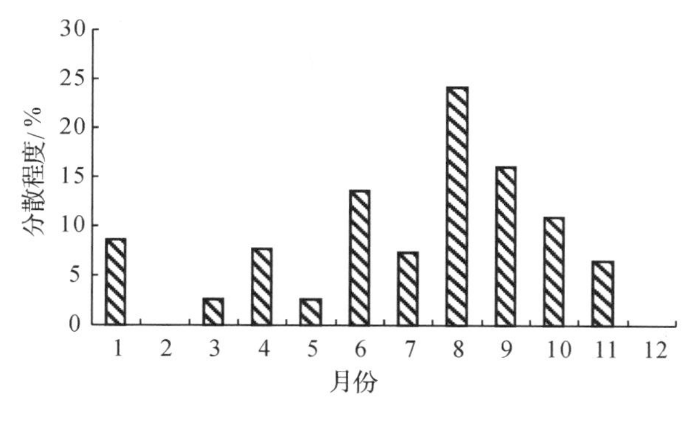

图 4-3-3 二长棘鲷各月分散程度

二、主要生物学特性

数据来源：1998 年 7 月至 2000 年 6 月闽南一台湾浅滩渔场单船底拖网作业渔获物，逐月随机取样二长棘鲷计 3571 尾进行生物学测定。

1. 群体组成

(1)叉长组成

二长棘鲷周年渔获叉长分布范围为 48～229 mm，优势组为 110～140 mm，占 58.9 %，平均叉长为 123.0 mm。二长棘鲷周年中逐月渔获叉长组成呈现规律性变化，4 月，幼鱼开始大量出现，其渔获群体平均叉长最小，仅为 71.3 mm，优势组为 70～80 mm，以后随着鱼体的增长，渔获个体也逐月增大，叉长优势组逐月向右推移，至 12 月叉长优势组增为 120～140 mm，平均叉长为 130.0 mm。

(2)体重组成

二长棘鲷周年渔获体重分布范围为 2.0～305 g，优势组为 30～70 g，占 64.6 %，平均体重为 55.3 g。

二长棘鲷周年各月渔获体重组成变化与叉长组成变化一致，4 月渔获个体平均体重仅为 8.0 g，至 12 月平均体重增至 56.7 g，优势组为 50～60 g。

(3)体长与体重的关系

体长(L)与体重(W)的关系呈幂函数(图 4-3-4)，其关系式为：

$$W=1.5803\times10^{-5}L^{3.0986}\ (R^2=0.997, n=3571)$$

式中：W——体重(g)；L——叉长(mm)。

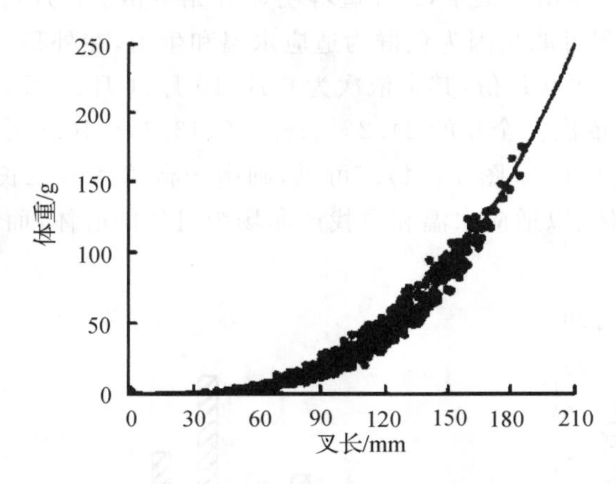

图 4-3-4 二长棘鲷叉长与体重关系

2. 繁殖

(1)性比

根据 1017 尾样品测定结果，二长棘鲷群体周年以雌性个体略多，占 52.6 %，雄性个体占 47.4 %。周年性比变化不大，除 1 月、5 月和 8 月份的雌性个体略低于雄性个体外，其余各月均为雌性个体略多于雄性个体。

(2)性腺成熟度

二长棘鲷雌性性腺成熟度全年Ⅱ期占 48.4 %,Ⅲ期和Ⅳ期各占 24.6 %和 23.9 %,Ⅴ期和Ⅵ期分别仅占 2.0 %和 1.1 %。从全年各月雌性性腺成熟度来看,4—9 月份的Ⅱ期个体占了绝大多数,为 98.7 %,其余个体为Ⅲ期,只占 1.3 %。10 月份和 11 月份则以Ⅲ期个体为主,分别占 68.8 %和 85.9 %,从 11 月份开始出现Ⅳ期个体。12 月份和 1 月份Ⅳ期个体占优势,分别占 77.8 %和 60.3 %,Ⅴ期个体各占 6.8 %和 7.1 %,没有出现Ⅱ期个体。2 月份的Ⅱ期个体占 46.0%,Ⅳ期以上个体仅占 14.1 %。

3. 摄食

二长棘鲷周年均有摄食,周年平均摄食等级为 1.46,平均摄食率为 88.8 %,各月摄食强度有较大的变化。其摄食高峰出现于 9 月,平均摄食等级和摄食率均达最高,为 2.04 和 100%;其次为 2 月,平均摄食等级和摄食率为 1.89 和 97.7 %;最低为 12 月和 7 月,平均摄食等级和摄食率分别为 1.11、1.27 和 83.5 %、78.1 %。

三、渔业与资源状况

1. 渔业状况

二长棘鲷是福建省重要的经济鱼类资源,也是台湾海峡南部底拖网作业主要捕捞对象之一。20 世纪 70 年代以前,厦门等地的"钓粗"作业曾以二长棘鲷为主要渔获对象,80 年代以后,其渔获量在单拖作业渔获中亦占有举足轻重的地位,年均渔获量近万吨。90 年代以来,由于闽南、台湾浅滩渔场单拖作业的迅猛发展,渔获量也迅速增长,1997—2002 年间的年均渔获量为 1.68 万吨,约占单拖总渔获量的 10%。

2. 资源状况

二长棘鲷是生命周期短,生长速度快,资源利用程度较高,补充群体多于剩余群体的经济鱼类,为闽南、台浅渔场单拖作业的主要捕捞对象。随着 20 世纪 80 年代后期单拖作业的发展,对二长棘鲷资源捕捞力量的持续增长,目前二长棘鲷处于过度捕捞状态,1998—2000 年,二长棘鲷瞬时捕捞死亡率为 1.544,均比 1982 年的 0.340 和 1994 年的 1.273 高;开发率也发生了深刻的变化,1998—2000 年开发率为 0.698,与 1994 年的 0.706 基本相当,比 1982 年的 0.381 高,其开发率过高,从本次研究样品来看,幼鱼和 1 龄鱼占了绝大部分,其渔获平均年龄仅 0.71 龄,分别比 1982 年和 1994 年小 0.37 龄和 0.28 龄,其种群结构趋向简单化、小型化、低龄化。从群体组成看,幼鱼从 4 月开始大量出现,每年夏季都有大量的幼鱼在近海索饵生长,但近海数量众多的定置网作业及底拖网作业大量捕捞二长棘鲷幼鱼,致使其幼鱼损害情况严重,因此应采取有力措施降低捕捞强度,同时开展对二长棘鲷种群的动态监测,加强对幼鱼的保护和管理,合理利用二长棘鲷资源,避免其种群结构的进一步恶化(叶孙忠,2004)。

3. 渔业资源养护与利用

二长棘鲷是一种分布较广的近底层鱼类，在闽南、台湾浅滩渔场近岸海区，每年夏季都有大量的幼鱼在索饵生长，然而，长期以来，二长棘鲷幼鱼索饵期间也正是单拖作业捕捞该鱼种的旺汛期，虽然自 1999 年以来闽南、台湾浅滩渔场开始进行两个半月（每年 6 月 1 日至 8 月 15 日）的伏季休渔，2017 年拖网休渔期延长至三个半月，部分缓解了二长棘鲷资源的捕捞压力，但在每年 4—5 月幼鱼大量索饵期间，近海数量众多的定置网作业及底拖网作业大量捕捞二长棘鲷幼鱼，如 4 月份单拖作业渔获的二长棘鲷平均叉长仅 71.3 mm，明显低于规定的二长棘鲷最小可捕标准，二长棘鲷幼鱼损害情况严重（叶孙忠等，2004）。

随着近年来对二长棘鲷资源的高强度利用，二长棘鲷群体早熟化、小型化、低龄化是不可避免的趋势。二长棘鲷作为闽南、台湾浅滩渔场重要的经济鱼类资源，我们应避免其种群结构的继续恶化，合理利用其资源，建议二长棘鲷以 1 龄为开发利用年龄，加强对二长棘鲷资源的动态变化研究，掌握种群变动规律，同时严格实施最小可捕标准及底拖网作业禁渔区制度，对二长棘鲷幼鱼加强保护和管理。

第四节　鲐鱼

鲐鱼（*Scomber japonicas* Houttuyn）属鲈形目，鲭科，鲭属，又名日本鲭，俗称青占、油筒鱼、花鳀（闽中、闽南）、花䲠（厦门）等，为大洋暖水性中上层鱼类，广泛分布于西北太平洋沿岸、大西洋地中海沿岸、印度洋非洲南岸等海域，中国、朝鲜、日本及俄罗斯远东地区均产，为我国近海主要经济鱼类之一（朱元鼎等，1984）。

形态特征：体纺锤形，稍侧扁，尾柄细短；头中大，稍侧扁，吻稍尖，眼大，具发达的脂眼睑；口大，前位，斜裂，上下颌约等长；肛门位于臀鳍前方。体被细小圆鳞，胸部鳞片较大，头部除后头、颊部、鳃盖被鳞外，余均裸露。侧线完全，上侧位。背鳍 2 个，相距较远；第一背鳍具 9～10 鳍棘，第二鳍棘最长，其余鳍棘向后依次渐短；第二背鳍起点在臀鳍起点的前上方，前部鳍条长于后部鳍条。胸鳍短小，上侧位。腹鳍胸位，尾鳍深叉形。体背部青黑色，具深蓝色不规则斑纹，斑纹延续至侧线下方，但不伸达腹部，侧线下部无蓝黑色小圆斑。腹部银白色微带黄色，头顶部黑色。背鳍、胸鳍、尾鳍灰黑色（朱元鼎等，1984）（图 4-4-1）。

图 4-4-1　鲐鱼

一、种群与洄游分布

1. 种群

福建海域的鲐鱼分属于两个不同的种群，即闽南一粤东近海地方种群和东海种群。前者分布于闽南一粤东近海，栖息于福建南部沿海水域，除幼鱼阶段在夏季有部分鱼群曾到达闽中、闽东沿岸外，终生均在闽南、粤东近海一台湾浅滩度过，不做长距离的洄游，无明显的越冬洄游现象，其个体较小，生长慢，性成熟早，生殖期早且长。后者从属于东海种群，具有较长距离洄游习性。

2. 洄游分布

闽南一粤东近海地方种群鲐鱼，冬季主要分布在甲子直外约 50 海里 60～100 m 水深海域。冬末春初，鱼群逐渐由深而浅地向东北方向移动。春季鱼群分内、外两路活动。内路鱼群沿南澎列岛、菜屿列岛北上；外路鱼群沿台湾浅滩南部偏东方向移动，5—6 月到达花屿附近转向北洄游。其产卵期间边洄游、边产卵，仔、幼鱼广泛分布于闽南、粤东近海，部分幼鱼进入闽中、闽东近海索饵。9 月，随着东北风增多，鱼群逐渐向南部海域回归。大量标志放流证实，闽南一粤东近海地方种群的鲐鱼整个生命周期包括生殖、索饵等阶段，基本上在闽南一粤东近海渔场栖息，不做长距离洄游，无明显的越冬洄游迹象。东海种群鲐鱼秋季在浙江北部海区索饵，冬季自北而南做越冬洄游。主群取道东海中部往钓鱼岛至彭佳屿一带越冬场越冬；另有一部分鱼群经由闽东一闽中渔场到达台湾海峡中、南部越冬。春季随着水温的回升和性腺逐渐发育成熟，鱼群又自南而北做生殖洄游。其洄游路线比越冬洄游路线偏内，边洄游边产卵，产卵过后的亲鱼继续北上浙江北部近海索饵，孵化出的仔、幼鱼也随波逐流北上浙江近海。闽中一闽东渔场既是鲐鱼的越冬场，又是生殖场（张秋华等，2007）。

二、主要生物学特性

1. 群体组成

（1）叉长组成

根据 2008 年福建省资源监测站的调查结果，从闽南光诱敷网和单拖作业监测船取样 149 尾鲐鱼进行生物学测定，结果表明：鲐鱼叉长范围为 147～252 mm，平均值为 203.5 mm，优势组为 190～210 mm，占 61.1%（图 4-4-2）。

（2）体重组成

根据 2008 年福建省资源监测调查结果，取样 149 尾鲐鱼进行生物学测定，结果表明：鲐鱼体重范围为 31.3～210.2 g，平均值为 110.33 g，优势组为 70～130 g，占 66.4%（见图 4-4-3）。

（3）叉长与体重的关系

2008 年福建省资源监测调查资料显示，鲐鱼体重（W，单位 g）与叉长（L，单位 mm）的关系为：$W=2.1873\times10^{-7}L^{3.7602}$（$R^2=0.867$，$n=149$）（图 4-4-4）。

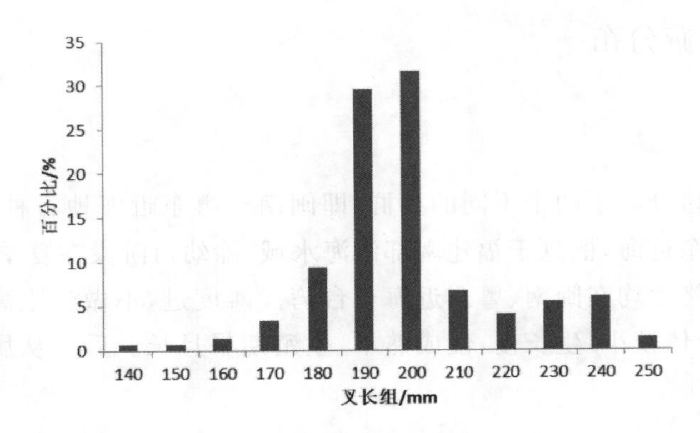

图 4-4-2 2008 年福建省资源监测调查鲐鱼叉长组成

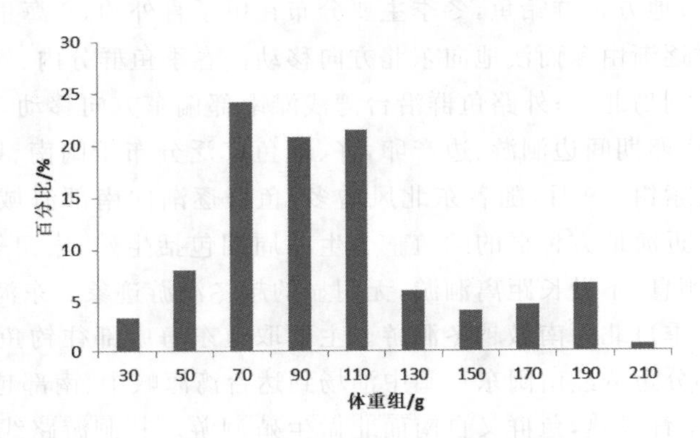

图 4-4-3 2008 年福建省资源监测调查鲐鱼体重组成

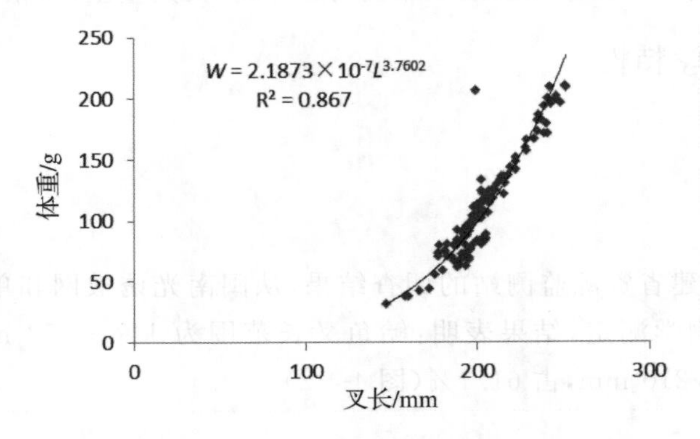

图 4-4-4 2008 年福建省资源监测调查鲐鱼叉长与体重关系

2. 繁殖

(1)性比

闽中渔场灯光围网监测资料显示，2006 年 5 月，鲐鱼雌雄比为 1∶0.71，雌性多于雄性。闽南渔场光诱敷网监测资料显示，2008 年 7—9 月，鲐鱼雌雄比为 1∶2.24，雄性多于雌性。

(2)性腺成熟度

闽中渔场灯光围网监测资料显示,2006 年 5 月,鲐鱼雌鱼性腺成熟度组成为:Ⅱ期占 62.9%,Ⅲ期占 37.1%;鲐鱼雄鱼性腺成熟度组成为:Ⅱ期占 76%,Ⅲ期占 24%。闽南渔场光诱敷网监测资料显示,2008 年 7—9 月,鲐鱼雌鱼性腺成熟度组成为:Ⅱ期占 61.9%,Ⅲ期占 38.1%;鲐鱼雄鱼性腺成熟度组成为:Ⅱ期占 51.2%,Ⅲ期占 48.8%。

3. 摄食

鲐鱼具有鳃耙和牙齿,既可以摄食浮游动物又可以捕食鱼类等其他动物,因此是"浮游动物食性"兼"捕食性"的鱼类。鲐鱼的主要饵料为浮游动物,其次为鱼类,浮游动物种类最主要的是浮游甲壳类,当浮游甲壳类比较贫乏时则以小鱼为食,也摄食乌贼、水母和其他动物,甚至摄食底栖动物。在不同海区,鲐鱼的食物基本相同,但摄食的种类及比重会有差异。东海南部台湾海峡鲐鱼摄食频率最高的是桡足类,其次是端足类,第三是鱼类。

闽中渔场灯光围网监测资料显示,2006 年 5 月,鲐鱼摄食等级组成为:1 级占 46.7%,2 级占 45%,3 级占 8.3%。根据闽南渔场光诱敷网监测资料显示,2008 年 7—9 月,鲐鱼摄食等级 2 级占 32.3%,3 级占 64.6%,4 级占 3.1%。

三、渔业与资源状况

1. 渔业状况

福建沿海捕捞鲐鱼历史久远,20 世纪 60 年代,随着灯光围网作业的试验成功,灯光围网渔业迅速发展,鲐鱼的产量也大幅度上升,成为主要的捕捞种类之一,在海洋渔业中占有重要地位。作为福建近海重要的经济鱼类之一,鲐鱼的主要捕捞渔具有灯光围网和底层拖网,还有少量的围缯和鳀树缯等作业,其中,以灯光围网和疏目拖网捕捞效果最好,渔获量亦最高。福建省的鲐鱼渔获量中,泉州市最高,占全省的 80%左右;其次为福州市,约占全省的 10%;其他各市的渔获量均较低。

20 世纪 70 年代福建省鲐鱼年产量变动于 0.35×10^4～0.40×10^4 t,主要为灯光围网捕捞;80 年代后期产量有所提高,变动于 0.50×10^4～2.00×10^4 t;90 年代初期鲐鱼的年产量保持较稳定的增长,变动于 5.05×10^4～7.79×10^4 t 之间;近 10 年,鲐鱼产量变动于 6.83×10^4～12.81×10^4 t,占全省海洋总渔获量的 3.36%～6.71%,2010 年年产量为历史最高,之后一直保持在 12.00×10^4 t 以上,占总渔获量的比例也基本保持相同趋势(图 4-4-5)。鲐鱼

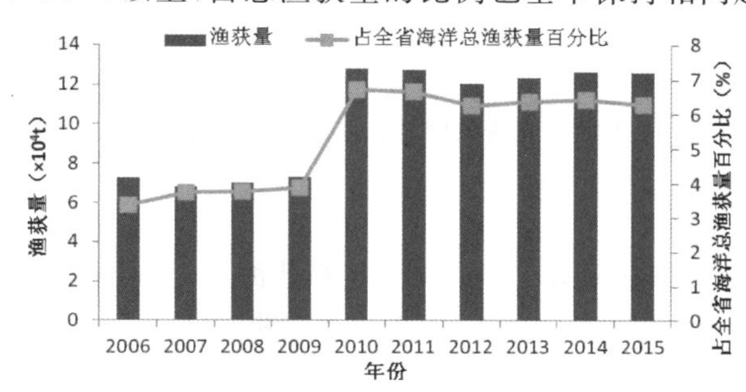

图 4-4-5 福建省历年鲐鱼渔获量及占全省海洋总渔获量的百分比

常与蓝圆鲹、竹筴鱼等中上层鱼类混栖，为灯光围网作业的重要捕捞对象，在闽南一台湾浅滩渔场全年均可捕获，渔获重量组成仅次于蓝圆鲹。

福建省鲐鱼的主要作业渔场为闽南一台湾浅滩渔场和闽中一闽东渔场。我们现将主要渔场的几种捕捞方式作业情况分析如下：

(1)光诱敷网

目前福建海区投产的光诱敷网作业船多数属于中小型作业船，以捕枪乌贼和鲐鲹鱼为主。根据光诱敷网监测船的数据显示，2006—2012 年闽南渔场光诱敷网捕捞鲐鱼的平均网产变动于 14.3～96.5 kg，在 2007 年和 2010 年分别出现一个高峰，随后逐渐下降，而渔获量比例变动于 5.21%～33.4%，同平均网产变动趋势大体一致(图 4-4-6)；2008—2011 年闽东渔场光诱敷网捕捞鲐鱼的平均网产变动于 47.1～278.9 kg，渔获量比例变动于 9.7%～47.6%，2008 年和 2010 年较低，2009 年和 2011 年较高(图 4-4-7)。

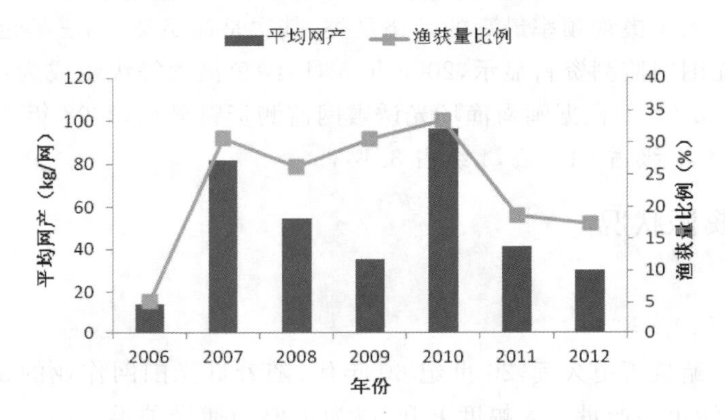

图 4-4-6 闽南渔场光诱敷网监测船鲐鱼平均网产和渔获量比例

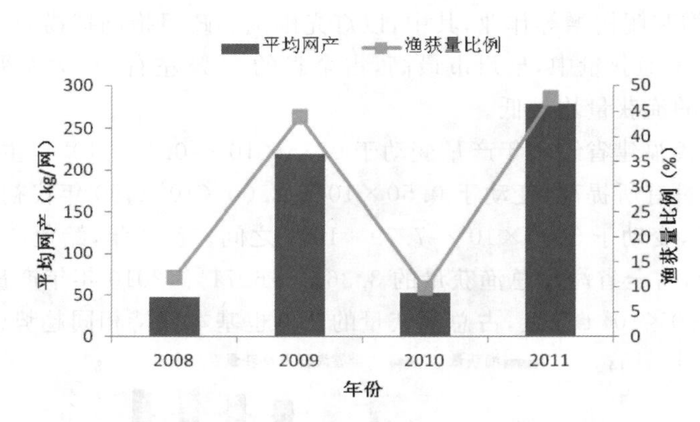

图 4-4-7 闽东渔场光诱敷网监测船鲐鱼平均网产和渔获量比例

(2)单拖

根据单拖监测船的数据显示，2008—2015 年福建海区单拖捕捞鲐鱼的平均网产变动于 6.2～177.3 kg，渔获量比例变动于 1.1%～21.3%(图 4-4-8)。

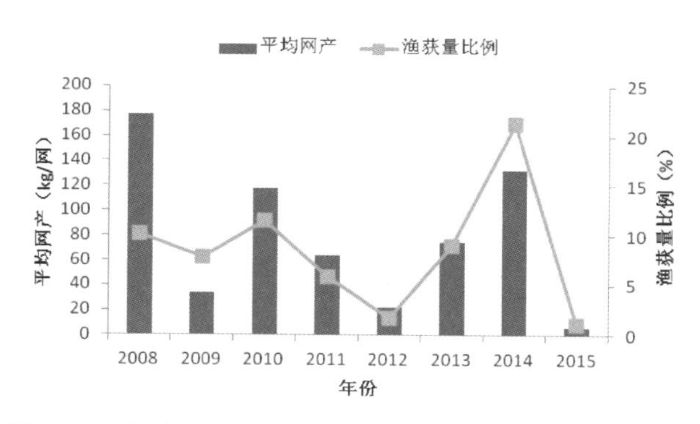

图 4-4-8 福建海区单拖监测船鲐鱼平均网产和渔获量比例

2. 资源状况

关于东海区鲐、鲹鱼类资源量的估算，报道较多。如卢振彬、戴泉水、颜尤明等人以初级生产力为基础，应用 Steele 模式估算台湾海峡及其邻近海域中上层鱼类资源量为 169.88×10^4 t，其中鲐、鲹鱼类资源量为 102.08×10^4 t(戴泉水等，2000)。陈卫忠等利用剩余渔获量模型专家系统(CLIMPROD)软件评估东海鲐、鲹鱼类的最大持续渔获量(MSY)为 38.30×10^4 t，其中鲐鱼的 MSY 为 16.10×10^4 t，按区域种群分析，鲐、鲹鱼福建沿岸群的 MSY 为 20.10×10^4 t(陈卫忠等，1997；陈卫忠等，1998)。

3. 资源利用潜力

台湾海峡的鲐、鲹等中上层鱼类可分成两个群系，即闽南一粤东种群和海峡中北部种群。据以上估算，闽南一粤东种群鲐、鲹鱼类资源的最大持续产量平均为 22.56 万 t，而福建、广东和台湾等省区的实际渔获量，80 年代年平均为 16.76 万 t，90 年代以来年平均为 19.65 万 t。可见，近 20 年来渔获量比较稳定，历史上最高年渔获量为 1978 年(25.65 万 t)和 1997 年(23.34 万 t)，超过估算值，其他年份均未超过估算的 MSY。可见闽南一台湾浅滩渔场鲐、鲹鱼类群聚资源尚有一定的开发潜力(戴天元，1999)。海峡中北部鲐、鲹鱼类资源的最大持续产量为 27.70 万 t，1991—1996 年，在该海域的鲐、鲹鱼类平均年渔获量为 28.7万 t，最高 1994 年达 36.00 万 t，这表明台湾海峡中北部的鲐、鲹鱼类资源已得到充分或略过度利用(戴天元等，2004)。

鲐鱼的资源状况，其变化比较特殊，年间的波动不管是产量还是群体结构变化幅度都比较大。2000 年调查的优势叉长和优势体重组，与历史上的历次调查结果相比，叉长组和体重组数量减少，优势体重也有偏小的趋势，年龄系列也有所缩短，从 0+～5+缩短到 0+～2+，而且性成熟后的个体所占比例偏低。从这些方面可以看出，在其他鱼类资源丰盛度下降的同时，鲐鱼资源的丰盛指标并没有提高，因此，我们对其资源不可持乐观态度。

4. 资源养护与管理

(1)严格执行禁渔区线规定

机轮拖网禁渔区线内海域捕捞的鲐、鲹鱼幼鱼个体很小，体长仅 30～50 mm，过早地利用鲐、鲹鱼幼鱼会直接影响秋季灯光围网的生产。因此,我们必须坚决执行机轮底拖网禁渔区线禁止拖网作业的规定,真正有效地保护好鲐、鲹鱼幼鱼资源。

(2)加强上层鱼的加工技术研究,提高上层鱼的经济效益

鲐、鲹鱼等中上层鱼类一直是低值鱼,因鲐、鲹鱼的加工技术未有实质性的突破,鱼价较低。不少渔获物充作饵料或加工成鱼粉,经济效益差。我们应突破鲐、鲹鱼加工关,试制出多种多样的适合大众口味、方便即食的加工产品,扩大销售渠道,使鲐、鲹鱼变低值鱼为高值鱼,推动鲐鱼资源的利用。

第五节　龙头鱼

龙头鱼[*Harpadon nehereus*(Hamilton)]属仙女鱼目(Aulopiformes),狗母鱼科(Synodontidae),龙头鱼属,为沿海中下层鱼类,常栖息于浅海泥底的环境中,每年春季为产卵期,以小鱼、小虾、底栖动物为食。我国南海、东海和黄海南部均有分布,尤以浙江的温、台和舟山近海以及福建沿岸近海分布较多。龙头鱼主要由张网、单拖和流刺网作业捕获。

龙头鱼体柔软、延长,前部亚圆筒形,无鳞,后部稍侧扁,被细鳞。侧线上侧位,伸达尾叉,侧线孔显著。吻短钝,眼细小,上颌口缘由狭长的前颌骨组成,口裂特大。上、下颌具钩状能倒伏犬牙,犁骨牙1行,颚骨每侧具牙带1组,舌面密生细牙,假鳃明显。背鳍1个,位于鱼体中部稍前,脂鳍与臀鳍后部相对,胸鳍和腹鳍均狭长,胸鳍大于头长,约与腹鳍等长,尾鳍叉形。鱼体乳白色,具细小黑色斑点,腹鳍浅色,其余各鳍灰黑色(图4-5-1)。

图4-5-1　龙头鱼

一、数量分布

1. 渔获重量密度指数的季节变化

2016年11月(秋季)福建省水产研究所在闽南渔场开展的底层单拖作业调查资料显示,龙头鱼秋季渔获重量的密度指数范围为0～82.7 g/h,以282海区最高,调查海区平均值为14.0 g/h。

2008年5月、8月、11月和2009年2月,福建省水产研究所在闽东海区开展四个航次

的桁杆虾拖网作业调查资料显示，龙头鱼春季平均重量渔获率为53.8g/h，夏季为35.6 g/h，秋季为220.6 g/h，冬季为40.5 g/h。

2. 渔获数量密度指数的季节变化

2016年11月(秋季)福建省水产研究所在闽南渔场开展的底层单拖作业调查资料显示，龙头鱼秋季渔获数量密度指数范围为0～25.00 ind./h，以282海区最高，调查海区平均值为3.11 ind./h。

2008年5月、8月、11月和2009年2月，福建省水产研究所在闽东海区开展的四个航次桁杆虾拖网作业调查资料显示，龙头鱼春季平均重量渔获率为2.6 ind./h，夏季为0.6 ind./h、秋季为9.1 ind./h，冬季为1.3 ind./h。

二、洄游分布

据以往的研究(郑元甲等，2003)，龙头鱼主要分布于东海北部近海和东海南部近海的内侧，福建海区的闽东、闽中、闽南和台湾浅滩渔场均有广泛分布。从调查资料推测，东海区龙头鱼可能有东海北部群和东海南部近海群两个不同的群体，以北部群体的数量为多。龙头鱼有短距洄游习性，每年3、4月，由外侧海域游向岸，10月以后，外游向深水处过冬。龙头鱼对水深和水温的适应范围较宽泛，分布海域的底层水温分布范围为9.11～26.11℃，平均为14.80℃，其中，春季、夏季和冬季主要分布范围10～17℃，而秋季主要分布范围在23～27℃；底层盐度范围为31.36～35.26，平均为33.39，其中秋季分布范围较广，但主要分布范围的盐度相对较低，夏季和冬季主要分布范围的盐度较高；水深分布范围为27.00～101.99 m，平均58.96 m，秋季分布的水深较浅，而春季、夏季和冬季的分布水深相对较深。总的来看，各季节龙头鱼分布海域所适应的水温、盐度和水深分布情况不同，相较而言，春季分布的平均水温最低，夏季分布的平均盐度和平均水深均最高，秋季分布的平均水温最高，而盐度和水深最低，冬季分布的水深最低(表4-5-1)(林龙山，2009)。

表4-5-1 东海区龙头鱼资源分布的底层水温、盐度及水深

季节	项目	水温/℃	盐度	水深/m
春季	范围	9.11～16.91	32.07～34.57	35.00～104.00
	平均	11.28±2.14	33.53±0.72	62.67±19.17
夏季	范围	9.94～17.89	32.03～35.17	38.00～98.00
	平均	12.30±2.56	33.69±0.88	67.36±17.68
秋季	范围	19.01～26.11	31.53～35.26	27.00～99.00
	平均	23.99±2.01	32.99±1.05	43.78±18.25
冬季	范围	9.56～17.72	31.36～34.47	39.09～101.99
	平均	13.60±2.62	33.39±0.86	61.54±18.07

* 数据来源于林龙山. 东海区龙头鱼数量分布及其环境特征[J]. 上海海洋大学学报，2009.

三、主要生物学特性

福建省水产研究所2012年2—5月在闽中近海(265、275等渔区)开展的单拖作业监测船取样龙头鱼150尾;2012—2015年闽南近海(291、292渔区)张网监测船取样龙头鱼388尾,开展生物学测定,结果如下:

1. 群体组成

(1)叉长组成

2012年2—5月闽中近海单拖作业龙头鱼渔获物的叉长范围为137~255 mm,平均叉长为196.9 mm,优势组为190~220 mm,其所占百分比为64.00%(图4-5-2)。

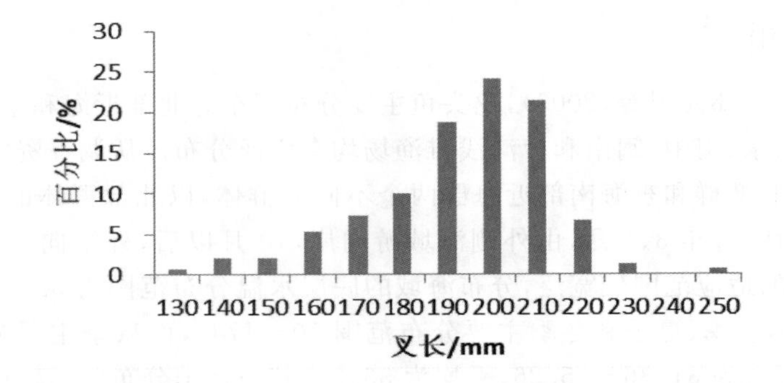

图4-5-2 2012年福建近海单拖作业渔获龙头鱼叉长分布

2012—2015年,闽南近海张网渔获龙头鱼叉长分布范围为67~243 mm,平均叉长为154.8 mm(表4-5-2),优势叉长组为140~180 mm,占55.67%(图4-5-3)。相比之下,张网作业渔获的龙头鱼要比单拖作业叉长要小一些。

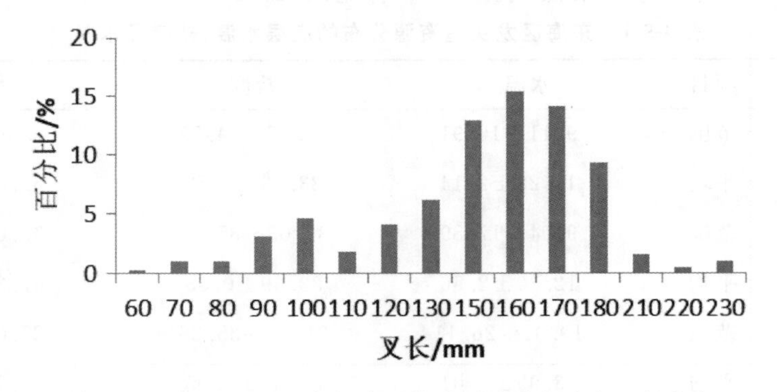

图4-5-3 2012—2015年闽南近海张网渔获龙头鱼叉长分布

表 4-5-2 2012—2015 年闽南近海张网渔获龙头鱼叉长与体重组成

年份	样本数	叉长组成(mm)		体重组成(g)	
		范围	平均	范围	平均
2012	82	67～232	140.2	0.7～62.6	14.9
2013	166	95～243	167.6	2.5～67.8	20.3
2014	74	92～204	146.5	5.8～41.0	16.2
2015	66	98～205	164.8	2.5～57.0	21.6
合计	388	67～243	154.8	0.7～67.8	18.2

(2)体重组成

2012 年 2—5 月闽中近海单拖作业龙头鱼渔获物的体重范围为 11.9～138.7 g,平均体重为 42.5 g,优势组为 30～60 g,其所占百分比为 66.67%(图 4-5-4)。

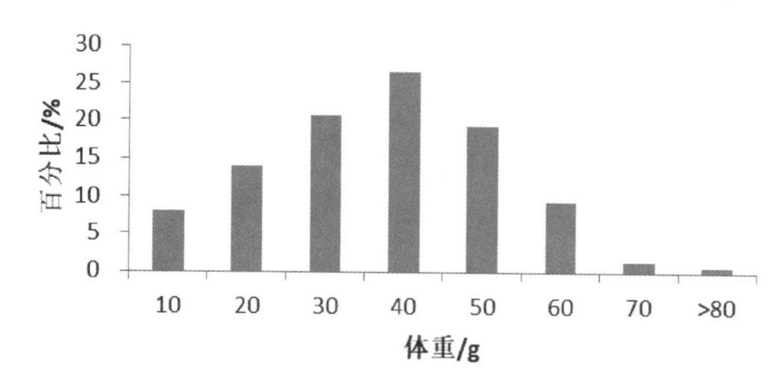

图 4-5-4 2012 年福建近海单拖作业渔获龙头鱼体重分布

2012—2015 年,闽南近海张网渔获龙头鱼体重分布范围为 0.7～67.8 g,平均体重为 18.2 g(表 4-5-2),优势体重组为 10～25 g,占 57.22%(图 4-5-5)。

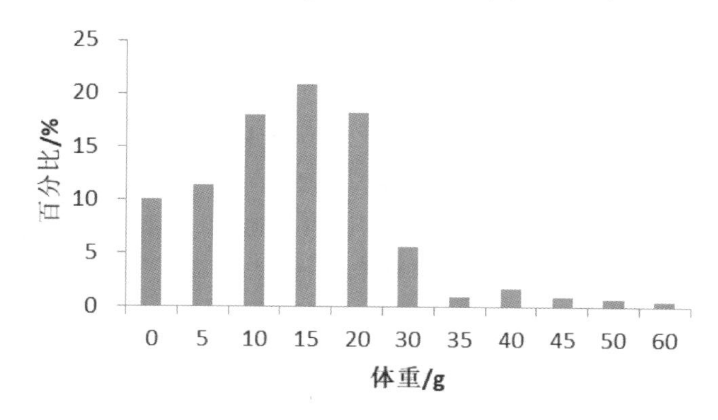

图 4-5-5 2012—2015 年闽南近海张网渔获龙头鱼体重分布

(3)叉长与体重的关系

根据 2012—2015 年闽南近海定置张网作业监测调查资料显示,龙头鱼体重(W)与叉长(L)的关系为:$W=8.003\times10^{-7}L^{3.323}$($R^2=0.891$,$n=388$)(图 4-5-6)。

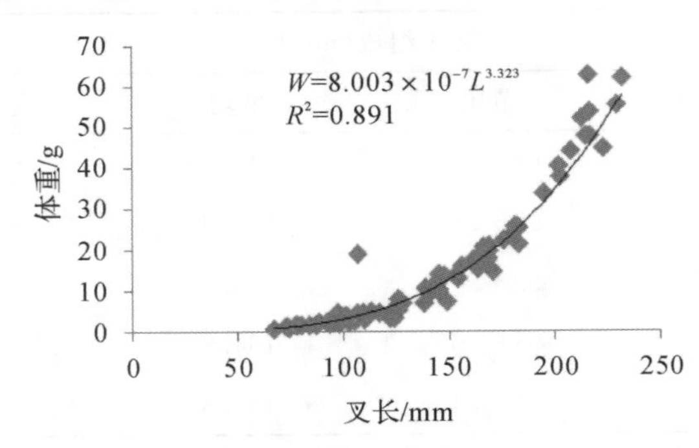

图 4-5-6 2012—2015 年闽南近海定置张网渔获龙头鱼体重与叉长的关系

2. 繁殖

1990—1991 年,福建省水产研究所等单位开展的福建省海岛(福州、莆田、漳州县乡级岛)游泳生物调查表明,各海岛海域龙头鱼渔获群体雌雄比为 1:1.66,雌性性腺成熟度组成为Ⅱ期占 85.37%,Ⅲ期占 14.63%。

据东海大陆架生物资源与环境调查(郑元甲等,2003)的结果显示,东海南部近海秋季龙头鱼雌雄比为 1:2.1,即雄鱼占优势。性腺成熟度组成为Ⅱ期占 75.00%,Ⅲ期占 3.57%,Ⅳ期占 10.71%,Ⅴ期占 10.71%。

3. 摄食

龙头鱼属于肉食性鱼类,捕食糠虾、磷虾类、十足类、毛颚类、鱼类等,主食浮游生物,兼食底栖和游泳生物的鱼类。东海大陆架生物资源与环境调查(郑元甲等,2003)结果显示,东海南部近海秋季龙头鱼的摄食强度组成:0 级占 22.58%,1 级占 39.29%,2 级占 21.43%,3 级占 21.43%,4 级占 3.57%。

四、渔业与资源状况

1. 渔业状况

在福建海区,龙头鱼被视为一般经济鱼种,主要为沿岸张网、单拖和流刺网捕获。历年来,福建省水产统计资料把龙头鱼的产量归在其他鱼类统计,不为人们所重视。然而,从近年来福建省水产研究所的渔业资源动态调查来看,龙头鱼在张网和单拖作业的渔获量中占有一定的比例,其经济效益日益被人们所重视。根据多年的渔业资源监测资料显示,在张网作业中,龙头鱼渔获量占张网总渔获量的比例,闽东近海为 1.9%～13.9%,闽南近海为 2.7%～8.9%;单拖作业中,龙头鱼渔获量占单拖作业总渔获量的 1.03%～7.09%。

2. 资源状况

渔业生产的变化情况可以反映捕捞对象的资源状况。根据 2002—2010 年在闽东近海开展的张网渔业资源监测资料,监测船龙头鱼的年产量变化于 4236～39615 kg,以 2002 年最高，2003 年最低；年平均网产变化于 0.77～10.0 kg，以 2002 年最高，2005 年最低；重量渔获比例变化于 1.9%～13.9%，以 2002 年最高，2003 年最低（表 4-5-3）。

表 4-5-3 2002—2010 年闽东近海张网龙头鱼渔获情况

年份	2002	2003	2004	2005	2006	2007	2008	2009	2010
渔获量(kg)	39615	4236	15389	2900	6956	8366	10428	17626	8447
平均网产(kg)	10.0	1.02	3.72	0.77	2.68	3.36	2.88	6.50	3.00
渔获比例(%)	13.9	1.9	9.6	2.2	8.3	7.9	8.3	8.2	4.9

根据 2009—2015 年在闽南近海开展的张网渔业资源监测调查资料，监测船龙头鱼的年产量变化于 3313～25737 kg，以 2010 年最高；年平均网产变化于 2.20～19.03 kg，2010 年最高，2012 年最低；重量渔获比例变化于 3.2%～13.7%，2010 年最高，2012 年最低（表 4-5-4）。

表 4-5-4 2009—2015 年闽南近海张网龙头鱼渔获情况

年份	2009	2010	2011	2012	2013	2014	2015
渔获量(kg)	8149	25737	3839	3313	7235	6492	6706
平均网产(kg)	6.82	19.03	4.68	2.20	4.64	3.97	3.97
渔获比例(%)	9.5	13.7	4.4	3.2	11.8	8.0	7.9

3. 渔业资源利用潜力分析

从群体组成来看，2012—2015 年闽南定置张网作业渔获龙头鱼的年平均叉长变化于 140.2～167.6 mm，年平均体重变化于 14.9～21.6 g，虽然成波动趋势，但总体上呈增长态势。

从资源密度来看，2002—2010 年闽东近海定置张网作业龙头鱼平均网产变化于 0.77～10.0 kg，2009—2015 年闽南近海定置张网作业龙头鱼平均网产变化于 2.20～19.03 kg，虽然最近的年份在数值上略有下降，低于最高年份，但仍处于平均水平，且其渔获比例也保持较为稳定的水平。

从渔获比重来看，闽东渔场张网作业中：2004 年龙头鱼的产量占总渔获量的 9.6%，其中 3 月占 54.2%，9 月占 27.9%，10 月占 43.2%，均居渔获各种类之首；闽南渔场张网作业中：2004 年 10 月龙头鱼占 24%，11 月占 51.7%，均居渔获各品种之首；2007 年 4 月占 15.2%，11 月占 17.3%，均居渔获各品种之首；闽中渔场单拖调查中，2007 年 1 月龙头鱼 CPUE 31.44 kg/h，占 50.9%，居第一。张网是我省重要的捕捞作业工具之一，2015 年渔船数量为 5048 艘，产量为 34.7 万 t，占全省总产量的 17.32%。这表明福建海区龙头鱼资源具有一定的渔业地位。

根据林龙山的研究结果（林龙山，2006），龙头鱼开发率仅为 0.39，仍未达到 Gulland 认为的鱼类资源的最适开发率的 0.5，因此，该鱼种仍具有开发价值。

4. 渔业资源养护与管理

由于龙头鱼并非福建海区高经济价值鱼种，渔业主管部门也未曾规定其捕捞的开捕规格。林龙山等在东海区主要经济鱼类开捕规格的研究中(林龙山,2006),评估龙头鱼 $B-H$ 模型的开捕年龄应该为 1.3 龄,相应开捕长度应为 162.8 mm,结合龙头鱼拐点年龄、临界年龄、1 龄鱼体长和初届性成熟年龄体长等,建议龙头鱼的最适开捕长度为 160 mm,约 40 g。建议今后我省应在适当时候制订利用该鱼种的最适开捕长度,在渔业资源监测中应重视该鱼种的资源动态,对其进行渔捞记录和统计,条件允许的情况下应对它开展专题研究。

第六节　叫姑鱼

叫姑鱼[*Johnius belengerii* (Cuvier et Valenciennes)],属鲈形目,石首鱼科,叫姑鱼属,俗称加网、赤加网、叫姑,属热带与温带的近海中下层鱼类,分布于印度—西太平洋:西起巴基斯坦东部,东至中国沿海、台湾地区近海及日本、韩国等。我国沿海均有分布。

叫姑鱼体延长,稍侧扁,背部微隆,腹部圆钝。被栉鳞,背鳍鳍条部和臀鳍具多行小圆鳞,侧线完全。上颌圆突,口下位,无颏须,颏孔"似五孔型",中央 1 对颏孔相互接近,中间具肉垫。颌牙绒毛状,上颌外行牙稍大,排列稀疏,下颌牙细小,鳃耙细短。鳔呈"T"形,前端向两侧突出形成侧囊 1 对。背鳍起点位于胸鳍基部上方,鳍棘部与鳍条部连续,臀鳍第二棘强大,长度大于眼径,胸鳍尖长,腹鳍胸位,尾鳍楔形。体背部银灰褐色,腹侧银白色,体侧无条纹,各鳍浅橘黄色,背鳍鳍棘部边缘灰黑色。

图 4-6-1　叫姑鱼

一、洄游分布

关于东海区叫姑鱼的种群尚未见报道。根据《东海大陆架生物资源与环境》的记载,我们推测有两个地方群体。东海北部为一个群体,其越冬场在济州岛西南部,春季向西至西南洄游,夏季到东海北部至江苏近海海区。春末至夏季到近海区产卵,产卵后的亲体分散索饵,所以秋季的分布最广,从 123°～126°N 都有分布,到冬季鱼群返回济州岛西南部越冬。另一群体为东海南部群体,从春季渔获量的分布情况推测,其越冬场在台湾海峡至台湾北部海区，春季向近海和北部洄游，春末至夏季主要分布在福建北部至浙江南部近海海区产卵，秋季分散索饵，分布范围也是全年中较广的时期，冬季返回越冬场越冬。

二、主要生物学特性

1. 群体组成

2015 年福建省水产研究所利用定置张网渔船闽漳渔 05308 号（主机功率为 33.3 kW，日挂网 8 张，网具规格为 68 m×42.5 m）在闽南渔场进行渔业资源监测调查（5 月、6 月休渔期），共取样 169 尾叫姑鱼进行生物学测定，其结果如下：

（1）体长和体重组成

体长范围 40～151 mm，优势体长组 90～120 mm，占测定尾数的 78.11%，平均体长 105.7 mm。其中，夏季平均体长最大，为 108.1 mm，冬季最小，为 104.8 mm（表 4-6-1）。体重范围 1.8～68.4 g，优势体重 10～40g，占测定尾数的 84.62%，平均体重 25.4 g。其中，夏季平均体重最大，为 30.4 g，冬季最小，为 23.1 g。

表 4-6-1　闽南渔场叫姑鱼体长体重

	春季	夏季	秋季	冬季	合计
体长范围(mm)	58～151	72～145	40～145	54～125	40～151
优势组(mm)	90～120	90～130	100～140	90～120	90～120
所占比例(%)	89.47	79.17	74.19	93.42	78.11
平均(mm)	106.4	108.1	105.5	104.8	105.7
体重范围(g)	5.6～68.4	7.2～62.8	1.8～63.0	2.9～39.4	1.8～68.4
优势组(g)	10～30	10～50	20～50	10～30	10～40
所占比例(%)	86.84	83.33	74.19	89.47	84.62
平均(g)	24.7	30.4	27.9	23.1	25.4
测定尾数(ind.)	38	24	31	76	169

（2）体长与体重的关系

根据 2015 年定置张网调查资料，福建叫姑鱼体长（L）与体重（W）的关系呈幂函数关系（图 4-6-2）。其关系式如下：

$W=3.23\times10^{-5}L^{2.8977}$ （$R^2=0.9462$，$n=169$）

式中：W 表示体重(g)，L 表示体长(mm)，R^2 为相关系数。

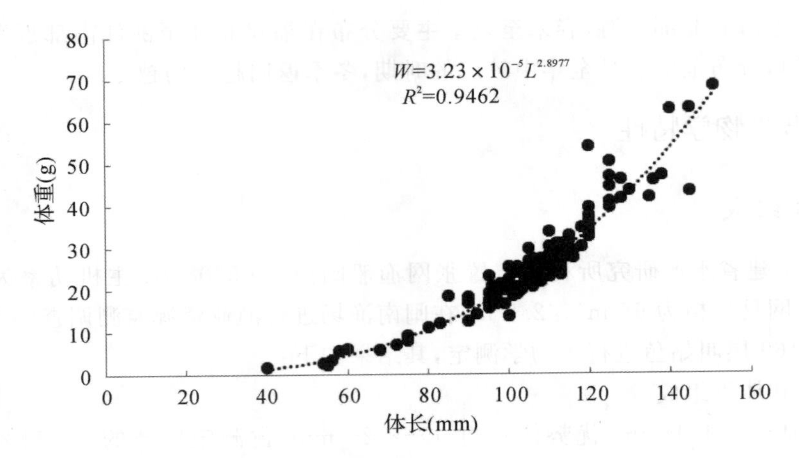

图 4-6-2 2015 年闽南定置张网监测调查叫姑鱼体长与体重关系

2. 繁殖

(1)性比

根据闽南定置张网监测资料，2015 年 3、4 月份，叫姑鱼雌雄性比为 1:0.67。总体上看，雌性显著多于雄性。

(2)性腺成熟度

2015 年 3、4 月份闽南定置张网获得的叫姑鱼样品中，雌鱼性腺Ⅱ期比例为 94.4%，其余为Ⅲ期；雄鱼性腺均为Ⅱ期，说明这段时间尚未进入繁殖季节。

3. 摄食等级

叫姑鱼系广食性底层鱼类，以底栖生物食性为主，兼食游泳动物。根据闽南定置张网监测资料，2015 年 3、4 月份，叫姑鱼 0 级空胃占 63.2%，1 级占 34.2%，2 级占 2.6%。3、4 月份摄食等级较低，可能与春季水温较低有关。

三、渔业与资源状况

1. 渔业状况

叫姑鱼属于近海集群型、多获性小型鱼类。据报道，叫姑鱼在黄渤海海区的利用比较充分，最高年产量达 3.5×10^4 t，而在东海区被视为非经济种类，仅为拖网和定置网的兼捕对象，没有专业捕捞，亦无产量统计数据。

2. 资源状况

根据闽南渔场定置张网监测船的数据显示，2007—2016 年闽南渔场张网捕捞叫姑鱼的平均网产变动不大，范围在 1.38～5.58 kg，在 2008 年出现一个高峰，随后逐年下降，之后平均网产在 2015 年又急剧增加，达到最大。渔获量比例变动于 2.40%～11.10%，同平均网产变动趋势基本一致(表 4-6-2、图 4-6-3)。

表 4-6-2 2007—2016 年闽南渔场定置网监测船叫姑鱼渔获情况

年份	渔获量(kg)	平均网产(kg/网)	渔获量比例(%)
2007	2301.58	2.92	4.20
2008	5130.41	4.42	8.90
2009	4803.68	4.02	5.60
2010	4508.64	3.33	2.40
2011	3140.64	3.83	3.60
2012	3002.08	2.00	2.90
2013	2145.85	1.38	3.50
2014	3489.45	2.13	4.30
2015	9421.68	5.58	11.10
2016	7320.96	3.72	9.60

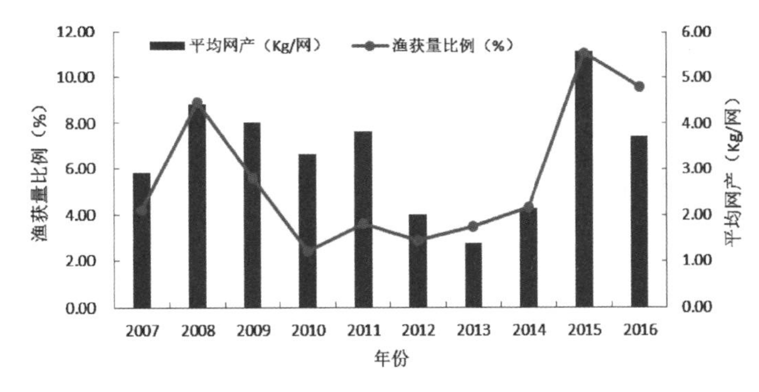

图 4-6-3 2007—2016 年闽南渔场定置网监测船叫姑鱼平均网产和渔获量比例

3. 渔业资源养护与管理

叫姑鱼是一种生命周期短、世代更新快的渔业资源，对该资源的开发利用具有重要的社会经济价值。但因其生命周期短，较易受到过度捕捞影响引起年间渔获量大幅度波动。为了可持续利用叫姑鱼资源，我们建议加强繁殖群体和幼鱼群体的保护，严格执行休渔管理制度。另外，由于叫姑鱼并非福建海区高经济价值鱼种，渔业主管部门也未曾规定其捕捞的可捕规格，建议今后我省应在适当时候制订利用该鱼种的最适开捕长度。

第七节 竹筴鱼

竹筴鱼(*Trachurus japonicus*)属鲈形目，鲹科，竹筴鱼属，又名日本竹筴鱼，俗称巴浪、大目鲲(福州、连江、平潭)、大目鲭(闽南)等，为暖温性中上层鱼类，分布于中国沿岸、朝鲜东南沿岸、俄罗斯大彼得湾和日本北海道以南沿岸。

形态特征：体纺锤形，侧扁；眼大，脂眼睑发达；口大，前位，口裂倾斜；体和胸部均被圆鳞。侧线上侧位，沿背缘向后延伸，在第二背鳍起点处下方作弧形下弯，沿体侧中部伸达尾鳍基。侧线上全被棱鳞，在直线部呈一明显的隆起嵴。背鳍2个；第一背鳍具一倒棘；第二背鳍基底长，前部稍突出，与臀鳍同形，起点在臀鳍起点前上方。臀鳍前方具2游离短棘。胸鳍长，镰形。腹鳍短，胸位。尾鳍分叉。背部黄色微带绿色，腹部银白色。鳃盖后上缘具一明显黑斑。各鳍草绿色(朱元鼎等，1984)(图4-7-1)。

图4-7-1　竹筴鱼

一、种群与洄游分布

1. 种群

日本学者依据渔获量变动、鳞片、耳石的性状、头长及臀鳍条数等形态特征和性成熟状况等，将东海的竹筴鱼分为3个种群：九州北部群、东海中部群和东海南部群。汪伟洋、姚联腾等通过对闽南一台湾浅滩渔场中上层鱼类的标志放流和洄游分布的研究认为，闽南一台湾浅滩的中上层鱼类属闽南一粤东地方种群。

2. 洄游分布

闽南一台湾浅滩渔场和粤东渔场的竹筴鱼，12月至下年2月间，主要分布在台湾浅滩西南部海域。3—5月，其自深而浅由西南向东北洄游进入台湾浅滩西南部较浅海域。6—8月，幼鱼群体广泛分布在闽南、粤东近岸海区。9—11月，鱼群又自东北向西南，由内而外往台湾浅滩西南部海域回归。该渔场灯光围网全年均有渔获，其产卵场大致分布在台湾浅滩西南部海域，本渔场竹筴鱼无明显的越冬场。

二、主要生物学特性

1. 群体组成

(1)叉长组成

根据闽中渔场灯光围网监测资料显示，2005年4—5月共取样79尾竹筴鱼进行生物学测定，结果表明：竹筴鱼叉长范围为162～199 mm，平均值为183.1 mm，优势组为180～190 mm，占58.2%（图4-7-2）。

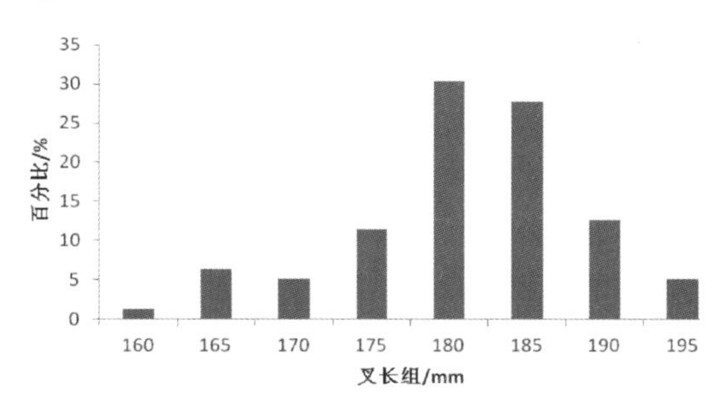

图4-7-2 2005年福建省资源监测调查竹筴鱼叉长组成

（2）体重组成

闽中渔场灯光围网监测资料显示，2005年4—5月共取样79尾竹筴鱼进行生物学测定，结果表明：竹筴鱼体重范围为56～108 g，平均值为81.9 g，优势组为80～90 g，占54.4%（图4-7-3）。

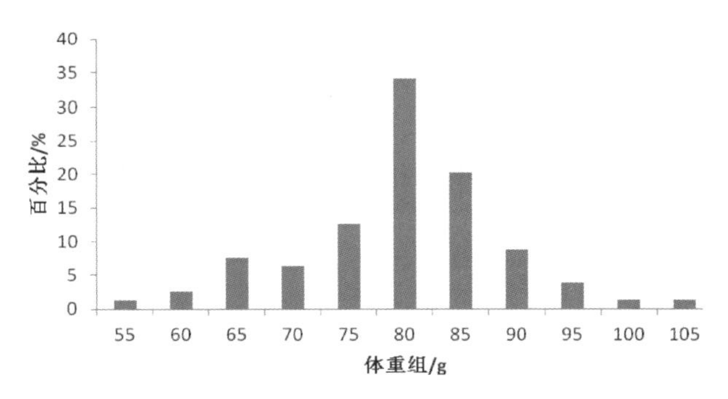

图4-7-3 2005年福建省资源监测调查竹筴鱼体重组成

（3）叉长与体重的关系

2005年福建省资源监测调查资料显示，竹筴鱼体重（W）与叉长（L）的关系为：

$W=1.4393\times10^{-4}L^{2.5428}$（$R^2=0.86297, n=79$）（图4-7-4）。

式中W表示体重（g），L表示叉长（mm），R^2为相关系数。

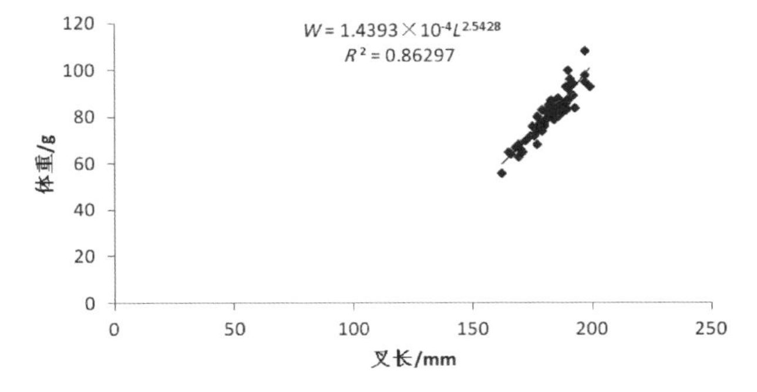

图4-7-4 2005年福建省资源监测调查竹筴鱼叉长与体重关系

2. 繁殖

(1)性比

根据闽中渔场灯光围网监测资料显示,2005 年 5 月,竹筴鱼雌雄比为 1:0.64,雌性多于雄性。根据闽南渔场灯光围网监测资料显示,2006 年 4 月,竹筴鱼雌雄比为 1∶0.54,雌性亦多于雄性。

(2)性腺成熟度

根据闽中渔场灯光围网监测资料显示,2005 年 5 月,竹筴鱼雌鱼性腺成熟度组成为:Ⅱ期占 27.8%,Ⅲ期占 72.2%;竹筴鱼雄鱼性腺成熟度组成为:Ⅱ期占 26.1%,Ⅲ期占 65.2%,Ⅳ期占 8.7%。根据闽南渔场灯光围网监测资料显示,2006 年 4 月,竹筴鱼雌鱼性腺成熟度组成为:Ⅱ期占 25.6%,Ⅲ期占 74.4%;竹筴鱼雄鱼性腺成熟度组成为:Ⅱ期占 28.6%,Ⅲ期占 66.7%,Ⅳ期占 4.8%。

3. 摄食

闽南—粤东地方种群竹筴鱼为摄食混合食料的鱼类,被摄食的食料生物有 18 个类群,其中长尾类、糠虾类、小型鱼类和短尾类是竹筴鱼常见的摄食对象,它们在胃含物中的出现频率达 64.3%。桡足类、端足类、等足类、磷虾类、介形类、口足类、毛颚类和枝角类这 8 个类群共占 29.2%,其余的樱虾类、腹足类、涟虫类、多毛类和无脊椎动物卵是竹筴鱼偶然摄食的对象。从竹筴鱼食物的生态类型来看,其除了摄食浮游动物外,还兼食底栖生物和游泳动物。

根据闽中渔场灯光围网监测资料显示,2005 年 4—5 月,竹筴鱼摄食等级组成为:0 级占 1.3%,1 级占 21.5%,2 级占 40.5%,3 级占 27.8%,4 级占 8.9%。根据闽南渔场灯光围网监测资料显示,2006 年 4 月,竹筴鱼摄食等级组成为:0 级占 1.7%,1 级占 15%,2 级占 36.7%,3 级占 38.3%,4 级占 8.3%。

三、渔业与资源状况

1. 渔业状况

20 世纪 70—80 年代以来,竹筴鱼是中国的主要经济鱼类之一。由于竹筴鱼常与蓝圆鲹、金色小沙丁鱼、脂眼鲱、颌圆鲹等中上层鱼类栖息在一起,所以捕捞竹筴鱼的主要网具是灯光围网,它也是拖网、大网缯、上缯以及各种定置网作业的兼捕鱼种。

闽南—台湾浅滩渔场的竹筴鱼经常与蓝圆鲹等混栖,成为灯光围网作业的主要渔获对象,同时也是拖网作业的兼捕对象。福建省竹筴鱼渔获量中,漳州市最高,占全省的 45%左右;其次为泉州市,约占全省的 35%;其他各市的渔获量均较低。

20 世纪 70 年代,福建省竹筴鱼产量变动于 0.02×10^4~0.2×10^4 t;80 年代,产量变动于 0.045×10^4~1.37×10^4 t;90 年代,产量变动于 0.13×10^4~2.1×10^4 t;近 10 年,竹筴鱼产量变动于 0.5×10^4~1.0×10^4 t,基本呈逐年上升趋势,且 2011—2015 年 5 年间,产量均保持在 1.0×10^4 t 以上(图 4-7-5)。

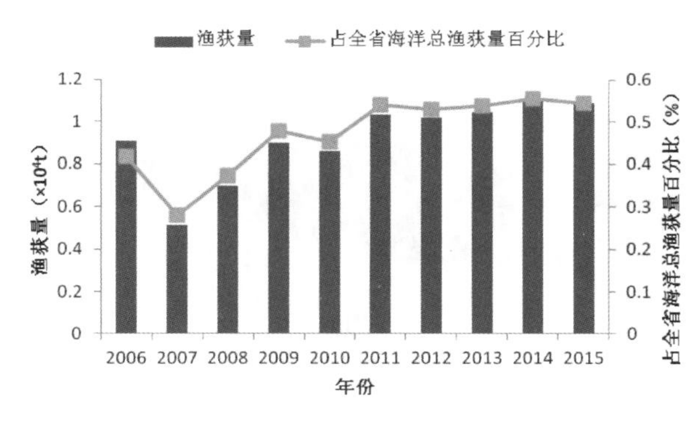

图 4-7-5 福建省历年竹筴鱼渔获量及占全省海洋总渔获量的百分比

2. 渔业资源养护与管理

(1)进行网具改革，提高释放兼捕鱼种效果

世界各国一直在进行网具网囊选择性试验和研究，我国传统的拖网网囊受到自身结构的限制，捕捞选择性较差。大量竹筴鱼幼鱼被捕捞上来后，由于价格低，往往直接丢弃于海上，建议对底拖网网囊进行调查研究，放大网目尺寸。

(2)重视对竹筴鱼深加工的研究

目前，我国许多生产单位和企业对竹筴鱼不太重视，因价格低，故将个体稍小的竹筴鱼往往全部倒入海中，而在中上层鱼种的价格上，日本的情况与中国相反，竹筴鱼价格要高于鲐鱼。我们今后应重视竹筴鱼的深加工，提高竹筴鱼的价值，才能促进这一资源的开发利用。

第八节 黄鲫

黄鲫[*Setipinna taty*(Cuvier et Valenciennes)]，属鲱形目(Clupeiformes)，鳀科(Engraulidae)，黄鲫属(Setipinna)。别名黑翅黄鲫、太的黄鲫、丝翅鰶，俗称王吉、麻口、毛口国、鸡毛鳓、黄雀、黄尖子、白赤、茫口、薄鲫、薄口、油扣、烤子鱼、刺仔、毛扣，属近海暖水性小型中上层鱼类。它广泛分布于印度洋和缅甸、马来西亚、印度尼西亚、朝鲜、韩国、日本。我国南海、东海、黄海和渤海均产之。黄鲫是东海区常见的小型鱼类，历来是各种张网、单拖和流刺网作业的兼捕对象。

黄鲫体稍长，侧扁而高，腹部扁，腹缘具强棱鳞 18＋(7～8 枚)，体被大型薄圆鳞，易脱落，无侧线。吻圆钝，吻长小于眼径，眼近吻端，头顶具一纵棱，上颌骨细长，但向后不达鳃孔。牙细小，上、下颌牙各 1 行，犁骨、颚骨和舌面也有细牙，鳃耙较稀疏。背鳍 1 个，位于体中部稍前，臀鳍显著延长，起点与背鳍起点相对，鳍条数 55～61，胸鳍下侧位，第一鳍条延长呈丝状，可伸达肛门，腹鳍小，尾鳍深叉形，各鳍均无硬棘。鱼体背部青灰色，体侧和腹部银白色，吻部、头侧中部浅黄色，背鳍末端、尾鳍上缘和后缘灰黑色，腹鳍白色，其余各鳍浅黄色(图 4-8-1)。

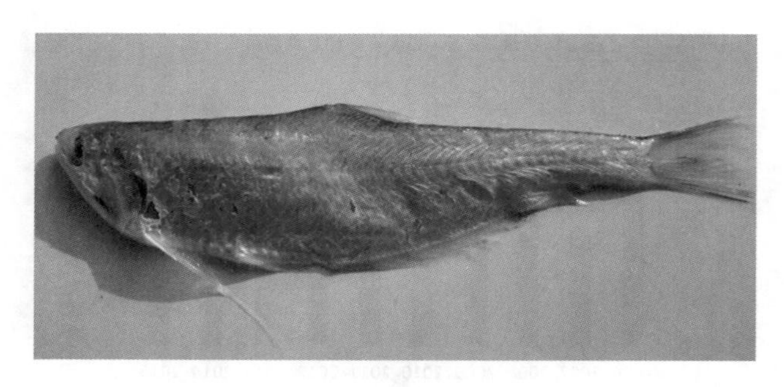

图 4-8-1　黄鲫

一、数量分布

1. 渔获重量密度指数的季节变化

2016 年 4 月(春季)和 11 月(秋季)福建省水产研究所在闽南渔场(282、283、284、291、292、293、301、302、303、304 海区)开展的底层单拖作业调查资料显示,黄鲫春季渔获重量密度指数范围为 0～273.1 g/h,以 291 海区最高,调查海区平均值为 30.3 g/h;秋季渔获重量密度指数范围为 0～191.4 g/h,以 283 海区最高,调查海区平均值为 24.6 g/h(表 4-8-1)。

表 4-8-1　2016 年闽南渔场黄鲫渔获重量密度指数

调查海区	春季	秋季
	g/h	g/h
283	0	191.4
291	273.1	0
292	0	30.1
调查海区均值	30.3	24.6

2008 年 5 月、8 月、11 月和 2009 年 2 月福建省水产研究所在闽东海区开展的四个航次桁杆虾拖网作业调查资料显示,黄鲫渔获重量密度指数春季范围为 0～3653.0 g/h,以 C25 站最高,调查海区平均值为 126.1 g/h;夏季范围为 0～668.6 g/h,以 C17 站最高,调查海区平均值为 38.8 g/h;秋季范围为 0～116.9 g/h,以 C27 站最高,调查海区平均值为 6.0 g/h;冬季范围为 0～214.3 g/h,以 C27 站最高,调查海区平均值为 7.9 g/h(表 4-8-2)。

表 4-8-2　2008—2009 年闽东海区桁杆虾拖网黄鲫渔获重量密度指数

调查站位	春季	夏季	秋季	冬季
	g/h	g/h	g/h	g/h
C1	131.1	—	—	—
C17	—	668.6	—	—
C18	—	—	56.4	—
C25	3653.0	494.9	—	—
C27	—	—	116.9	214.3
调查海区均值	126.1	38.8	6.0	7.9

2. 渔获数量密度指数的季节变化

2016 年 4 月(春季)和 11 月(秋季)福建省水产研究所在闽南渔场开展的底层单拖作业调查资料显示,黄鲫春季渔获数量密度指数范围为 0～37.0 ind./h,以 291 海区最高,调查海区平均值为 4.1 ind./h;秋季渔获数量密度指数范围为 0～18.0 ind./h,以 283 海区最高,调查海区平均值为 2.3 ind./h(表 4-8-3)。

表 4-8-3 2016 年闽南渔场黄鲫渔获数量密度指数

调查海区	春季	秋季
	ind./h	ind./h
283	0	18.0
291	37.0	0
292	0	3.0
调查海区均值	4.1	2.3

2008 年 5 月、8 月、11 月和 2009 年 2 月福建省水产研究所在闽东海区开展的四个航次桁杆虾拖网作业调查资料显示,黄鲫渔获数量密度指数春季范围为 0～190.0 ind./h,以 C25 站最高,调查海区平均值为 6.4 ind./h;夏季范围为 0～26.0 ind./h,以 C17 站最高,调查海区平均值为 1.7 ind./h;秋季范围为 0～5.0 ind./h,以 C27 站最高,调查海区平均值为0.2 ind./h;冬季范围为 0～6.0 ind./h,以 C27 站最高,调查海区平均值为 0.2 ind./h(表 4-8-4)。

表 4-8-4 2008—2009 年闽东海区桁杆虾拖网黄鲫渔获数量密度指数

调查站位	春季	夏季	秋季	冬季
	ind./h	ind./h	ind./h	ind./h
C1	2.0	—	—	—
C17	—	26.0	—	—
C18	—	—	2.0	—
C25	190.0	24.0	—	—
C27	—	—	5.0	6.0
调查海区均值	6.4	1.7	0.2	0.2

二、洄游分布

根据资料记载,分布在东黄海的黄鲫洄游现象较为明显。黄鲫在冬季(1—3 月)分布在黄海南部至东海 60～100 m 水深处越冬,大致可分为南北两个主要越冬场,即南部越冬场位于浙闽近海,水温 14.0～18.0℃,盐度 33.00～34.50;北部越冬场位于济州岛西南海域,水温 10.0～14.0℃,盐度 33.00～34.00。每年 3 月中下旬,随着越冬场水温的回升,南北两个越冬场的越冬鱼群分别向近岸做生殖洄游。产卵群体广泛分布,遍及整个东海沿岸海域,东海区海域黄鲫产卵期为 5—7 月。约从 7 月开始,产过卵的亲鱼分布在各产卵场的外侧进行索饵,与此同时,大量性未成熟的幼鱼游向近岸索饵,形成索饵群体。索饵期可延至 11 月,而后,鱼群边索饵边向越冬场洄游。

三、主要生物学特性

福建省水产研究所2005—2007年在闽中渔场开展的单拖作业监测渔船取样黄鲫190尾;2012—2015年在闽南近海(291、292渔区)开展的定置张网作业监测渔船取样黄鲫183尾,分别在不同年份开展生物学测定,结果如下:

1. 群体组成

(1)叉长组成

根据福建省水产研究所2005—2007年在闽中渔场开展的单拖作业监测渔船取样的黄鲫190尾生物学资料:闽中海区单拖作业黄鲫渔获物的叉长范围为98～179 mm,年平均叉长变化在135.6～144.7 mm之间。其中,2005年黄鲫平均叉长为140.2 mm,优势组为130～160 mm,占62.0%;2006年黄鲫平均叉长为144.7 mm,优势组为130～160 mm,占57.5%;2007年黄鲫平均叉长为135.6 mm,优势组为130～140 mm,占36.0%。从平均叉长来看,以2006年为最大,但年间变化不大;从优势叉长看,各年都差不多(表4-8-5)。可见,黄鲫群体组成处于较为稳定的状态。

表4-8-5 2005—2007年闽中单拖监测调查渔获种类黄鲫叉长与体重变化

年份	测定尾数	叉长(mm)			体重(g)		
		范围	平均	优势组(%)	范围	平均	优势组(%)
2005	50	105～177	140.2	130～160(62.0)	9.9～45.7	23.7	10.0～30.0(76.0)
2006	40	98～179	144.7	130～160(57.5)	7.0～49.0	24.6	10.0～30.0(70.0)
2007	100	103～177	135.6	130～140(36.0)	9.0～45.0	21.0	10.0～30.0(91.0)

根据福建省水产研究所2012—2015年在闽南近海开展的定置张网作业监测渔船取样的黄鲫183尾生物学资料:闽南近海定置张网作业黄鲫渔获物的叉长范围为57～167 mm,平均值为107.5 mm,叉长优势组为80～120 mm,占62.84%。其中,2012年黄鲫叉长范围为57～153 mm,平均叉长为96.8 mm;2013年黄鲫叉长范围为68～159 mm,平均叉长为120.0 mm;2014年黄鲫叉长范围为92～140 mm,平均叉长为112.5 mm;2015年黄鲫叉长范围为88～167 mm,平均叉长为118.0 mm。从平均叉长来看,以2013年为最大,2014年有所下降,2015年又有所增大(图4-8-2),总体上可见,黄鲫群体组成处于较为稳定的状态。

(2)体重组成

根据福建省水产研究所2005—2007年在闽中渔场开展的单拖作业监测渔船取样的黄鲫190尾生物学资料:2005—2007年闽中海区单拖作业黄鲫体重范围为7.0～49.0 g,年平均体重变化于21.0～24.6 g之间。其中,2005年黄鲫平均体重为23.7 g,优势组为10.0～30.0 g,占76.0%;2006年黄鲫平均体重为24.6 g,优势组为10.0～30.0 g,占70.0%;2007年黄鲫平均体重为21.0 g,优势组为10.0～30.0 g,占91.0%(表4-8-5)。从平均体重来看,以2006年为最大,但年间变化不大;从优势体重来看,各年都差不多。可见,黄鲫群体组成处于较为稳定的状态。

根据福建省水产研究所2012—2015年在闽南近海开展的定置张网作业监测渔船取样

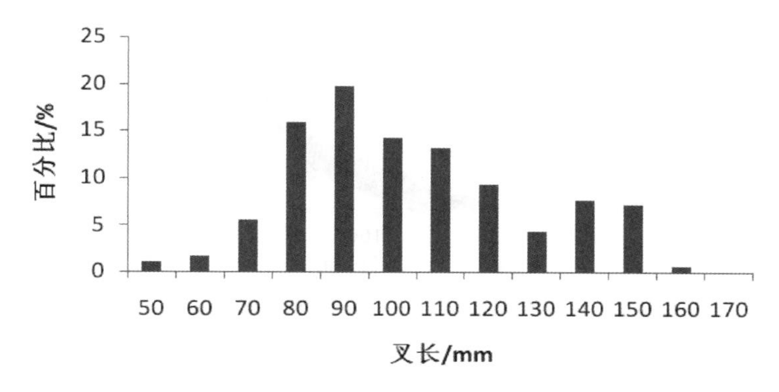

图 4-8-2 2012—2015 年闽南近海定置张网作业黄鲫叉长分布

的黄鲫 183 尾生物学资料：闽南近海定置张网作业黄鲫渔获物的体重范围为 1.5～37.1 g，平均值为 12.0 g，体重优势组为 0～15 g，占 75.41%。其中，2012 年黄鲫体重范围为 1.5～32.2 g，平均体重为 8.0 g；2013 年黄鲫体重范围为 2.3～37.1 g，平均体重为 18.4 g；2014 年黄鲫体重范围为 5.9～24.1 g，平均体重为 11.7 g；2015 年黄鲫体重范围为 7.0～36.2 g，平均体重为 17.1 g。从平均体重来看，以 2013 年为最大，2014 年有所下降，2015 年又有所增大(图 4-8-3)，总体上可见，黄鲫群体组成处于较为稳定的状态。

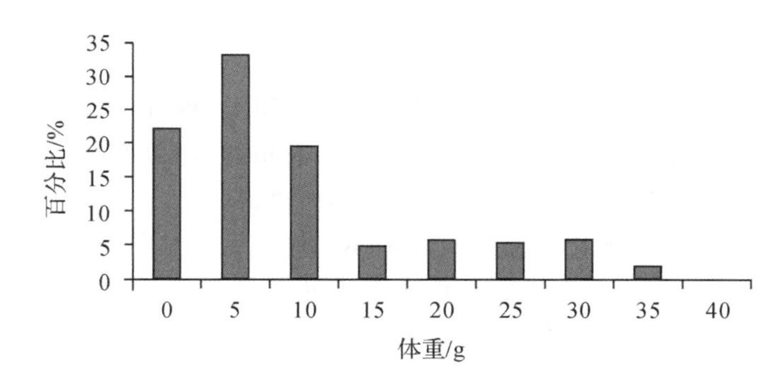

图 4-8-3 2012—2015 年闽南近海定置张网作业黄鲫体重分布

(3)叉长与体重的关系

根据 2012—2015 年闽南近海定置张网作业监测调查资料显示，黄鲫体重(W)与叉长(L)的关系如图 4-8-4 所示，其关系式为：

$$W=1.80\times10^{-6}L^{3.317}\ (R^2=0.954, n=183)$$

式中 W 表示体重(g)，L 表示叉长(mm)，R^2 为相关系数，n 表示样品数量(ind.)。

2. 繁殖

(1)性比

根据福建省灯光围网调查数据显示，2005 年 5 月黄鲫雌雄比为 1∶1.38；根据闽中单拖作业调查资料显示，2005 年 5 月黄鲫雌雄比为 1∶2.85，总体上说，雄性稍多于雌性，但各龄鱼的雌雄比存在差异。

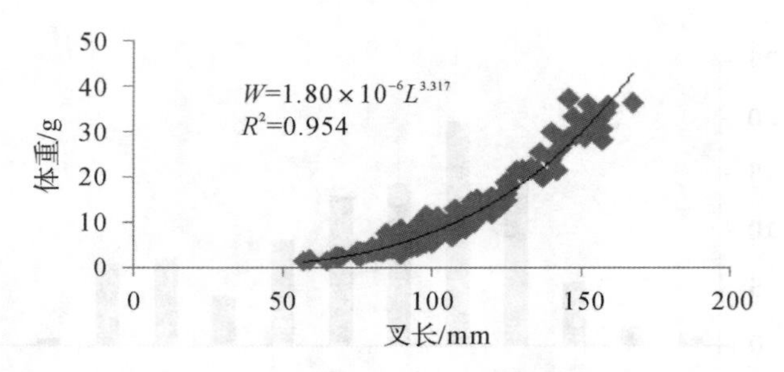

图 4-8-4 2012—2015 年闽南近海定置网作业渔获黄鲫叉长与体重关系

(2)性腺成熟度

根据“闽中海区渔业资源可捕量和捕捞业管理研究技术报告”,2000—2001 年闽中海区黄鲫雌鱼性腺成熟度组成为:Ⅰ期占 4%,Ⅱ期占 52%,Ⅲ期占 28%,Ⅳ期占 14%,Ⅴ期占 2%,平均值为 2.566。2005 年 5 月闽中单拖作业监测调查资料显示,黄鲫雌性性腺成熟度Ⅲ期占 38.5%,Ⅳ期 61.5%,平均值为 3.615。

根据“东海区渔业资源及其可持续利用”,2003 年 4 月到 5 月下旬江苏帆张网所获黄鲫雌鱼性腺成熟度Ⅱ期占 5.77%,Ⅲ期占 0%,Ⅳ期占 21.15%,Ⅴ期占 73.08%,平均值为 4.615。雄鱼中,Ⅱ－Ⅴ期分别占 3.70%、14.81%、24.07%、57.41%。这说明这段时间为黄鲫产卵高峰期。

3. 摄食

黄鲫为浮游动物食性,主要摄食对象有桡足类、毛颚类、糠虾类、磷虾类、樱虾类、多毛类、短尾类(幼蟹)、长尾类(幼虾)、瓣鳃类(贝类幼体)及鱼卵、仔鱼等类群。郭爱等(郭爱等,2010)研究表明,磷虾类是东海区黄鲫最为重要的饵料类群。

根据福建省闽中海区单拖作业监测资料显示,2005 年 5 月黄鲫摄食等级 0 级空胃占 76.0%,1 级占 24.0%。根据“闽中海区渔业资源可捕量和捕捞业管理研究技术报告”,2000—2001 年闽中海区黄鲫摄食等级组成为:0 级占 78%,1 级占 14%,2 级占 7%,3 级占 1%。

四、渔业与资源状况

1. 渔业状况

黄鲫为东海区小型经济种类,历来是沿岸近海流刺网、张网、围网和底拖网等作业的主要捕捞对象,全年均可渔获。20 世纪 50 年代,中国沿海开始利用,70 年代,全国黄鲫渔获产量达 10×10^4 t 以上,江苏沿海专捕黄鲫的流刺网渔业在当时已初具规模,年产量约为 2000 t,进入 80 年代,黄鲫的渔获产量呈继续增加的好势头,其中仅东海区黄鲫渔获量就达到 3.4×10^4 t,其中,张网作业兼捕约 2.3×10^4 t,机轮围网兼捕产量约 0.9×10^4 t。自 1995 年东海区实施了伏季休渔制度后,黄鲫资源量呈现上升趋势。但随着近些年捕捞强度的增大,黄鲫资源亦呈现下降趋势。

在福建海区,黄鲫被视为一般经济鱼种,主要为沿岸张网、单拖和流刺网捕获,历年来,福建省水产统计资料把黄鲫的产量归在其他鱼类统计，不为人们所重视。然而，近年来，随着东海区主要经济品种和传统经济底层渔业资源的衰退，渔获物个体小型化、低龄化，渔业资源利用结构发生改变，一些原来不看好的品种，如黄鲫等产量有较明显的提高，经济价值也逐渐被不少地区的生产渔民所重视，并渐渐成为海洋渔业的主要捕捞对象之一。从近年来福建省水产研究所的渔业资源动态调查来看，黄鲫在张网和单拖作业的渔获量中占有一定的比例，其经济效益日益被人们所重视。2007 年，闽中单拖作业黄鲫渔获产量约占全部渔获物产量的比例为 2.65%。

2. 资源状况

渔业生产的变化情况可以反映捕捞对象的资源状况。根据 2002—2010 年在闽东近海开展的定置张网渔业资源监测资料，监测船黄鲫的年产量变化于 1450～12262 kg，以 2003 年最高，2004—2005 年有所下降，而后上升下降交替，总体呈波动状态；年平均网产变化于 0.39～2.96 kg，2003 年最高，2005 年最低(表 4-8-6)，渔获比例变化于 1.1%～5.5%，2003 年最高，2005 年最低(图 4-8-5)，总体趋势都基本和渔获量变化一致。

表 4-8-6　2002—2010 年闽东近海定置张网黄鲫渔获情况

年份	2002	2003	2004	2005	2006	2007	2008	2009	2010
渔获量(kg)	10260	12262	2725	1450	3336	3812	2513	6019	2586
平均网产(kg)	2.58	2.96	0.66	0.39	1.28	1.53	0.69	1.59	0.92
渔获比例(%)	3.6	5.5	1.7	1.1	4.0	3.6	2.0	2.8	1.5

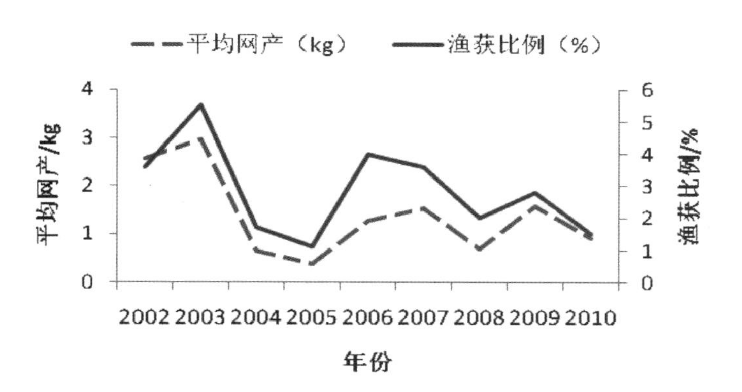

图 4-8-5　2002—2010 年闽东近海定置张网黄鲫平均网产和渔获比例

根据 2008—2015 年在闽南近海开展的定置张网渔业资源监测调查资料，监测船黄鲫的年产量变化于 807～2947 kg，以 2012 年最高；年平均网产变化于 0.51～2.44 kg，2011 年最高，2013 年最低；渔获比例变化于 1.3%～2.8%(表 4-8-7，图 4-8-6)，2012 年和 2014 年最高。

表 4-8-7 2008—2015 年闽南近海定置张网黄鲫渔获情况

年份	2008	2009	2010	2011	2012	2013	2014	2015
渔获量(kg)	1211	1460	2442	1972	2947	807	2278	1689
平均网产(kg)	0.84	1.51	1.81	2.44	1.93	0.51	1.38	1.01
渔获比例(%)	2.1	1.7	1.3	2.3	2.8	1.3	2.8	2.0

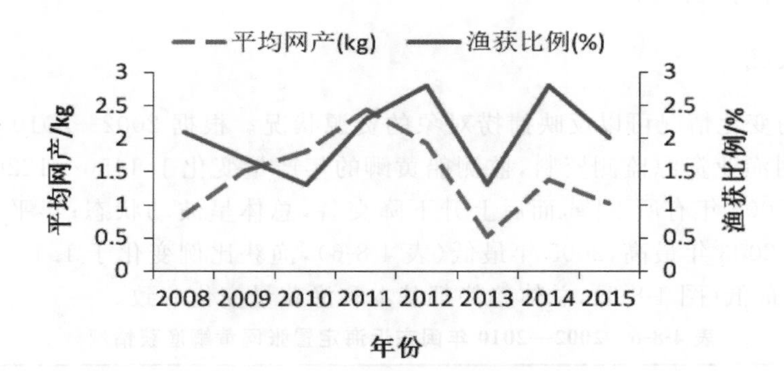

图 4-8-6 2008—2015 年闽南近海定置网黄鲫平均网产和渔获比例

根据 2009—2012 年在福建近海开展的疏目单拖作业渔业资源监测资料，监测船黄鲫的年产量变化于 6292～21777 kg，2010 年最高，2012 年最低；年 CPUE 变化于 4.66～16.77 kg/h，2010 年最高，2012 年最低；渔获比例变化于 0.7%～3.5%，2009 年最高，2012 年最低（表 4-8-8）。

表 4-8-8 2009—2012 年福建近海疏目单拖作业黄鲫渔获情况

年份	2009	2010	2011	2012
渔获量(kg)	9569	21777	16584	6292
CPUE(kg/h)	6.56	16.77	11.67	4.66
渔获比例(%)	3.5	3.3	2.3	0.7

根据“东海大陆架生物资源与环境”，我们利用扫海面积法得出调查范围内黄鲫资源量为 5532.60 t，而利用声学法评估得出调查海区内黄鲫资源量为 27489 t，均低于 20 世纪 80 年代水平。其中，声学评估结果显示，东海南部近海和台湾海峡黄鲫资源量分别约为 7928.63 t 和 856.29 t。

我们采用 SC/T9110－2007《建设项目对海洋生物资源影响评价技术规程》（中华人民共和国农业部，2008）中关于张网作业评价海区渔业资源密度的标准的方法对闽东渔场和闽南渔场的黄鲫渔业资源密度和资源量进行评估。其中网口迎流面积 a：闽东渔场为 0.00204 km^2，闽南渔场为 0.00045 km^2；张网作业调查渔场平均水深：闽东渔场海域 15 m，闽南渔场 20 m；涨、落潮平均流速 ν：取表层水和 10 m、20 m、30 m 水层平均值，根据福建省海洋研究所 1988 年的台湾海峡中北部海洋综合调查研究报告（福建省海洋研究所，1988），张网作业监测调查海域，闽东点的水流速为 45.25 cm/s（1.629 km/h），闽南点的水流速 63 cm/s

(2.268 km/h),捕捞效率 q 取 0.3。计算结果如表 4-8-9 所示。

根据 2002—2010 年和 2008—2015 年分别在闽东近海和闽南近海开展的定置张网渔业资源监测资料,结果显示:闽东渔场黄鲫资源量为 227.59 t,闽南渔场黄鲫资源量为736.97 t。

表 4-8-9 基于定置张网的福建海区黄鲫资源量

调查年份	调查地点	平均网产(kg)	资源密度(kg/km^2)	资源量(t)
2002—2010	闽东渔场	1.40	3.51	227.59
2008—2015	闽南渔场	1.43	15.57	736.97

根据 2016 年 4 月和 11 月在闽南渔场开展的底拖网作业渔业资源调查资料,我们利用扫海面积法估算闽南渔场黄鲫资源密度,其中,春季为 1.636 kg/km^2,秋季为 1.328 kg/km^2。结合闽南渔场面积,我们算出该渔场黄鲫春秋季资源量分别为 77.44 t 和 62.86 t(表 4-8-10)。

表 4-8-10 2016 年春秋季闽南渔场黄鲫资源密度及资源量

季节	资源密度(kg/km^2)	资源量(t)
春季	1.636	77.44
秋季	1.328	62.86

3. 渔业资源利用潜力分析

从群体组成来看,2005—2007 年闽中单拖作业渔获的黄鲫年平均叉长变化于 135.6～144.7 mm 之间,年平均体重变化于 21.0～24.6 g 之间,年间差距不大,总体上可见,黄鲫群体组成处于较为稳定的状态。从资源密度来看,2002—2010 年闽东近海定置张网作业黄鲫平均网产变化于 0.39～2.96 kg,2008—2015 年闽南近海定置张网作业黄鲫平均网产变化于 0.51～2.44 kg,虽然最近的年份在数值上略有下降,低于最高年份,但仍处于平均水平,且其渔获比例也保持较为稳定的水平。

根据林龙山的研究结果(林龙山,2006),黄鲫的开发率约为 0.46,仍未达到 Gulland 认为的鱼类资源的最适开发率为 0.5,因此,该鱼种仍具有一定的开发利用价值。

第九节 四线天竺鲷

四线天竺鲷(*Apogon quadrifasciatus*)属鲈形目(Perciformes),天竺鲷科(Apogonidae),天竺鲷属,为沿海暖水性小型鱼类,常栖息于近海沿岸沙泥底质海域,以底栖无脊椎动物为主食,也是重要的饵料鱼种之一,分布于印度洋北部沿岸,东至印度尼西亚,北至中国。我国产于南海、台湾海峡,常见于沿岸、近海定置网、拖网渔获中。

四线天竺鲷体长椭圆形,侧扁,背缘和腹缘浅弧形。头大。吻短钝,约等于眼间距,小于眼径。眼大,上侧位,近吻端。鼻孔每侧 2 个,互相分离;前鼻孔圆形,具鼻瓣;后鼻孔卵圆形,位于眼前缘。口中大,前位,稍倾斜。上下颌约等长。上颌骨后端扩大,伸达眼后下方。

两颌、犁骨、颚骨均具绒毛状牙；舌上无牙。鳃孔大。前鳃盖骨边缘具细锯齿。鳃盖骨后缘具一扁棘。鳃盖条7.最长鳃耙为眼径1/2。体被弱栉鳞，鳞薄，易脱落。头上仅颊部、鳃盖部具鳞。侧线完全，上侧位，与背缘平行。体侧具2条灰褐色纵带：一条较细，自眼眶上方起至第二背鳍基底末端下方；另一条较粗，自吻端起经眼径直达尾鳍末端。第二背鳍及臀鳍近基底处具一黑色细带，其余各鳍浅色（图4-9-1）。

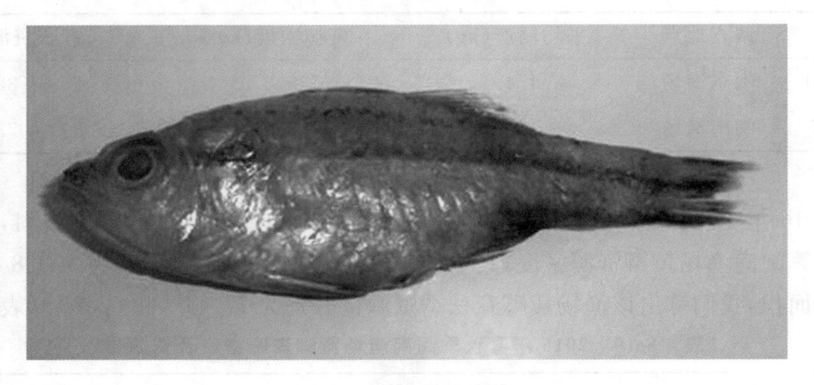

图4-9-1　四线天竺鲷

一、数量分布

1. 渔获重量密度指数的季节变化

2008年5月、8月、11月和2009年2月福建省水产研究所在闽东海区开展的四个航次桁杆虾拖网作业调查资料显示，四线天竺鲷四个季度月共渔获7373.5 g，占总渔获重量的比例为0.15%。平均重量密度指数春季为26.2 g/h，夏季为88.7 g/h、秋季为72.9 g/h，冬季为67.2 g/h（表4-9-1）。

表4-9-1　2008—2009年闽东海区桁杆虾拖网四线天竺鲷重量渔获情况

调查站位	春季	夏季	秋季	冬季
	g/h	g/h	g/h	g/h
C1	—	—	95.7	—
C2	—	—	29.4	—
C3	—	19.3	—	—
C4	186.2	137.4	—	32.2
C5	172.7		96.2	253.1
C6	86.5	390.3	—	202.4
C7	—	193.5	—	66.1
C8	—	50.1	—	—
C10	—	—	1576.9	—
C13	—	155.4	—	154.4

续表

调查站位	春季	夏季	秋季	冬季
	g/h	g/h	g/h	g/h
C14	—	294.3	—	345.1
C16	—	29.7	—	—
C18	—	—	154.6	126.8
C19	—	4.2	—	—
C20	—	378.1	—	48.3
C21	—	—	—	284.9
C22	—	—	—	25.3
C23	—	48.9	—	113.9
C24	—	—	—	139.7
C25	—	12.1	—	—
C26	—	37.5	26.7	—
C27	—	—	133.3	—
C28	—	351.5	—	11.0
C29	341.1	557.2	—	
C30	—	—	—	11.5
调查海区均值	26.2	88.7	72.9	67.2

2. 渔获数量密度指数的季节变化

2008 年 5 月、8 月、11 月和 2009 年 2 月福建省水产研究所在闽东海区开展的四个航次桁杆虾拖网作业调查资料显示，四线天竺鲷四个季度月共渔获 3462 ind，占总渔获尾数的比例为 0.29%。平均数量密度指数春季为 10.0 ind./h，夏季为 53.0 ind./h、秋季为 32.0 ind./h，冬季为 23.9 ind./h（表 4-9-2）。

表 4-9-2 2008—2009 年闽东海区桁杆虾拖网四线天竺鲷尾数渔获情况

调查站位	春季	夏季	秋季	冬季
	ind./h	ind./h	ind./h	ind./h
C1	—	—	9	—
C2	—	—	12	—
C3	—	12	—	—
C4	69	30	—	11
C5	48	—	38	94

续表

调查站位	春季	夏季	秋季	冬季
	ind. /h	ind. /h	ind. /h	ind. /h
C6	25	99	—	95
C7	—	46	—	18
C8	—	17	—	—
C10	—	—	658	—
C13	—	41	—	65
C14	—	168	—	113
C16	—	7	—	—
C18	—	—	104	45
C19	—	8	—	—
C20	—	120	—	22
C21	—	—	—	98
C22	—	—	—	7
C23	—	10	—	33
C24	—	—	—	35
C25	—	12	—	—
C26	—	51	30	—
C27	—		77	—
C28	—	655	—	4
C29	157	315	—	—
C30	—	—	—	4
调查海区均值	10.0	53.0	32.0	23.9

二、生长与食性

闽南渔场秋季四线天竺鲷叉长范围为 51～80 mm，体重范围为 2.5～11.6 g，平均体重为 6.6 g。黄良敏等人研究表明（黄良敏，2008），厦门东部海域四线天竺鲷主要以鱼类和长尾类为食，营底栖生物和游泳动物食性，其营养级为 2.6。

三、渔业与资源状况

1. 渔业状况

在福建海区，包含四线天竺鲷在内的天竺鲷科鱼类一般均被视为非经济鱼种，可以加工成鱼粉或作为养殖种类的饵料。福建省历年来的水产统计资料把天竺鲷的产量归在其他鱼类统计，没有单独统计。其主要为沿岸近海张网、单拖作业捕获。通过近年福建省水产研究所的渔业资源动态监测来看，四线天竺鲷在张网和单拖作业的渔获物中均有一定的产量。闽南定置张网作业监测船，一年可捕获四线天竺鲷 500～2000 kg，一般占总渔获重量的 0.7%～2.1%，年间变化不大。

2. 资源状况

渔业生产的变化情况可以反映捕捞对象的资源状况。根据 2011—2016 年在闽南近海开展的定置张网渔业资源监测调查资料，监测船四线天竺鲷的年产量变化于 503～1958 kg，以 2012 年最高；年平均网产变化于 0.26～1.30 kg，2012 年最高，2016 年最低；渔获比例变化于 0.7%～2.1%，2015 年最高（表 4-9-3）。可以看出，闽南近海四线天竺鲷资源状况虽处于波动中，但总体变化不大。

表 4-9-3　2011—2016 年闽南近海定置张网四线天竺鲷渔获情况

年份	2011	2012	2013	2014	2015	2016
渔获量(kg)	816	1958	645	606	1767	503
平均网产(kg)	0.99	1.30	0.41	0.37	1.05	0.26
渔获比例(%)	0.9	1.9	1.1	0.7	2.1	0.7

第五章 甲壳类

第一节 中华管鞭虾

中华管鞭虾(*Solenocera crassicornis*)属广温广盐性热带近岸种类，栖息于泥质或泥沙质海域，分布于印度、马来西亚、印度尼西亚和日本及我国的黄海南部、东海和南海。中华管鞭虾是闽东北海域重要的经济虾类资源，资源量丰富，繁殖期在6—10月，繁殖盛期为8—10月，上一年出生的群体在7—11月逐月增长较快。20世纪80年代以来，随着东海区主要鱼类资源衰退，鱼类和虾类的种间竞争强度减弱，虾类生存空间得以扩大，中华管鞭虾资源呈逐年上升趋势，具有一定潜在的开发利用价值(叶孙忠等，2012)。

形态特征：中华管鞭虾甲壳薄而光滑，体橙红色。额角短，末端伸至眼末，上缘具8～10齿(包括胃上刺)，有3～4齿位于头胸甲上。无颊刺。额角脊很低(上无中央沟)，伸至头胸甲后缘。触角刺、眼后刺、眼后刺等大，肝刺略小，颈沟很深而宽，上端斜伸至背部。眼后刺后部与肝刺之间有一深沟，在肝刺前方与颈沟、肝沟汇合；肝沟后部平直，前部斜向下方，至前方中间被微脊断开(图5-1-1)。

图5-1-1 中华管鞭虾

一、数量分布

数据来源：2008 年 5 月、8 月、11 月和 2009 年 2 月福建省水产研究所在闽东海区开展的四个航次桁杆虾拖网作业调查。

1. 渔获重量密度指数的季节变化

2008 年 5 月、8 月、11 月和 2009 年 2 月闽东北海域全调查区四个航次中华管鞭虾渔获质量为 88.99 kg，占虾类总渔获质量的 9.8%，出现频率为 31.9%。从不同季节上看，平均密度指数秋季最高，为 1316.4 g/h，11 月出现频率为 55.2%，渔获质量占其周年渔获质量的 44.4%，在调查海区中南部内侧数量较为密集，密集区域相对较广，外侧海域仅有少量分布。其次是夏季为 1143.6 g/h，出现频率为 23.3%，渔获质量占其周年渔获质量的 38.6%，沿海岸线 40 m 附近海域群体密集，而在 80 m 以外海域没有分布。冬季为 352.3 g/h，出现频率为 25.9%，渔获质量占其周年渔获质量的 11.9%，在调查海区中部偏内即 27°00′～27°30′N，121°30′～122°00′E 附近海域数量分布密集，其他海域数量很少，仅有零星分布。春季最低，为 154.1 g/h，出现频率为 23.3%，渔获质量仅占其周年渔获质量的 5.2%，群体分散，主要分布于调查海区南部内侧海域，在 26°00′～26°30′N，120°30～121°00′E 附近海域群体相对密集(表 5-1-1)。

表 5-1-1　不同季节中华管鞭虾各个渔区 CPUE(g/h)

春季		夏季		秋季		冬季	
渔区	CPUE	渔区	CPUE	渔区	CPUE	渔区	CPUE
C01	408.5	C01	10004.6	C01	9217.9	C01	—
C02	—	C02	—	C02	—	C02	—
C03	—	C03	—	C03	—	C03	—
C04	—	C04	—	C04	79.9	C04	40.2
C05	—	C05	—	C05	—	C05	—
C06	5.0	C06	—	C06	—	C06	—
C07	—	C07	—	C07	—	C07	—
C08	—	C08	—	C08	—	C08	—
C09	17.0	C09	5785.3	C09	4473.9	C09	102.1
C10	—	C10	1259.0	C10	5867.5	C10	9061.2
C11	—	C11	—	C11	1153.9	C11	—
C12	—	C12	—	C12		C12	—
C13	—	C13	—	C13	223.9	C13	—
C14	—	C14	—	C14	64.0	C14	—
C15	—	C15	—	C15	721.2	C15	156.0
C16	—	C16	—	C16	—	C16	—

续表

春季		夏季		秋季		冬季	
渔区	CPUE	渔区	CPUE	渔区	CPUE	渔区	CPUE
C17	368.3	C17	7575.3	C17	1342.3	C17	554.9
C18	—	C18	1202.2	C18	950.0	C18	220.9
C19	42.7	C19	—	C19	238.2	C19	—
C20	—	C20	—	C20	4526.0	C20	—
C21	—	C21	—	C21	—	C21	—
C22	—	C22	—	C22	—	C22	—
C23	—	C23	—	C23	—	C23	—
C24	—	C24	—	C24	—	C24	—
C25	223.2	C25	8243.0	C25	4645.3	C25	—
C26	3557.0	C26	—	C26	2250.2	C26	—
C27	—	C27	238.4	C27	2238.9	C27	433.6
C28	—	C2	—	C28	1498.4	C28	—
C29	—	C29	—	C29	—	C29	—
C30	—	C30	—	C30	—	C30	—
平均CPUE	154.1		1143.6		1316.4		352.3

水深对数量分布的影响：不同水深海域的中华管鞭虾数量分布差异显著，水深 60 m 以内的海域出现频率为 88.9%，渔获质量占其总渔获质量的 66.0%；其次，水深 60～80 m，出现频率为 56.2%，渔获质量占其总渔获质量的 24.1%；水深超过 100 m 以外的海域仅 11 月和 2 月有少量渔获，出现频率为 9.5%，渔获质量仅占其总渔获质量的 1.3%。

2. 渔获数量密度指数的季节变化

从季节分布看，出现站位的平均尾数密度以秋季指数最高，为 1618.19 ind./h，分布渔区数量为 16 个；其次是春季，为 1603.43 ind./h，分布渔区数量为 7 个；夏季与春季相当，为 1577.00 ind./h，分布渔区数量为 7 个；冬季最小，为 563.4 ind./h，分布渔区数量为 9 个。种群分布渔区中，春季的 C06 的尾数密度最小，为 8.0 ind./h；秋季的 C01 渔区尾数密度最大，为 9485.0 ind./h。不同季节平均体重存在差异，夏季个体平均体重最大，为 4.28 g/h，其次是春季个体平均体重，为 3.43 g/h，冬季和秋季平均体重分别为 2.04 g/h 和 1.72 g/h。

3. 种群聚集特性的季节变化

负二项参数月平均值为 0.18，标准方差为 0.17，波动范围为 0.05～0.41，这表明中华管鞭虾种群聚集强度较强，但不同季节差异显著。冬季，各个渔区 CPUE 总和为 10569.9 g/h，其中 C10 渔区的 CPUE 最大为 9061.2 g/h，85.73%种群数量集中在该渔区；春季，各个渔区 CPUE 总和为 4621.6 g/h，其中 C26 渔区的 CPUE 最大为 3557.0 g/h，77.00%种群数量集中在该渔区；夏季和秋季分别只有 29.16%和 23.34%种群数量集中在 C01 渔区（表 5-1-1），这说明种群聚集强度冬季最强，其次是春季，而夏季和秋季较弱。采用负二项参数研究种群聚集强度的结果同样表明，种群的聚集强度由强到弱依次为：冬季>春季>夏季>秋季（表 5-1-2）。可见，负二项参数可度量种群的聚集强度，负二项参数越小，种群的聚集强度越强。

平均拥挤度月平均值为 5.82×10^3，标准方差为 2.38×10^3，波动范围为 2.81×10^3～7.82×10^3，这表明个体平均拥挤度较高，不同季节有所差别。春季，CPUE 大于 2000.0 g/h 的渔区为 C26，CPUE 为 3557.0 g/h，占各渔区 CPUE 总和的 76.93%；夏季，CPUE 大于 2000.0g/h 的渔区为 C01、C09、C17 和 C25，这 4 个渔区平均 CPUE 为 7902.1 g/h，占各渔区 CPUE 总和的 92.13%；秋季，CPUE 大于 2000.0 g/h 的渔区为 C01、C09、C10、C20、C25、C26，C27，这 7 个渔区平均 CPUE 为 7173.4 g/h，占各渔区 CPUE 总和的 84.12%；冬季，CPUE 大于 2000.0 g/h 的渔区为 C10，CPUE 为 9061.2 g/h，占各渔区 CPUE 总和的 85.73%（表 5-1-1）。大部分种群数量的平均 CPUE 由大到小依次为冬季、夏季、秋季、春季，这说明个体平均拥挤的程度冬季最大，其次是夏季和秋季，春季明显最小。这与应用平均拥挤度分析中华管鞭虾个体平均拥挤程度的结果一致（表 5-1-2）。可见，平均拥挤度体现了平均个体实际的拥挤程度，其值越大，则个体间越拥挤。

聚块指数月平均值为 12.73，标准方差为 8.86，波动范围为 3.82～22.20，表明种群主要集中于少数团聚的大斑块，不同季节有明显差异。春季，76.93%的种群数量分布在 1 个斑块（C26 渔区，CPUE 为 3557.0 g/h），即种群主要由最小数目的斑块组成，种群分布集中，聚块指数较大；夏季，92.13%的种群数量分散于 4 个斑块（C01、C09、C17 和 C25 渔区），即种群主要由较多数目的斑块组成，种群分布分散，聚块指数小；秋季，84.12%的种群数量分散在 7 个斑块（C01、C09、C10、C20、C25、C26 和 C27 渔区），即种群主要由最多数目的斑块组成，种群分布最分散，聚块指数最小；冬季，85.73%的种群数量团聚在 1 个大斑块（C10 渔区），即种群主要由最小数目的斑块组成，且 C10 渔区 CPUE 较大为 9061.2 g/h，种群分布最集中，聚块指数最大（表 5-1-1，表 5-1-2）。可见，聚块指数体现了种群的斑块的组成形式，也反映了种群聚集强度，其值大，则种群主要由少数斑块组成，种群聚集强度较强，反之，则大部分种群数量分散在多数斑块，种群聚集强度较弱（蔡建堤等，2017）。

表 5-1-2　不同季节中华管鞭虾种群聚集特性

季节	负二项参数（K）	聚块指数（PBI）	平均拥挤度（$m*$）
春季	0.06	18.20	2.81×10^3
夏季	0.20	6.68	7.64×10^3
秋季	0.41	3.82	5.02×10^3
冬季	0.05	22.20	7.82×10^3
平均值	0.18	12.73	5.82×10^3
标准方差	0.17	8.86	2.38×10^3

二、主要生物学特性

1. 群体组成

(1)体长组成

中华管鞭虾体长分布范围为 36～126 mm,优势体长组为 50～96 mm,占 66.8%,平均体长为 76.4 mm(图 5-1-2)。雌性个体明显大于雄性个体,雌虾体长分布范围为 38～126 mm,优势体长组为 70～105 mm,占 64.4%,平均体长为 81.1 mm;雄虾体长分布范围为 36～113 mm,优势体长组为 55～75 mm,占 68.9%,平均体长为 66.8 mm(图 5-1-3)。

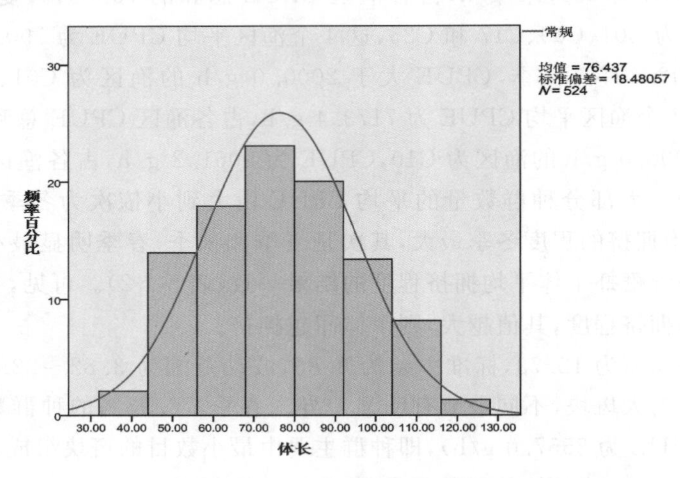

图 5-1-2 中华管鞭虾体长分布

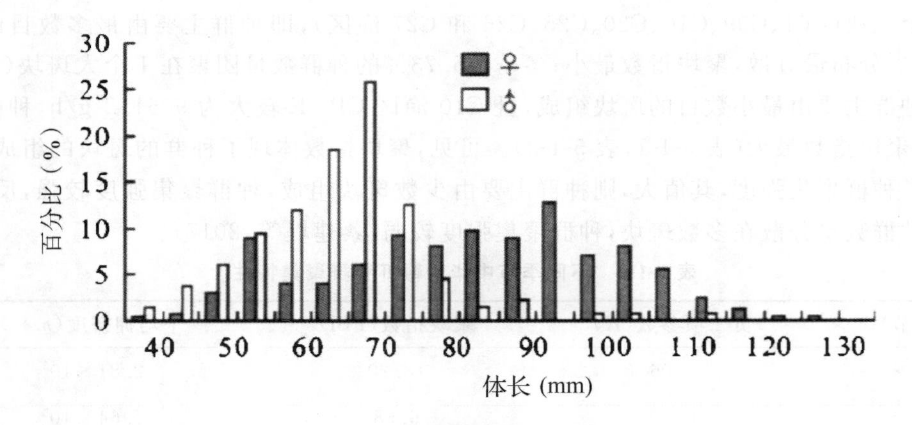

图 5-1-3 中华管鞭虾雌雄体长百分比

(2)体重组成

体重分布范围为 0.3～18.1 g,平均体质量为 5.69 g,其中,雌虾体质量分布范围为 0.5～18.1 g,平均体质量为 7.3 g;雄虾体质量范围为 0.3～17.8 g,平均体质量为 3.9 g(图 5-1-4)。

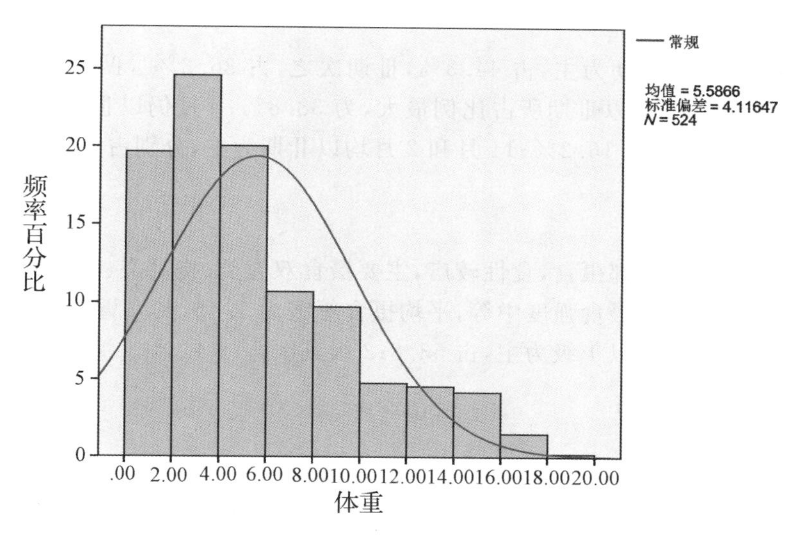

图 5-1-4 中华管鞭虾体重分布

(3)体长与体重的关系

中华管鞭虾体长(L)与体重(W)的关系呈幂函数,其关系式为:

$W = 6.608 \times 10^{-6} L^{3.102} (R^2 = 0.918, n = 524)$

式中:W——体重(g);L——体长(mm)。

中华管鞭虾体长(L)与体重(W)的关系如图 5-1-5 所示。

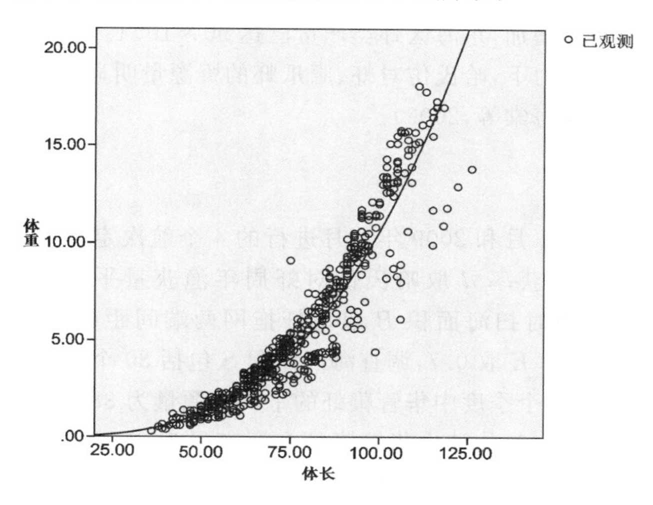

图 5-1-5 中华管鞭虾体长与体重的关系

2. 繁殖

(1)性比

中华管鞭虾雌雄性比为 1 : 0.47,各月性比有较大差异,11 月虾体较小,雄性与雌性数量相当,其他月份均是雌性较多。

(2)性腺成熟度

雌性性腺成熟度以Ⅱ期为主，占 44.3%，Ⅲ期次之，占 36.3% ，Ⅳ期占 9.3%。4 季度的月雌性性腺成熟度，5 月以Ⅲ期所占比例最大，为 38.8%；8 月仍以Ⅲ期为主，占 48.7%，有相当数量的Ⅳ期个体，占 16.2%；11 月和 2 月均以Ⅱ期为主，分别占 86.6%和 80.0%。

3. 摄食

中华管鞭虾一年四季都摄食，食性较广，主要摄食双壳类、桡足类、长尾类、头足类、多毛类 5 个类群。中华管鞭虾摄食强度中等，平均摄食等级为 1.45，其空胃率和饱胃率均较低，分别仅占 1.2%和 0.7%；以 1 级为主，占 53.8；2 级其次，占 44.3%。

三、渔业与资源状况

1. 渔业状况

中华管鞭虾在整个东海沿海均有分布，其分布海域与哈氏仿对虾、鹰爪虾相同，同属广温、广盐性种类，其利用历史较长，捕捞网具主要有桁杆拖网、底拖网、定置张网等。根据近年来开展的福建省渔业资源动态监测调查，闽东海区定置张网中中华管鞭虾为其渔获质量的4.8%，在拖网中其周年渔获质量约占虾类渔获质量的 5.9%，渔获质量所占比重相对稳定。本次调查中华管鞭虾 4 个季度月渔获质量为 88.99kg，占虾类总渔获质量的 9.8%。20 世纪 80 年代后，由于传统主要经济鱼类资源衰退，捕食虾类的鱼类减少，虾类生存空间扩大，使虾类资源的生物量增多，促进桁杆拖网作业的发展，加上开发利用了外海新的虾类资源和渔场，虾类生物量明显增加，东海区虾类产量已达 90×10^4 t。虽然，近年来由于拖虾渔船的增加，在强大的捕捞压力下，哈氏仿对虾、鹰爪虾的资源量明显减少，但中华管鞭虾资源并没有明显下降的迹象(宋海棠等，2003)。

2. 资源状况

据 2008 年 5 月、8 月、11 月和 2009 年 2 月进行的 4 个航次定点专业调查数据，我们采用资源密度面积法评估，渔获率 d 取哈氏仿对虾周年渔获量平均密度指数中华管鞭虾 13.33×10^{-4} t/h，拖网每小时扫海面积 P 取桁杆拖网两端间距(0.0324 km)×拖曳速度(1.8×1.852 km/h)，逃逸率 E 取 0.7，调查海区面积 S 包括 30 个渔区，约 9.26×10^4 km^2。我们求得闽东北外海海域 4 个季度中华管鞭虾的平均资源量为 3833t。

薛利建等(薛利建等，2009)估计中华管鞭虾东海产量为 2.15×10^4 t，按比例估算的产值可达 4.88 亿元；产量和产值的最大值分别为 2.39×10^4 t、4.92 亿元。

3. 渔业资源养护与利用

近年，中华管鞭虾承受着巨大的捕捞压力，其资源并没有明显下降的迹象，但我们还是应该加强对中华管鞭虾的保护，2 月前后在捕捞群体中出现较多体长 50 mm 以下的幼虾，在这期间应减少对中华管鞭虾幼虾的捕捞强度，同时增大捕捞网具网目尺寸到 60 mm，从而促进其资源的可持续利用。此外，在 8—10 月繁殖盛期，我们应减少捕捞强度，保护亲体，这对种群数量的稳定具有重要意义(王友喜，2002)。

第二节 假长缝拟对虾

假长缝拟对虾(*Parapenaeus fissuroides* Crosnier)属于高温、高盐热带暖水性种类，栖息于底质为沙砾、沙泥的海域。假长缝拟对虾在东海和南海均有分布，但主要分布在浙江中南部和福建北部外海 60～120 m 海域，是闽东北海域重要的经济虾类之一，是拖虾作业重要的捕捞对象。假长缝拟对虾的生命周期为 1 年，生殖期为春末和夏季，越冬期为秋季和冬季，生殖期有较高的摄食量，而越冬期则减少摄食(叶泉土等，2006)。

形态特征：体长 60～100 mm，体重 2～10 g 的中型虾类，甲壳薄而光滑，体色浅黄色，额角细长，末端尖细，微向上扬，齿式 6～7/0，额角后脊延伸至头胸甲后缘。头胸甲具纵缝，自头胸甲前缘眼眶下方向后直伸至后缘。尾节末端侧缘具 1 对不动刺(图 5-2-1)。

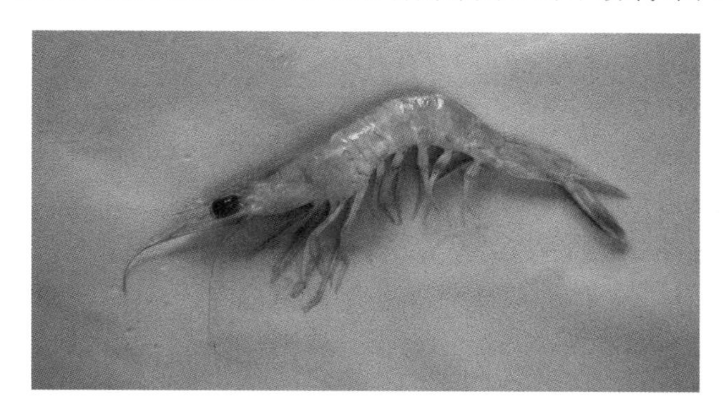

图 5-2-1 假长缝拟对虾

一、数量分布

数据来源：2008 年 5 月、8 月、11 月和 2009 年 2 月福建省水产研究所在闽东海区开展的四个航次桁杆虾拖网作业调查。

1. 渔获重量密度指数的季节变化

2008 年 5 月、8 月、11 月和 2009 年 2 月闽东北海域全调查区四个航次假长缝拟对虾渔获量为 187.269 kg，占虾类总渔获量的 20.7%，平均渔获量密度指数为 1610.6 g/h。不同季节渔获量密度指数差异明显，夏季平均渔获量密度指数最高，为 2821.6 g/h，其次是秋季，为 1684.0 g/h，冬季为 1281.1 g/h，春季最小，为 455.8 g/h（表 5-2-1)。5 月，假长缝拟对虾出现频率为 76.7%，渔获量占全年渔获量的 7.3%，渔获量平均密度指数最低，渔获量密度指数最大的为 C06 渔区，为 2979.7 g/h。8 月出现频率为 80.0%，渔获量占全年渔获量的45.2%，其中 C11 渔区渔获量密度指数全年最高，为 45872.5 g/h。11 月出频率最低，为62.1%，渔获量占全年渔获量的 27.0%，虾类群体 27°00′～28°00′N，122°00′～123°00′E 附近海域更加密集，渔获量密度指数最高，达 14194.7 g/h，而在调查海区内侧海域基本没有发现假长缝拟对虾。2 月出现频率最高，为 81.5%，渔获量占全年渔获量的 20.5%，虾类群体分布相对均匀，在调查海区中部海域相对密集，但中部内侧海域数量不多。

表 5-2-1 不同季节假长缝拟对虾 CPUE(g/h)

春季		夏季		秋季		冬季	
渔区	CPUE	渔区	CPUE	渔区	CPUE	渔区	CPUE
C01	—	C01	—	C01	—	C01	1157.6
C02	439.5	C02	9330.1	C02	11027.8	C02	2310.0
C03	486.5	C03	9465.2	C03	14194.7	C03	2431.2
C04	984.5	C04	59.1	C04	1832.7	C04	4496.5
C05	265.0	C05	3600.8	C05	657.8	C05	361.7
C06	2979.7	C06	707.1	C06	2496.2	C06	650.6
C07	883.5	C07	891.8	C07	117.8	C07	309.6
C08	1025.5	C08	551.9	C08	—	C08	—
C09	—	C09	107.0	C09	—	C09	—
C10	593.0	C10	517.0	C10	—	C10	—
C11	1145.5	C11	45872.5	C11	10427.5	C11	2910.2
C12	805.5	C12	686.3	C12	4770.6	C12	4962.1
C13	97.2	C13	1964.9	C13	1385.8	C13	1202.6
C14	364.0	C14	—	C14	189.4	C14	1028.3
C15	313.5	C15	96.2	C15	728.9	C15	959.8
C16	351.0	C16	72.2	C16	127.6	C16	111.4
C17	—	C17	48.0	C17		C17	
C18	427.5	C18	175.1	C18		C18	1287.2
C19	372.0	C19	244.0	C19	214.2	C19	5248.0
C20	—	C20	—	C20	—	C20	1056.9
C21	1268.5	C21	4448.2	C21	871.9	C21	56.4
C22	350.0	C22	1824.2	C22	951.4	C22	3076.9
C23	101.5	C23	—	C23	86.8	C23	1016.7
C24	216.5	C24	—	C24	110.6	C24	125.1
C25	—	C25	—	C25	—	C25	—
C26	—	C26	40.6	C26	—	C26	—
C27	121.0	C27	1756.9	C27	—	C27	2731.1
C28	70.0	C28	1949.6	C28	326.8	C28	940.3
C29	—	C29	60.7	C29	—	C29	—
C30	12.98	C30	177.5	C30	—	C30	—
平均 CPUE	455.8	—	2821.6	—	1684.0	—	1281.1

2. 渔获数量密度指数的季节变化

2008—2009 年，4 个季度共出现假长缝拟对虾 35640 ind.，占虾类总尾数的 6.2%，平均尾数密度指数为 308.1 ind./h，出现站位平均尾数密度指数为 422.2 ind./h。从季节分布看，以秋季平均尾数密度指数最高，为 413.8 ind./h；夏季次之，为 406.4 ind./h；冬季，为 305.2 ind./h；5 月最小，为 106.9 ind./h。从假长缝拟对虾的水深分布情况看，水深 80 m 以外海域的数量明显高于 60 m 以内海域，在水深 80～100 m 海域，平均尾数密度指数最高，达540.4 ind./h，其次是水深 60～80 m 海域，为 410.2 ind./h，水深大于 100 m 的海域为172.0 ind./h，水深 60 m 以内的海域最低，仅 13.2 ind./h。

总体上说，夏季和秋季假长缝拟对虾平均尾数密度指数的总体变化不大，冬季略低，春季则明显降低。60 m 水深以内的海域分布数量极少，主要集中在水深 80～100 m 的海域。

3. 种群聚集特性的季节变化

春季，C06 渔区假长缝拟对虾的 CPUE 最大，21.79%的种群数量集中在该渔区，种群聚集强度较弱，Mrisita 指数较小，负二项参数较大；夏季，C11 渔区假长缝拟对虾的 CPUE 最大，54.19%的种群数量集中在该渔区，种群聚集强度最强，Mrisita 指数最大，负二项参数最小；秋季，C03 渔区假长缝拟对虾的 CPUE 最大，28.10%的种群数量集中在该渔区，种群聚集强度较强，Mrisita 指数较大，负二项参数较小；冬季，C19 渔区假长缝拟对虾的 CPUE 最大，13.66%的种群数量集中在该渔区，种群聚集强度最弱，Mrisita 指数最小，负二项参数最大。这表明负二项参数和 Mrisita 指数可用于表征种群聚集强度，Mrisita 指数越大，负二项参数越小，种群聚集强度越强，反之，种群聚集强度越弱。种群聚集强度夏季最强，其余依次为秋季、春季和冬季(图 5-2-2)。

春季，83.45%的假长缝拟对虾种群数量分散于 12 个渔区(C02、C03、C04、C06、C07、C08、C10、C11、C12、C18、C19 和 C21)，即种群主要由较多数目的斑块组成，种群分布比较分散，聚块指数较小；12 个渔区的假长缝拟对虾平均 CPUE 最小，为 950.9 g/h，个体平均拥挤的程度最小，平均拥挤度指数最小，个体间平均间距最大，扩散系数最大。夏季，81.65%的假长缝拟对虾种群数量集中于 4 个渔区的(C2、C3、C11 和 C21)，即种群主要由最小数目的斑块组成，种群分布最为集中，聚块指数最大；4 个渔区的假长缝拟对虾平均 CPUE 最大，为 17279.0 g/h，个体平均拥挤的程度最大，平均拥挤度指数最大，个体间平均间距最小，扩散系数最小(图 5-2-2)。秋季，84.95%的假长缝拟对虾种群数量集中分布于 5 个渔区(C02、C03、C06、C11 和 C12)，即种群主要由较少数目的斑块组成，种群分布较集中，聚块指数较大；5 个渔区的假长缝拟对虾平均 CPUE 较大，为 8583.4 g/h，个体平均拥挤的程度较大，平均拥挤度指数较大，个体间平均间距较小，扩散系数较小。冬季，90.85%的假长缝拟对虾的种群数量分散于 14 个渔区(C01、C02、C03、C04、C11、C12、C13、C14、C18、C19、C20、C22、C23 和 C27)，即种群主要由最多数目的斑块组成，种群分布最为分散，聚块指数最小；14 个渔区平均假长缝拟对虾 CPUE 为 2494.0 g/h，个体平均拥挤的程度较小，平均拥挤度指数较小，个体间平均间距较大，扩散系数较大(图 5-2-2)。可见，聚块指数体现了种群斑块的组成形式，聚块指数大，则大部分种群数量集中于少数斑块，反之，则大部分种群数量分散于多数斑块，假长缝拟对虾的种群聚块性夏季最强，其余依次为秋季、春季和冬季(图 5-2-2)；个体平均拥挤度指数反映了平均个体实际的拥挤程度，个体平均拥挤度指数大，则大部分群体数量的平均个体间拥挤，假长缝拟对虾个体平均拥挤度夏季最大，其次是秋季、冬季，春季最小；扩散系数反映了个体间的平均间距，个体平均间距大，则种群扩散明显，假长缝拟对虾的种群扩散程度春季最大，其次是冬季、秋季，夏季最小(图 5-2-2)(蔡建堤，2017；Jiandi Cai，2017)。

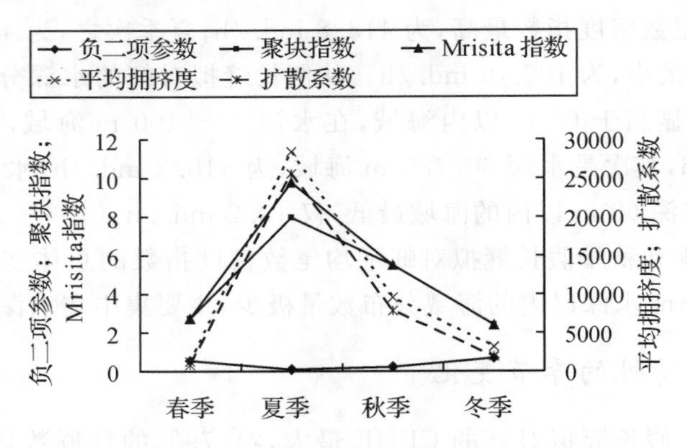

图 5-2-2 不同季节假长缝拟对虾的种群聚集特性

二、主要生物学特性

1. 群体组成

(1)体长组成

闽东北海域假长缝拟对虾体长分布范围为 53～132 mm，优势体长组 75～95 mm，占 58.1%，平均体长为 86.6 mm。雌虾个体明显大于雄虾，雌虾的体长范围为 53～132 mm，优势体长组 75～100 mm，占 60.6%，平均体长为 89.1 mm；雄虾体长范围为 53～127 mm，优势体长组 70～90 mm，占 72.3%，平均体长为 83.0 mm。(图 5-2-3)

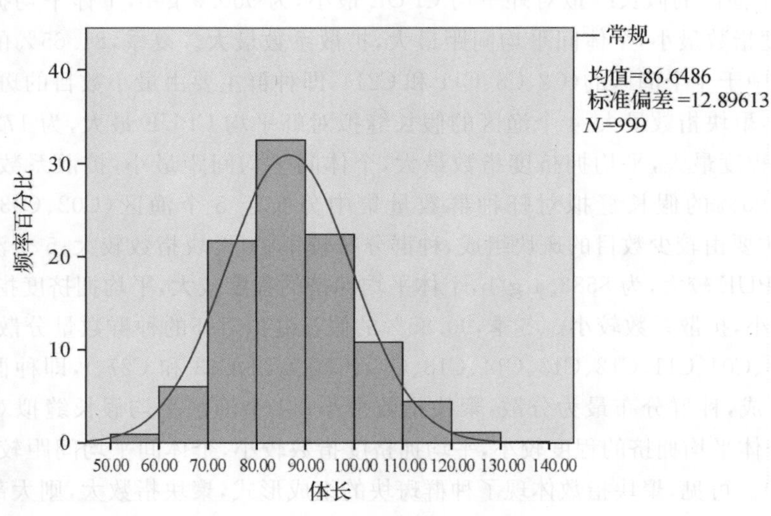

图 5-2-3 假长缝拟对虾体长分布

(2)体重组成

假长缝拟对虾体重分布范围为 1.1～18.5 g,优势体重组 2.0～8.0 g,占 77.1%,平均体重为 6.0 g。其中,雌虾体重分布范围为 1.1～18.5 g,优势体重组 4.0～8.0 g,占77.1%,平均体重为 6.8 g;雄虾体重分布范围为 1.4～12.0 g,优势体重组 2.0～6.0 g,占 75.3%,平均体重为 5.0 g(图 5-2-4)。

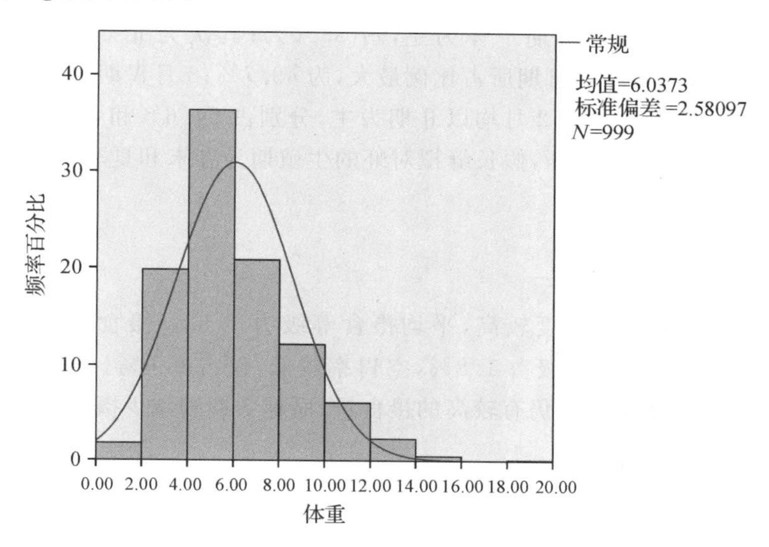

图 5-2-4 假长缝拟对虾体重分布

(3)体长与体重的关系

假长缝拟对虾体长(L)与体重(W)的关系呈幂函数,其关系式为:

$W=3.303\times10^{-5}L^{2.702}$ ($R^2=0.855$, $n=999$)

假长缝拟对虾体长(L)与体重(W)的关系如图 5-2-5 所示。

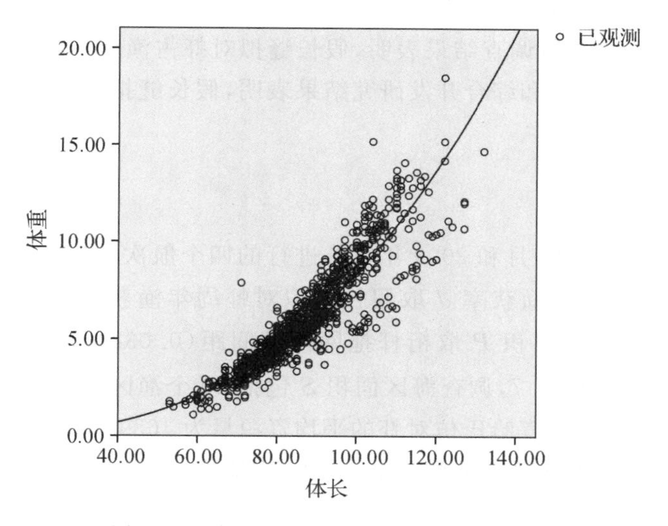

图 5-2-5 假长缝拟对虾体长与体重的关系

2. 繁殖

(1)性比

假长缝拟对虾周年雌雄性比为1∶0.69,雌性多于雄性。

(2)性腺成熟度

周年雌性性腺成熟度以Ⅲ期个体为主,占38.0%;其次为Ⅱ期,占33.8%;Ⅳ期占12.9%。雌性性腺成熟度5月Ⅲ期所占比例最大,为49.7%;8月Ⅳ期数量最多,占45.7%,其次为Ⅴ期,占19.6%;11月和2月均以Ⅱ期为主,分别占64.6%和63.8%。从雌虾性腺发育情况结合体长组成变化推断,假长缝拟对虾的生殖期为春末和夏季,秋冬季群体主要由补充群体组成。

3. 摄食

假长缝拟对虾周年摄食强度较高,平均摄食等级为1.63。摄食强度以2级为主,占59.9%;1级其次,占37.7%;3级占1.8%,空胃率较低,仅占0.6%。总体来看,假长缝拟对虾摄食强度较高,在生殖期间仍有较高的摄食量,而越冬期则减少摄食。

三、渔业与资源状况

1. 渔业状况

自20世纪80年代中期我省在闽东地区率先发展桁杆拖虾作业以来,假长缝拟对虾作为一种新的渔业资源被开发利用至今已有30多年。2008—2009年的调查显示,假长缝拟对虾为主要虾类之一,其渔获量占虾类渔获量的20.7%,其中,冬季最高,占该季虾类渔获量的26.9%,其次为夏季,占23.9%。1984年在该渔场开展的夏秋季虾类资源专项调查结果显示,假长缝拟对虾(5—10月)占渔获量的15.8%~25.0%,占夏、秋季渔获量的21.2%;1998—1999年度闽东北外海调查结果表明,假长缝拟对虾占渔获量的27.6%;1989—1990年闽东北外海渔业资源调查和综合开发研究结果表明,假长缝拟对虾渔获量分别占经济虾类渔获量的26.2%和33.8%。

2. 资源状况

据2008年5月、8月、11月和2009年2月进行的四个航次的定点专业调查数据,我们采用资源密度面积法评估,渔获率d取假长缝拟对虾周年渔获量平均密度指数16.31×10^{-4} t/h,拖网每小时扫海面积P取桁杆拖网两端间距(0.0324 km)×拖曳速度(1.8×1.852 km/h),逃逸率E取0.7,调查海区面积S包括30个渔区,约9.26×10^{4} km^2。我们求得闽东北外海海域4个季度哈氏仿对虾的平均资源量为4689t。

假长缝拟对虾资源调查评估的结果显示,其资源量为4171~9175 t,平均为6673 t。2005—2008年福建省拖虾作业的年产量为4729~14780 t,平均8810 t。若以假长缝拟对虾的产量占虾拖作业量的20.7%计算,近年来虾拖作业对假长缝拟对虾资源的利用力度则在979~3059 t之间,平均为1824 t。可见,假长缝拟对虾资源还有一定的利用潜力。

3. 渔业资源养护与利用

假长缝拟对虾在一个生殖期内多次分批产卵，又多为一年生的甲壳动物，在繁殖期前即接近或达到性成熟阶段，是利用的最佳时期，其个体最大，利用价值也最佳。闽东北外海假长缝拟对虾生物学资料表明，在秋末和冬季期间，捕捞群体主要由当年亲虾繁衍的后代补充群体组成，其个体大多为幼虾幼体，在9—11月为幼虾高峰期，幼虾期多分布在闽东渔场50～60m水深以东海域。因此，我们应加强该渔场幼虾资源的管理，以达到增加资源量的目的，建议实行“冬保夏捕”的保护措施。冬末至翌年(11—3月)群体优势组体长为60～80 mm，平均为68.4 mm，占54.9%，正处在加速生长时期，至夏季(6—8月)捕捞群体优势组增至70～110 mm，平均值为85.2 mm，其平均体重从冬季的3.2 g增至夏季的8.2 g，增长了1倍多，尤以8月份的个体已达Ⅳ期，占近80%，但目前假长缝拟对虾大多在补充群体的冬、春季(11—2月)被大量捕捞，不仅其个体小，经济价值亦低廉，不利于该资源的合理利用。调查结果还显示，冬春季正是假长缝拟对虾补充群体资源密度最高、生长速度加快的时候，若能适当保护其资源，待夏季拖虾汛期集中捕捞将会产生较大的经济效益和社会效益(王飞跃，2014)。

第三节 鹰爪虾

鹰爪虾(*Trachypenaeus curvirostris*)隶属于甲壳纲十足目对虾科中的鹰爪虾属。其体长在50～95 mm，体重1.5～12.0 g，为中型虾类；因体形粗短，甲壳较厚，表面粗糙，故俗称粗皮虾、厚壳虾、沙虾。鹰爪虾是印度—西太平洋的广分布种，喜欢栖息在近海泥沙海底，昼伏夜出，我国沿海均有分布(叶孙忠，2012)。东海鱼汛期为5—8月。

形态特征：鹰爪虾因其腹部弯曲、形如鹰爪而得名。鹰爪虾体较粗短，甲壳很厚，表面粗糙不平。体长60～100 mm，体重4～5 g。额角上缘有锯齿。头胸甲的触角刺具较短的纵缝。腹部背面有脊。尾节末端尖细，两侧有活动刺。体红黄色，腹部备节前缘白色，后背为红黄色，弯曲时颜色的浓淡与鸟爪相似(图5-3-1)。

图5-3-1 鹰爪虾

一、数量分布

数据来源:2008 年 5 月、8 月、11 月和 2009 年 2 月福建省水产研究所在闽东海区开展的四个航次桁杆虾拖网作业调查。

1. 渔获重量密度指数的季节变化

2008 年 5 月、8 月、11 月和 2009 年 2 月闽东北海域全调查区四个航次鹰爪虾渔获量为 30619.3g,占虾类总渔获量的 3.4%,平均资源密度指数为 263.1 g/h,夏季最高为 628.5 g/h,冬季为 267.9 g/h,秋季为 149.2 g/h,春季最低,为 6.8 g/h。分布渔区一年四季的平均资源密度指数为 724.2 g/h,夏季最高 1675.9 g/h,其余依次为冬季和秋季,春季最低,为 46.8 g/h。春季种群数量最少,主要分布在南部近岸海域,夏季,种群数量最多,主要分布在中部和南部近岸海域,秋季主要分布在北部近岸海域的 C01 渔区,冬季种群数量主要分布于中部和南部近岸海域。鹰爪虾主要分布于近海,水深 60 m 以浅海域的渔获量占年渔获量的 65.8%,渔获量平均密度指数达 1119.2 g/h; 其次是水深 60~80 m 的海域,渔获量占年渔获量的 24.2%,渔获量平均密度指数为 462.7 g/h;水深 100 m 以深的海域数量极少,仅占年渔获量的 0.6%。

2. 渔获数量密度指数的季节变化

全调查区一年四季共渔获鹰爪虾 6264 ind,占虾类总尾数的 1.1%,平均尾数密度指数为 53.8 ind./h,以夏季最高,为 148.0 ind./h,春季最低,为 1.3 ind./h,冬季为 40.5 ind./h,秋季为 25.2 ind./h。按分布渔区的平均尾数密度指数,夏季最高为 394.8 ind./h,冬季为117.9 ind./h,秋季为 67.2 ind./h,春季最低,为 8.0 ind./h。无论是平均质量密度指数还是平均尾数密度指数,夏季最高,而春季最低。从鹰爪虾的分布情况看,水深 60 m 以浅海域的渔获数量占年渔获数量的 61.7%,渔获数量平均密度指数为 214.7 ind./h;水深 60~80 m 的海域次之,渔获数量占年渔获数量的 27.7%,渔获数量平均密度指数为 108.3 ind./h;水深 100 m 以深的海域渔获数量极少,仅为 0.8 ind./h。

3. 种群聚集特性的季节变化

负二项参数秋季和春季较低,分别为 0.088 和 0.094,冬季为 0.162,夏季最高,为 0.250,种群聚集强度最弱(图 5-3-2)。可见,种群聚集强度由强到弱依次为秋季、春季、冬季、夏季。

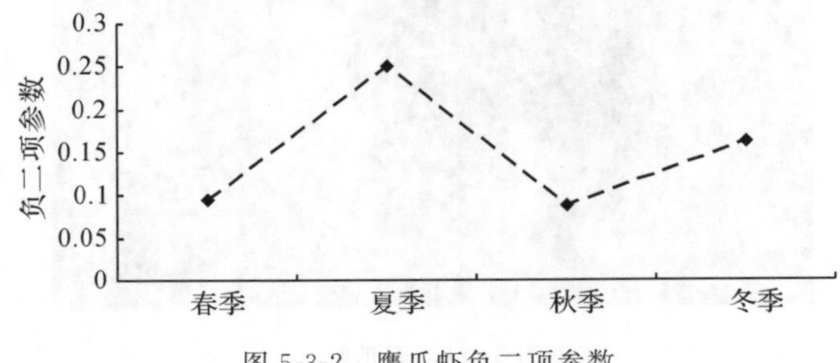

图 5-3-2 鹰爪虾负二项参数

聚块指数秋季最高，为 12.41，种群主要数量(63.2%)主要集中在 1 个渔区，种群聚块性最大，春季为 11.58，种群主要数量(69.9%)分布在 1 个渔区，种群聚块性较大，冬季为 7.17，种群主要数量(84.9%)分布在 3 个渔区，夏季最低，为 5.00，种群主要数量(74.2%)分布在 4 个渔区，种群聚块性最弱。可见，聚块性秋季最强，春季最弱(图 5-3-3)。

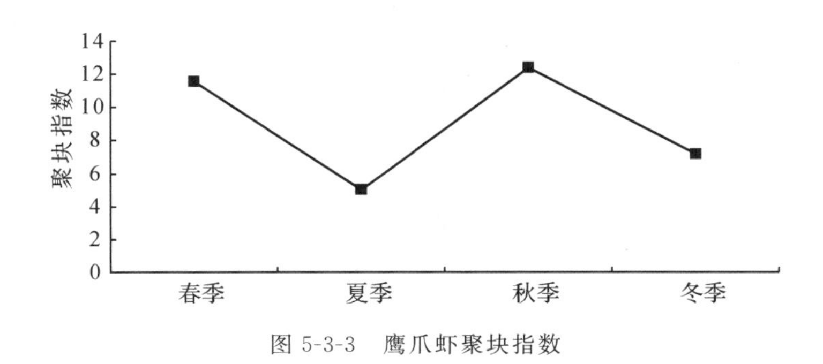

图 5-3-3 鹰爪虾聚块指数

平均拥挤度夏季最高，为 3142.9，其余依次为冬季、秋季，春季最低，为 79.3。这说明个体平均拥挤度夏季最大，春季最小(图 5-3-4)。

扩散系数夏季最高，为 2515.4 其余依次为秋季、冬季，春季最低，为 73.4。这表明种群扩散程度春季最大，其次是冬季，而夏季最小(图 5-3-4)。

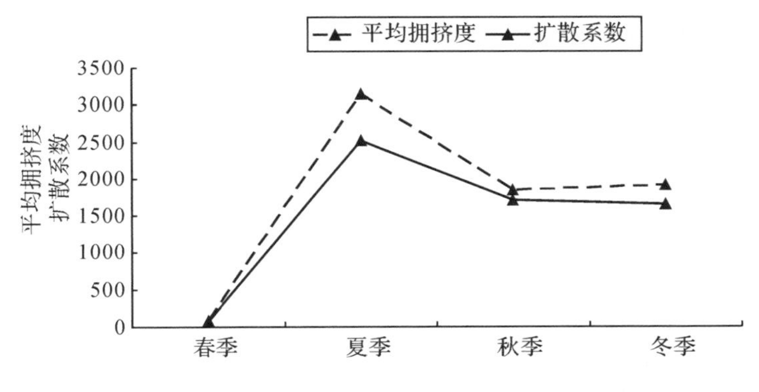

图 5-3-4 鹰爪虾平均拥挤度和扩散系数

二、主要生物学特性

1. 群体组成

(1)体长组成

鹰爪虾周年群体的体长范围为 28～120 mm，平均体长为 74.11 mm，标准偏差为 12.1，优势组 60～90 mm(图 5-3-5)。

不同季节体长差异明显，夏季，体长范围为 28～110 mm，平均体长 72.69 mm；秋季，体长范围为 60～120 mm，平均体长 83.0 mm；冬季，体长范围为 55～95 mm，平均体长75.2

mm。可见,秋季的平均个体体长最大。

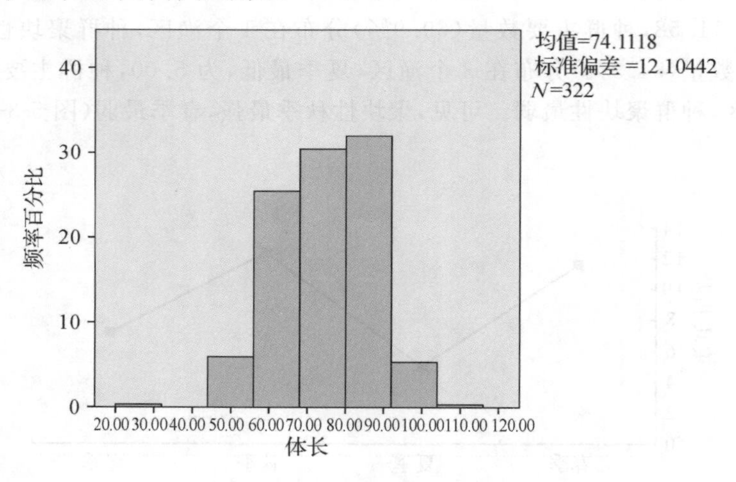

图 5-3-5 鹰爪虾体长分布

(2)体重组成

鹰爪虾周年雌虾群体的体重范围为 1.1~16.8 g,平均体重为 5.49 g,标准偏差为2.68,优势组 2.0~8.0 g(图 5-3-6)。

不同季节,其体重差异明显,夏季,体重范围为 1.1~14.8 g,平均体重为 5.18 g;秋季,体重范围为 3.1~16.8 g,平均体重为 7.0 g;冬季,体重范围为 2.3~11.6 g,平均体重为 6.12 g;平均个体体重春季最大,秋季最小。鹰爪虾平均体长和平均体重的最大值出现在秋季,说明秋季鹰爪虾平均个体最大。

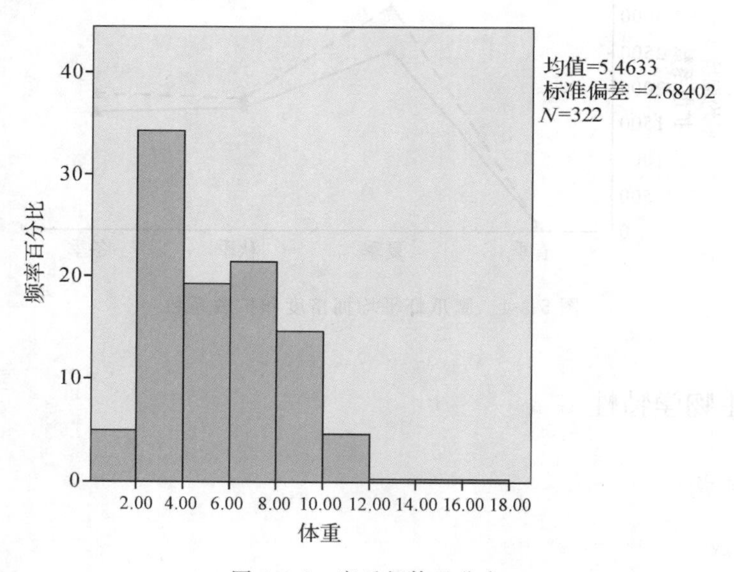

图 5-3-6 鹰爪虾体重分布

(3)体长与体重的关系

鹰爪虾体长(L)与体重(W)的关系呈幂函数(图 5-3-7),其关系式为:

$W=2.024\times10^{-5}L^{2.884}(R^2=0.882, n=322)$

式中：W——体重(g)；L——体长(mm)。

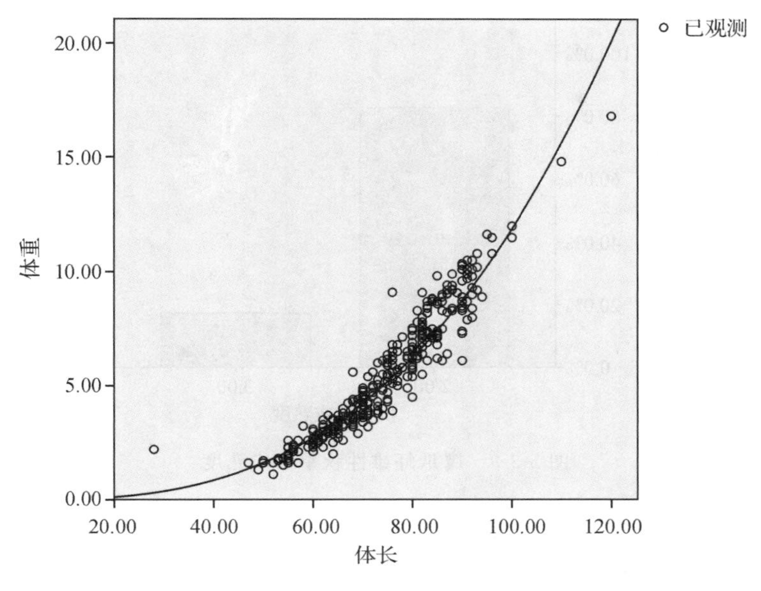

图 5-3-7　鹰爪虾体长与体重关系

2. 繁殖

(1)性比

根据 322 尾样品的测定结果，鹰爪虾雌性明显多于雄性，其雌雄性比为 1∶0.42。宋海棠认为雌雄性比为 1∶0.62。

(2)性腺成熟度

夏季雌性有 169 尾，雄性仅有 73 尾，Ⅲ期个体达到 46%，Ⅳ期个体达到 17%(图 5-3-8)。秋季雌性有 23 尾，雄性仅有 11 尾，以Ⅱ期个体为主，达到 82%，Ⅲ期个体达到 18%

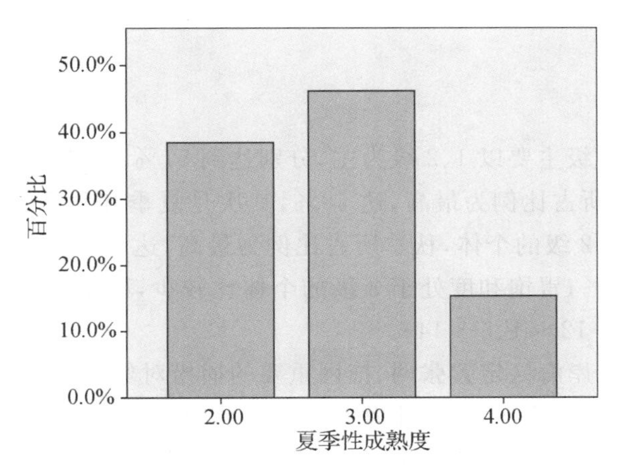

图 5-3-8　鹰爪虾雄性夏季性成熟度

(图 5-3-9)。冬季雌性有 34 尾,雄性有 12 尾,Ⅱ期和Ⅲ期个体比例均为 50%(图 5-3-10)。可见,夏季是闽东北海域鹰爪虾的主要繁殖期。

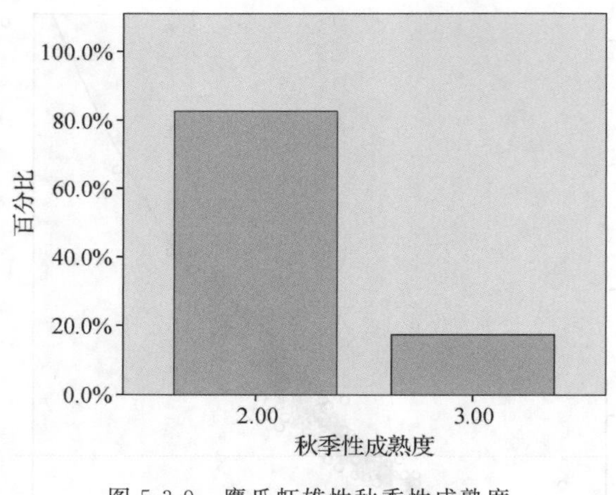

图 5-3-9 鹰爪虾雄性秋季性成熟度

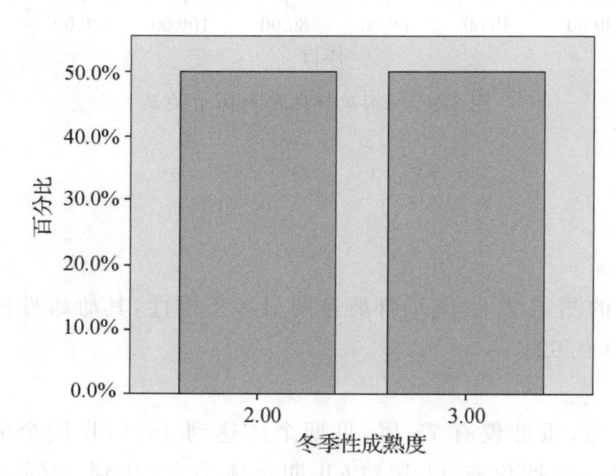

图 5-3-10 鹰爪虾雄性冬季性成熟度

3. 摄食

周年鹰爪虾摄食等级主要以 1、2 级为主,分别达到 51%和 46%(图 5-3-11)。胃饱和度处于 1 级的个体,冬季所占比例为最高,达 58%,其次是夏季和秋季,所占比例分别为 51%和 41%;胃饱和度处于 2 级的个体,秋季所占比例为最高,达 54%,其次是夏季和冬季,所占比例分别为 47%和 41%;胃饱和度处于 3 级的个体比较少,秋季最多,夏季有少量个体,冬季所占比例为 0(图 5-3-12~图 5-3-14)。

鹰爪虾为福建省沿岸海区定置张网、拖网重要的捕捞对象,自 20 世纪 80 年代发展桁杆拖网作业以来,扩大了拖虾渔场,闽东北海域鹰爪虾承受着高强度的捕捞压力。从东海区来看,与 20 世纪 80 年代相比,平均资源量与最高资源量分别下降 71.3%和 69.4%,是东海近海几种经济虾类中资源数量下降幅度最大的经济种类(宋海棠等,2006)。从闽东北外海来

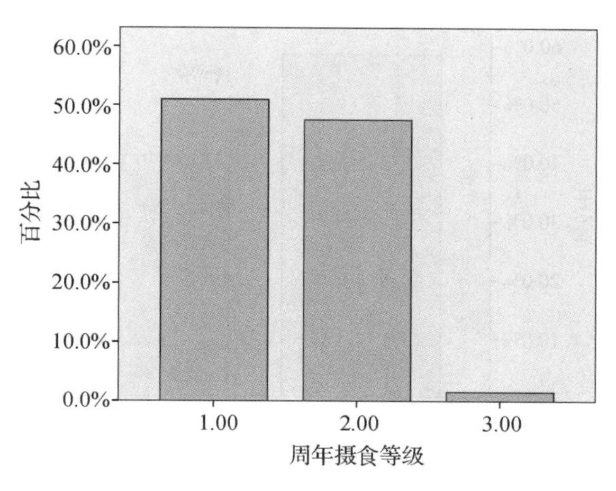

图 5-3-11　鹰爪虾周年摄食等级

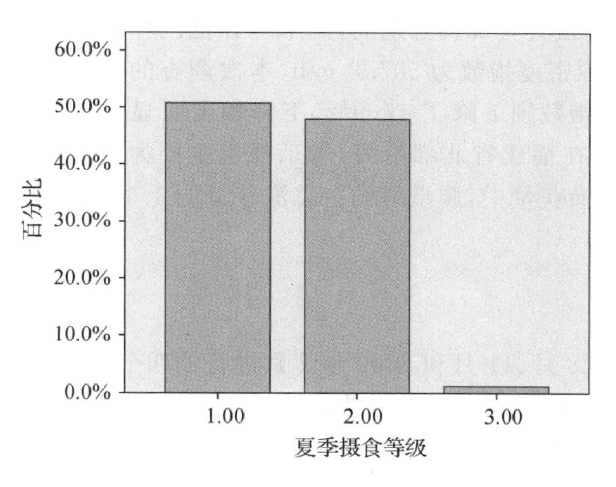

图 5-3-12　鹰爪虾夏季摄食等级

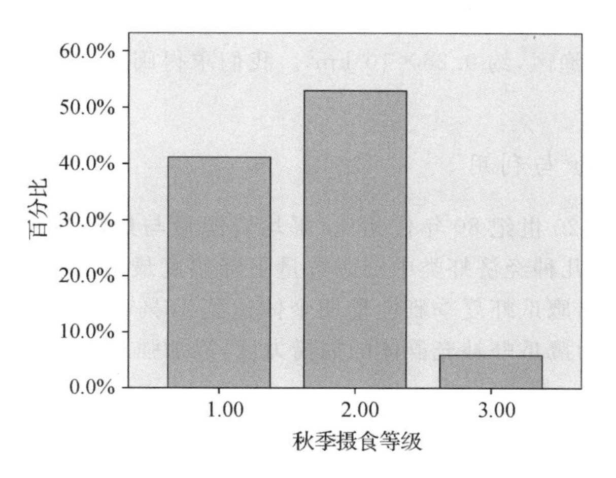

图 5-3-13　鹰爪虾秋季摄食等级

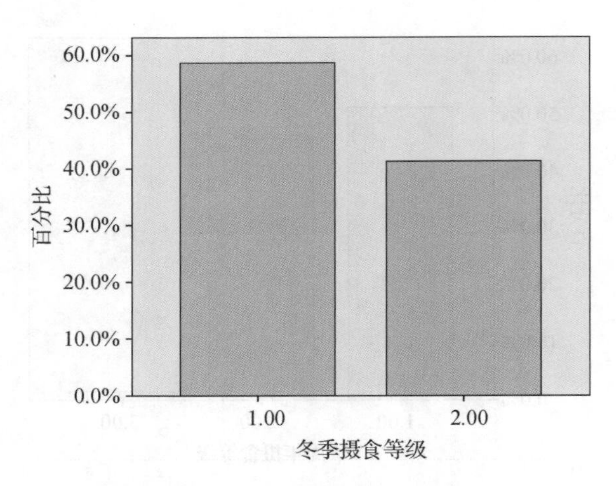

图 5-3-14 鹰爪虾冬季摄食等级

看，在 1998—1999 年虾蟹类资源调查期间，鹰爪虾在拖网作业中的周年渔获量约占虾类渔获量的 5.2%，平均资源密度指数为 507.2 g/h，本次调查的渔获量所占比例下降了 1.8 个百分点，平均资源密度指数则下降了 47.9%，下降幅度明显。从福建省渔业资源动态监测站开展的监测情况看，在福建省北部沿海，鹰爪虾也主要为定置张网和桁杆拖网作业所利用，在沿岸的定置张网渔获量中，鹰爪虾约占总渔获量的 1.1%，从近年的监测数据来看，其数量年间波动较为明显。

三、资源状况

根据 2008 年 5 月、8 月、11 月和 2009 年 2 月进行的四个航次的定点专业调查数据。我们采用资源密度面积法评估，其计算公式为：

$$M=\frac{d}{p(1-E)}\times S$$

渔获率 d 取鹰爪虾周年渔获量平均密度指数 2.64×10^{-4} t/h，拖网每小时扫海面积 P 取桁杆拖网两端间距（0.0324 km）×拖曳速度（1.8×1.852 km/h），逃逸率 E 取 0.7，调查海区面积 S 包括 30 个渔区，约 9.26×10^{4} km^{2}。我们求得闽东北外海海域 4 个季度鹰爪虾的平均资源量为 766 t。

3. 渔业资源养护与利用

从东海区来看，与 20 世纪 80 年代相比，平均资源量与最高资源量分别下降 71.3% 和 69.4%，它是东海近海几种经济虾类中资源数量下降幅度最大的经济种类，可见，鹰爪虾目前处于过度捕捞状态。鹰爪虾夏季雌性Ⅲ期个体达到 46%，Ⅳ期个体达到 17%。因此，我们在夏季应适量减轻对鹰爪虾补充群体的捕捞力度，以加强对生殖亲体的保护，合理利用其资源。

第四节　哈氏仿对虾

哈氏仿对虾(*Parapenaeopsis hardwickii*),属十足目,对虾族,对虾科,仿对虾属,俗称滑皮虾、呛虾,为亚热带、热带暖水种,栖息于水深 70 m 以内不同地质的海底,30 m 以内的沿岸水域,分布较密集。它在中国黄海南部和东海北部均有分布,国外分布于巴基斯坦、印度、新加坡、马来西亚等国,摄食虾类、桡足类、硅藻类、小型鱼类、多毛类、双壳类等 16 个类群。

形态特征:体长 60～95 mm,甲壳较厚而坚硬,表面陷沟处有软毛。额角长,末端尖细,基部上缘微隆起,中部向下弯曲。眼较大,腰形,斜生,眼柄粗短(图 5-4-1)。

图 5-4-1　哈氏仿对虾

一、数量分布

数据来源:2008 年 5 月、8 月、11 月和 2009 年 2 月福建省水产研究所在闽东海区开展的四个航次桁杆虾拖网作业调查。

1. 渔获重量密度指数的季节变化

2008 年 5 月、8 月、11 月和 2009 年 2 月闽东北海域全调查区四个航次哈氏仿对虾平均资源密度指数为 492.2 g/h,以春季、秋季和夏季较高,分别为 587.4 g/h、580.2 g/h、515.9 g/h,而冬季最低,为 285.2 g/h。按分布渔区的平均资源密度指数,春季最高为 2937.1 g/h,其余依次为夏季和秋季,冬季最低,为 1711.2 g/h。春季种群数量主要分布在南部近岸海域,夏季种群数量主要分布在中部和南部近岸海域,秋季种群数量主要分布在中部和南部近岸海域,冬季种群数量主要分布在中部。哈氏仿对虾多密集于水深 30 m 以内的近岸浅水区,外侧海区的密度少。哈氏仿对虾只分布在 70 m 水深以西的浅海域,在 70 m 水深以东就未见有分布。

2. 渔获数量密度指数的季节变化

全调查区一年四季的平均尾数密度指数为 120.5 ind./h,以秋季最高,为 243.4 ind./h,冬季最低,为 50.4 ind./h,春季和夏季分别为 101.8 ind./h 和 86.4 ind./h。按分布渔区的平均尾数密度指数,秋季最高,为 811.4 ind./h,其余依次为春季和夏季,冬季最低,为 302.4 ind./h。

3. 种群聚集特性的季节变化

负二项参数春季最低,为 0.046,种群主要数量(85.6%)主要集中在 C25 渔区,资源密度全年最高,为 15087.7 g/h,种群聚集强度最大;冬季为 0.1046,种群主要数量(80.5%)分布在 C09 和 C17 渔区;夏季为 0.1103,种群主要数量(78.2%)分布在 C09 和 C25 渔区;秋季最高,为 0.2268,种群主要数量(93.3%)分布在 C01、C10、C17、C18、C25、C26 和 C27 渔区,种群聚集强度最弱(图 5-4-2)。可见,种群聚集强度春季最强,冬季最弱。

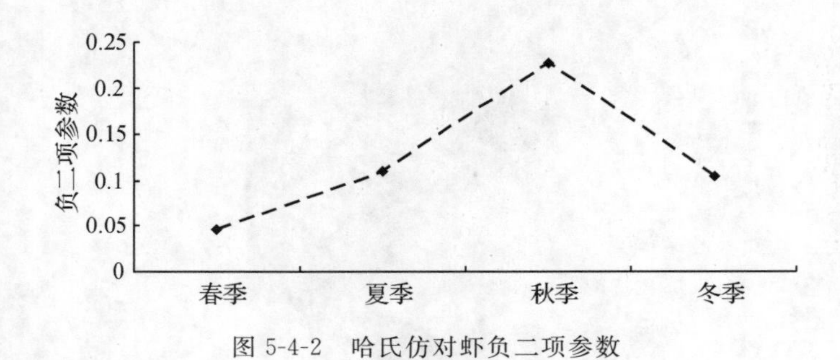

图 5-4-2 哈氏仿对虾负二项参数

聚块指数春季最高,为 22.91,种群主要数量(85.6%)主要集中在 1 个渔区,种群聚块性最大;冬季为 10.56,种群主要数量(80.5%)分布在 2 个渔区;夏季为 10.06,种群主要数量(78.2%)分布在 2 个渔区;秋季最低,为 5.41,种群主要数量(93.3%)分布在 7 个渔区,种群聚块性最弱。可见,聚块性春季最强,冬季最弱(图 5-4-3)。

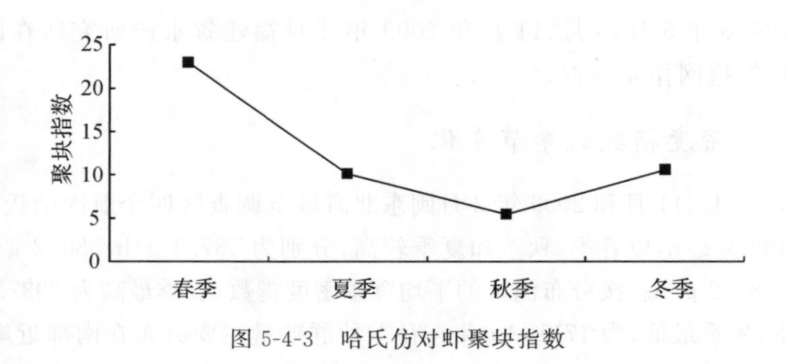

图 5-4-3 哈氏仿对虾聚块指数

平均拥挤度春季最高,其余依次为夏季、秋季,冬季最低。这说明个体平均拥挤度春季最大,冬季最小。扩散系数春季最高,其余依次为夏季、冬季,秋季,最低。这表明种群扩散程度秋季最大，其次是冬季，而春季最小(图 5-4-4)。

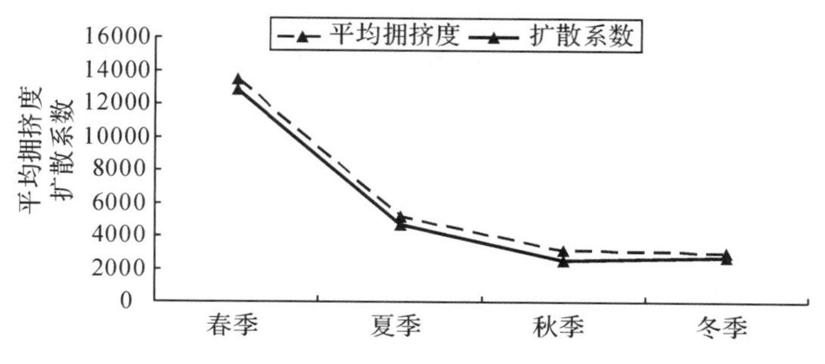

图 5-4-4　哈氏仿对虾平均拥挤度、扩散系数

二、主要生物学特性

1. 群体组成

(1)体长组成

哈氏仿对虾周年群体的体长范围为 32～119 mm，平均体长 84.5 mm，标准偏差为 15.1，优势组 70～100 mm (图 5-4-5)。

不同季节，其体长差异明显。春季，体长范围为 66～111 mm，平均体长 94.7 mm；夏季，体长范围为 32～111 mm，平均体长 81.8 mm；秋季，体长范围为 37～119 mm，平均体长80.1 mm；冬季，体长范围为 55～97 mm，平均体长 77.7 mm。平均个体体长春季最长，冬季最短。

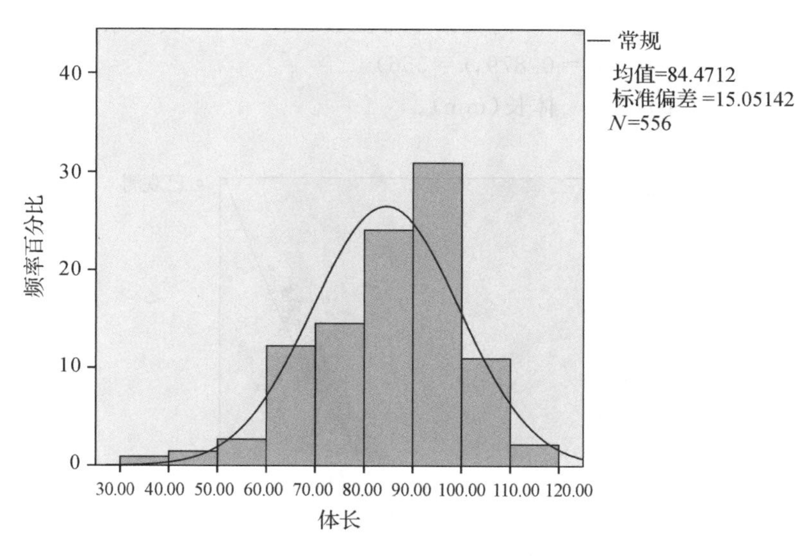

图 5-4-5　哈氏仿对虾体长分布

(2)体重组成

哈氏仿对虾周年雌虾群体的体重范围 0.3～16.2 g，平均体重 6.84 g，标准偏差 3.51，

优势组 4.0～10.0 g(图 5-4-6)。

不同季节,其体重差异明显。春季,体重范围为 3.3～15.2 g,平均体重 9.9 g;夏季,体重范围为 0.3～16.2 g,平均体重 6.6 g;秋季,体重范围为 0.6～12.7 g,平均体重 4.6 g;冬季,体重范围为 1.9～10.6 g,平均体重 5.6 g。平均个体体重春季最大,秋季最小。哈氏仿对虾平均体长和平均体重的最大值出现在春季,说明春季哈氏仿对虾平均个体最大。

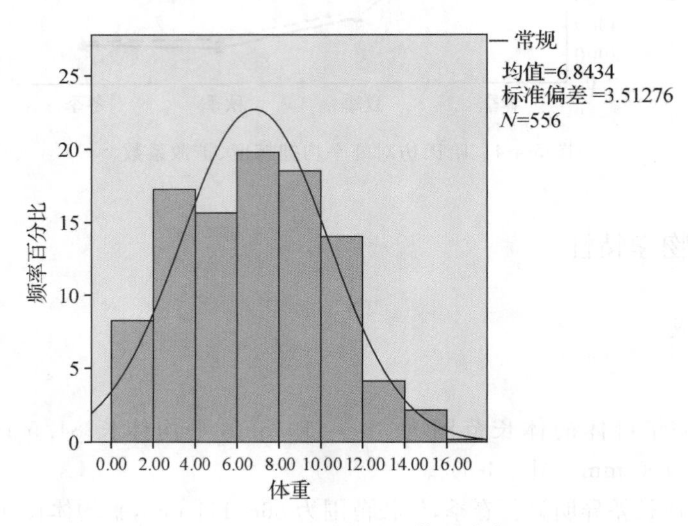

图 5-4-6 哈氏仿对虾体重分布

(3)体长与体重的关系

哈氏仿对虾体长(L)与体重(W)的关系呈幂函数(图 5-4-7),其关系式为:

$W=2.899\times10^{-6}L^{3.279}$($R^2=0.879$,$n=556$)

式中:W——体重(g);L——体长(mm)。

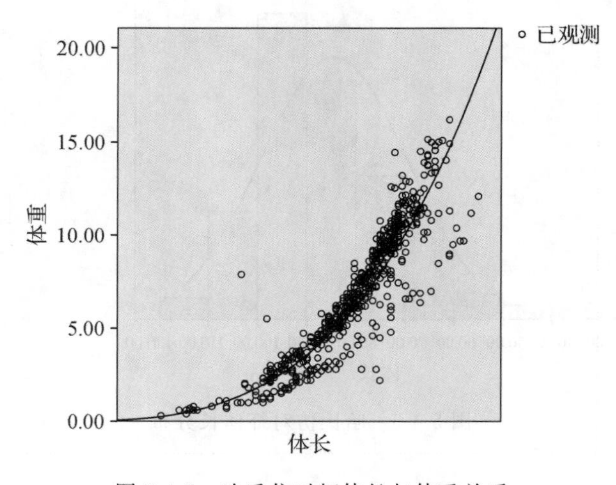

图 5-4-7 哈氏仿对虾体长与体重关系

2. 繁殖

(1)性比

根据305尾样品测定结果,哈氏仿对虾雌性明显多于雄性,其雌雄性比为1:0.36。宋海棠认为雌雄性比为1:0.62。

(2)性腺成熟度

夏季雌性有155尾,雄性仅有13尾,Ⅲ期个体达到42%,出现Ⅳ期和Ⅴ期个体(图5-4-8)。秋季雌性有37尾,雄性仅有3尾,以Ⅱ期个体为主,达到93%(图5-4-9)。冬季雌性有69尾,雄性仅有28尾,以Ⅱ期和Ⅲ期个体为主(图5-4-10)。周年哈氏仿对虾性腺成熟度以Ⅱ期和Ⅲ期为主,分别达到38%和41%(图5-4-11)。宋海棠认为东海哈氏仿对虾繁殖期在5—9月,高峰期在6—7月,次高峰期在9月。

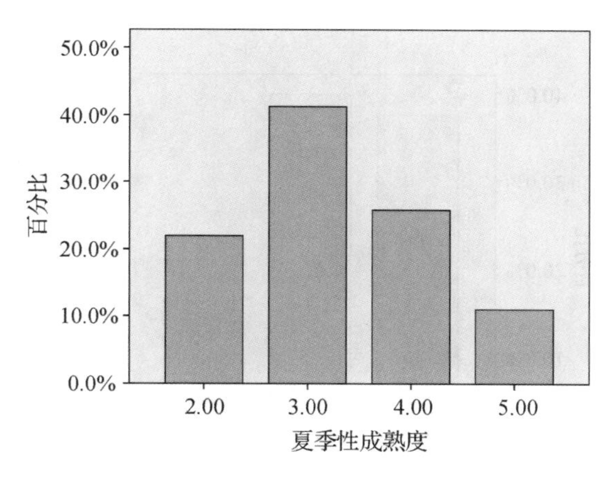

图5-4-8 哈氏仿对虾夏季性腺成熟度

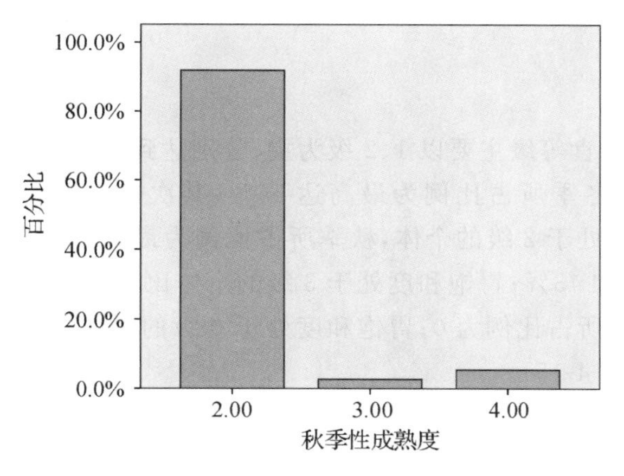

图5-4-9 哈氏仿对虾秋季性腺成熟度

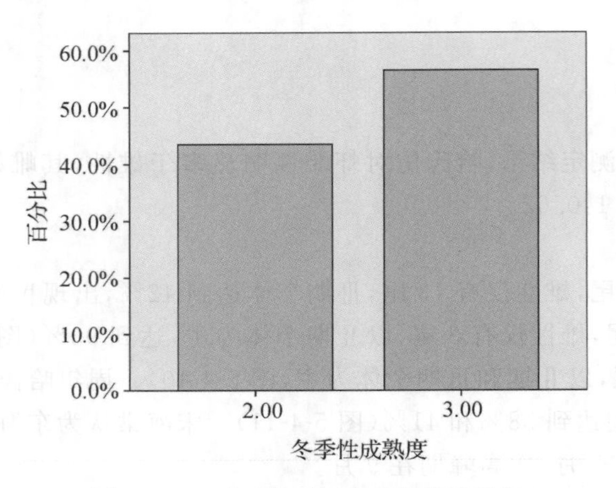

图 5-4-10 哈氏仿对虾冬季性腺成熟度

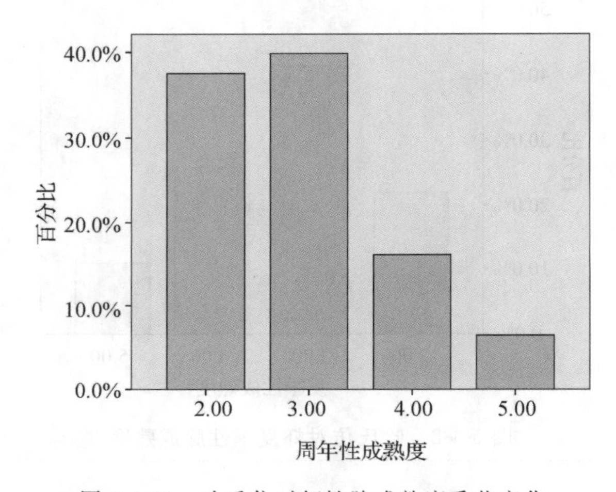

图 5-4-11 哈氏仿对虾性腺成熟度季节变化

3. 摄食

周年哈氏仿对虾摄食等级主要以1、2级为主，分别达到51%和47%(图5-4-12)。胃饱和度处于1级的个体，冬季所占比例为最高达55%，其次是夏季和秋季，所占比例分别为44%和37%；胃饱和度处于2级的个体，秋季所占比例为最高达61%，其次是夏季和冬季，所占比例分别为54%和43%；胃饱和度处于3级的个体比较少，夏季和秋季有少量个体，比例很小，不足2%，冬季所占比例为0；胃饱和度处于0级的个体仅见夏季有分布，所占比例为1%(图5-4-13～图5-4-15)。

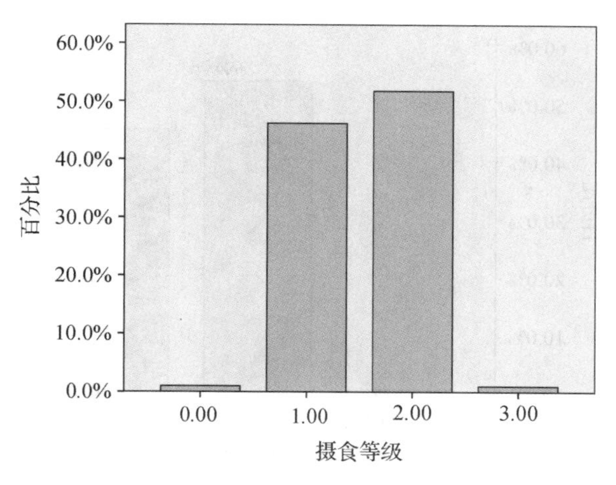

图 5-4-12 哈氏仿对虾摄食等级的季节变化

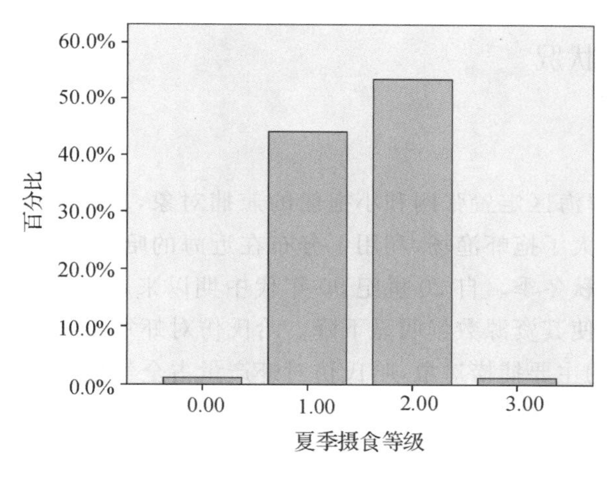

图 5-4-13 哈氏仿对虾夏季摄食等级

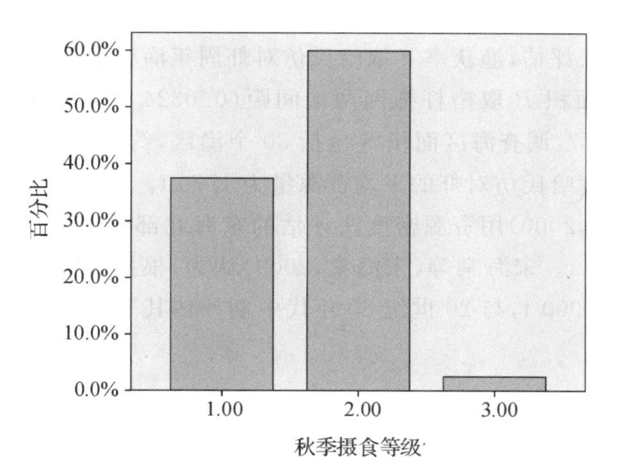

图 5-4-14 哈氏仿对虾秋季摄食等级

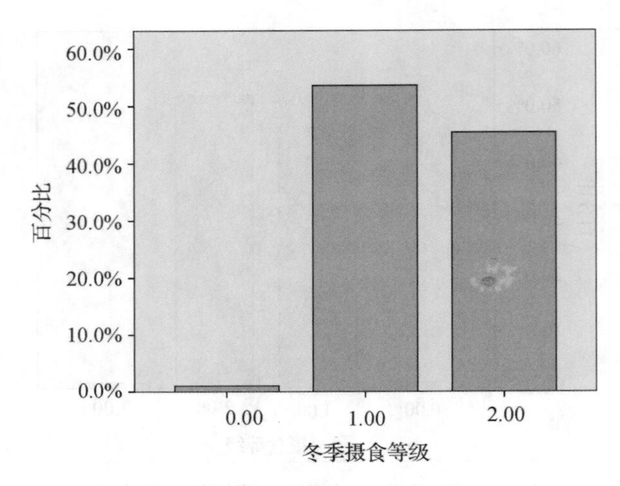

图 5-4-15 哈氏仿对虾冬季季摄食等级

三、渔业与资源状况

1. 渔业状况

哈氏仿对虾为沿岸海区定置张网和小拖船的兼捕对象，自 20 世纪 80 年代初发展桁杆拖虾作业以来，我们扩大了拖虾渔场，利用了分布在近海的哈氏仿对虾，使其资源得到充分利用，拖虾汛期主要在秋冬季。自 20 世纪 90 年代中期以来，由于捕虾渔船剧增，强化了对哈氏仿对虾的利用，致使其资源数量明显下降。哈氏仿对虾每年 11 月至翌年 5 月成为闽东北海域拖虾作业渔船的主要捕捞对象，哈氏仿对虾产量占全年拖虾总产量的六分之一左右。东海区的年产量在 1.3 万 t 以上。

2. 资源状况

根据 2008 年 5 月、8 月、11 月和 2009 年 2 月进行的四个航次的定点专业调查数据，我们采用资源密度面积法评估，渔获率 d 取哈氏仿对虾周年渔获量平均密度指数 4.98×10^{-4} t/h，拖网每小时扫海面积 P 取桁杆拖网两端间距（0.0324 km）×拖曳速度（1.8×1.852 km/h），逃逸率 E 取 0.7，调查海区面积 S 包括 30 个渔区，约 9.26×10^{4} km^{2}。我们求得闽东北外海海域 4 个季度哈氏仿对虾的平均资源量为 1770 t。

李明云等（李明云，2000）用资源密度法评估的东海北部哈氏仿对虾的资源量为 16465 t，实际年产量为 11500 t。宋海棠等（宋海棠，2009）认为，根据 1998 年的调查，哈氏仿对虾现存平均资源量为 410000 t，与 20 世纪 80 年代中期评估其平均资源量为 1615000 t 相比，平均资源量显著下降。

3. 渔业资源养护与利用

哈氏仿对虾 9—10 月捕捞群体为平均体长、平均体重最小值，我们宜在这个阶段对其进行保护，可获得较高的生产效益，如 9、10 月份雌虾至翌年 5—7 月份平均体重可增长 15 倍左右，就是说9—10月份捕捞1 t产量至翌年5—7月可捕2.5 t(宋海棠，2009)。夏季是哈氏仿对虾繁殖高峰期，通过休渔措施的贯彻实施，有利于保护亲体数量，提高哈氏仿对虾的可持续利用水平。

第五节 高脊管鞭虾

高脊管鞭虾(*Solenocera alticarinata*)分布于我国东海、南海和日本、东南亚、印度，主要栖息于水深50～100 m的外海海域，为本海区重要的经济虾类之一，在拖虾作业中占有重要地位。

形态特征：体色橙红色，额角短，平直，下缘突出，齿式7～8/0。头胸甲后脊显著突起，成薄片状，伸至头胸甲后缘，近末端处明显向下弯曲。尾节末端有一不动刺(图5-5-1)。

图5-5-1 高脊管鞭虾

一、数量分布

数据来源：2008年5月、8月、11月和2009年2月福建省水产研究所在闽东海区开展的四个航次桁杆虾拖网作业调查。

1. 渔获重量密度指数的季节变化

2008年5月、8月、11月和2009年2月闽东北海域全调查区四个航次高脊管鞭虾平均资源密度指数为382.2 g/h，四季平均资源密度指数变化不明显，春季最高为481.0 g/h，夏季为398.5 g/h，冬季为360.4 g/h，秋季最低，为288.8 g/h。分布渔区一年四季的平均资源密度指数，为1391.3 g/h，秋季最高1732.6 g/h，春季为1603.4 g/h，夏季为1328.3 g/h，春季最低，为901.1 g/h。春季种群数量最少，主要分布在中部外海，夏季，种群数量主要分布在中部外海，秋季主要分布在中部和北部外海，冬季种群数量主要分布于中部和北部外海。高脊管鞭虾主要分布在水深 80～120 m 的外海水域，以水深 80～100 m 海域数量为多，而 80 m 以内的海域基本没有分布。

2. 渔获数量密度指数的季节变化

全调查区一年四季共渔获高脊管鞭虾 8736 ind.，占虾类总尾数的 1.5 %，以春季最高，为 205.2 ind./h，秋季最低，为 21.7 ind./h，冬季为 51.9 ind./h，夏季为 34.1 ind./h。按分布渔区的平均尾数密度指数，春季最高为 684.0 ind./h，其次是秋季和冬季，夏季最低为 113.6 ind./h。

3. 种群聚集特性的季节变化

负二项参数夏季最低，为 0.094，种群聚集强度最强，其次是春季，为 0.115，秋季为 0.128，冬季为 0.227，种群聚集强度最弱。可见，种群聚集强度由强到弱依次为夏季、春季、秋季、冬季(图 5-5-2)。

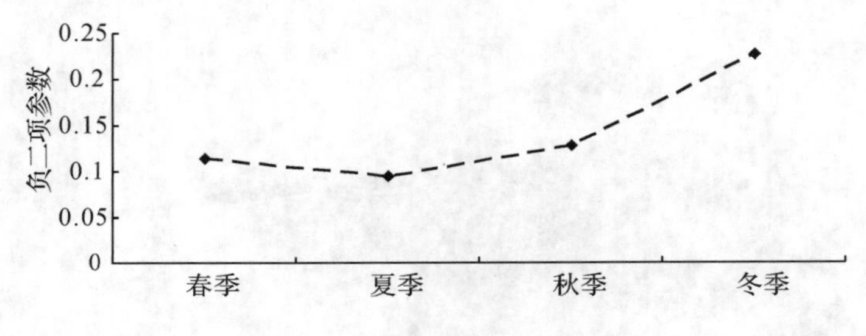

图 5-5-2 高脊管鞭虾负二项参数

聚块指数夏季最高，为 11.59，种群聚块性最强，其次是春季，为 9.72，秋季为 8.81，冬季为 5.40。可见，种群聚块性由强到弱依次为夏季、春季、秋季、冬季(图 5-5-3)。

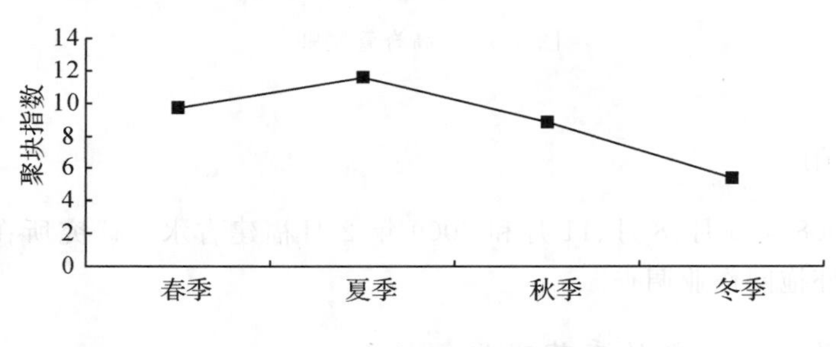

图 5-5-3 高脊管鞭虾聚块指数

平均拥挤度春季和夏季较高，分别为 4677.1 和 4618.1，秋季为 2545.4，冬季最低，为 1947.7。这说明个体平均拥挤度由大到小依次为春季、夏季、秋季、冬季。

扩散系数夏季和春季最高，其余依次为秋季、冬季。这表明种群扩散程度冬季最大，其次是秋季、春季，而夏季最小(图 5-5-4)。

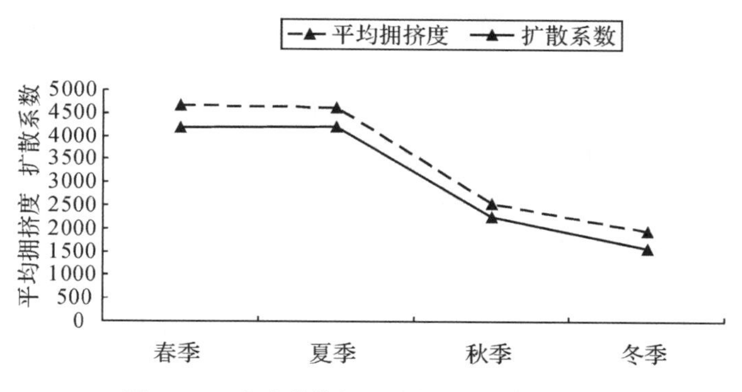

图 5-5-4 高脊管鞭虾平均拥挤度和扩散系数

二、主要生物学特性

1. 群体组成

(1)体长组成

高脊管鞭虾周年群体的体长范围为 35～126 mm,平均体长 86.79 mm,标准偏差为 16.5,优势组 75～105 mm。

不同季节,其体长差异明显。春季,体长范围为 65～120 mm,平均体长 88.57 mm;夏季,体长范围为 77～119 mm,平均体长 91.74 mm;秋季,体长范围为 35～110 mm,平均体长 79.49 mm;冬季,体长范围为 35～126 mm,平均体长 86.79 mm(图 5-5-5)。

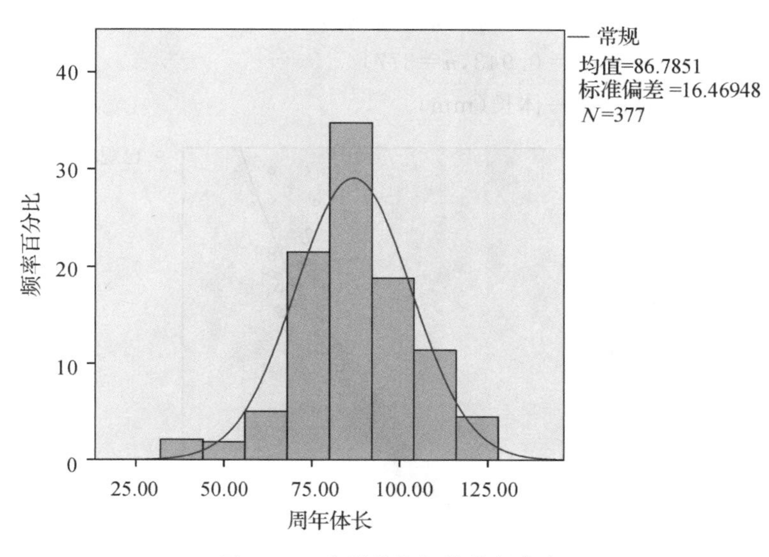

图 5-5-5 高脊管鞭虾的体长分布

(2)体重组成

高脊管鞭虾周年雌虾群体的体重范围为 0.7～29.9 g,平均体重 10.71 g,标准偏差 5.76,优势组 5.0～15.0 g。

不同季节,其体重差异明显。春季,体重范围为 3.3～29.9 g,平均体重 11.02 g;夏季,体重范围为 5.8～25.8 g,平均体重 11.94 g;秋季,体重范围为 3.5～28.3 g,平均体重14.56 g;冬季,体重范围为 0.7～27.5 g,平均体重 8.34 g。高脊管鞭虾平均体长和平均体重的最大值出现在秋季,说明秋季高脊管鞭虾平均个体最大(图 5-5-6)。

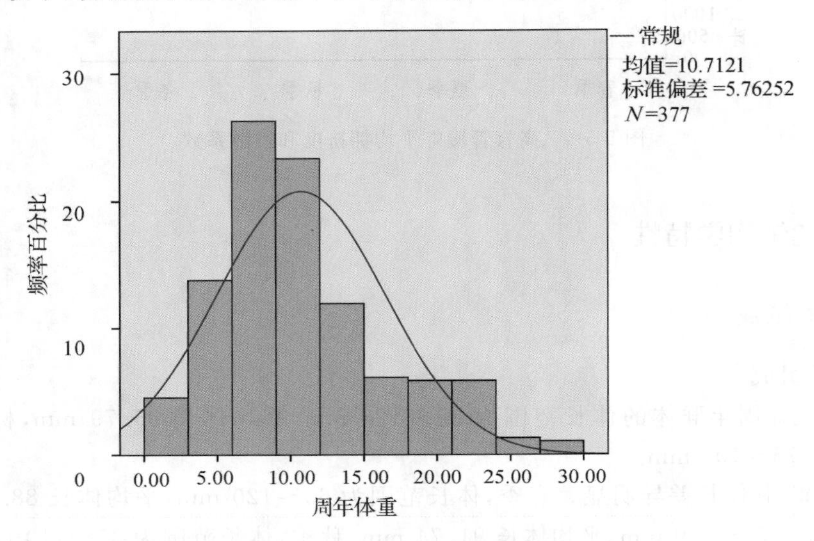

图 5-5-6 高脊管鞭虾的体重分布

(3)体长与体重的关系

高脊管鞭虾体长(L)与体重(W)的关系呈幂函数(图 5-5-7)其关系式为:

$W=1.623\times10^{-5}L^{2.978}$($R^2=0.943$,$n=377$)

式中:W——体重(g);L——体长(mm)。

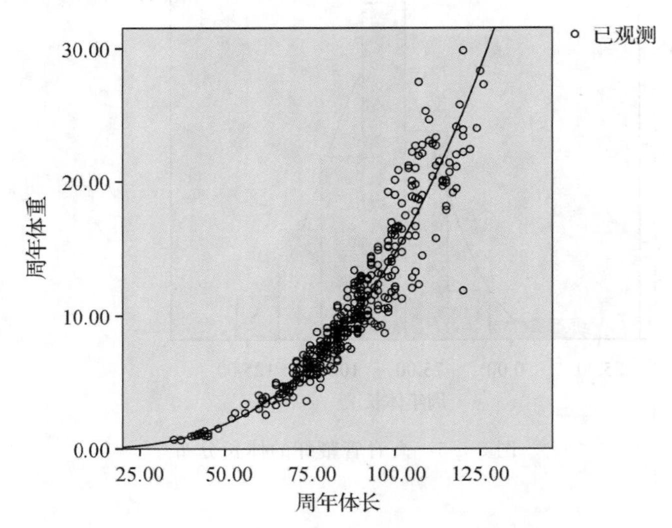

图 5-5-7 高脊管鞭虾体长(L)与体重(W)的关系

2. 繁殖

(1)性比

根据 264 尾样品的测定结果,高脊管鞭虾雌性多于雄性,其雌雄性比为 1∶0.77。

(2)性腺成熟度

夏季雌性有 44 尾,雄性仅有 37 尾,Ⅲ期个体达到 54%,Ⅳ期个体达到 33%(图 5-5-8)。秋季雌性有 24 尾,雄性仅有 29 尾,以Ⅳ期个体为主,达到 67%(图 5-5-9)。冬季雌性有 81 尾,雄性有 49 尾,以Ⅱ期和Ⅲ期为主,个体比例分别为 50%和 40%(图 5-5-10)。周年以Ⅲ期和Ⅳ期为主(图 5-5-11)。可见,夏季和秋季是闽东北海域高脊管鞭虾的主要繁殖期。

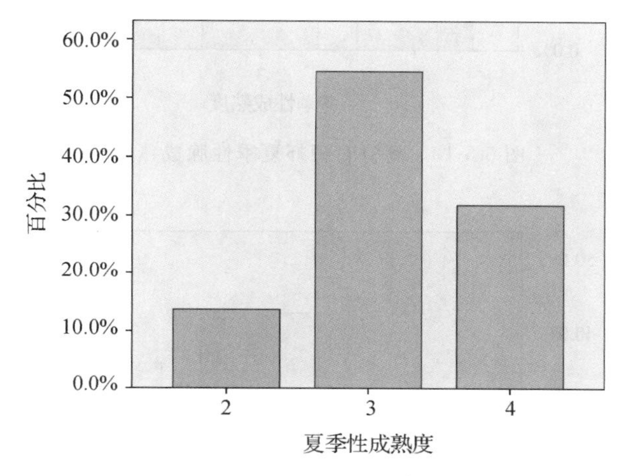

图 5-5-8　高脊管鞭虾夏季性腺成熟度

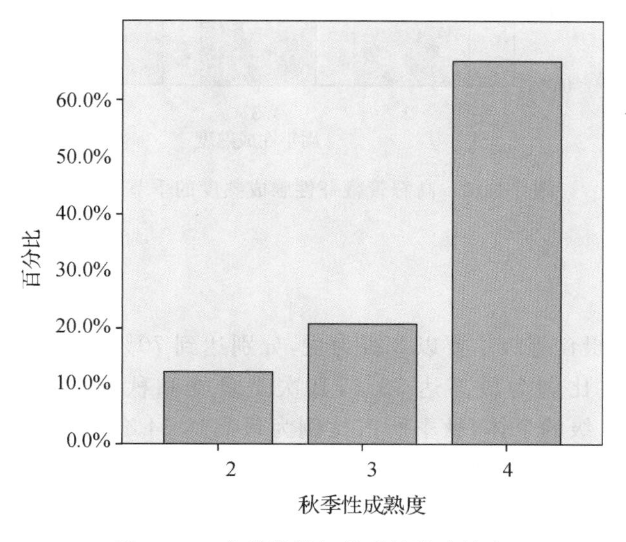

图 5-5-9　高脊管鞭虾秋季性腺成熟度

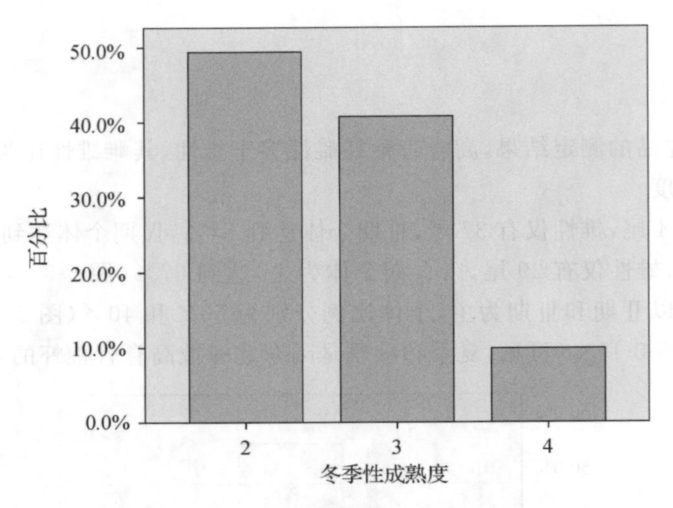

图 5-5-10 高脊管鞭虾夏季性腺成熟度

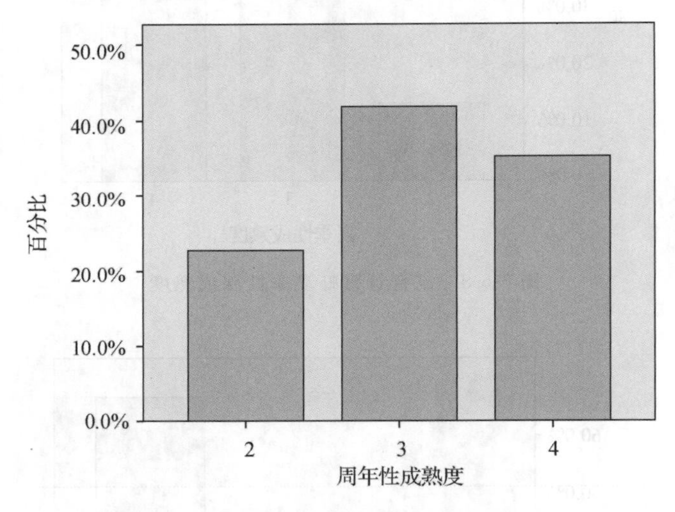

图 5-5-11 高脊管鞭虾性腺成熟度的季节变化

3. 摄食

周年高脊管鞭虾摄食等级主要以 2 级为主，分别达到 70%(图 5-5-12)。胃饱和度处于 1 级的个体；冬季所占比例为最高达 58%，其次是夏季和秋季，所占比例分别为 51%和 41%；胃饱和度处于 2 级的个体，秋季所占比例为最高达 54%，其次是夏季和冬季，所占比例分别为 47%和 41%；胃饱和度处于 3 级的个体比较少，秋季最多，夏季有少量个体，冬季所占比例为 0(图 5-5-13～图 5-5-15)。

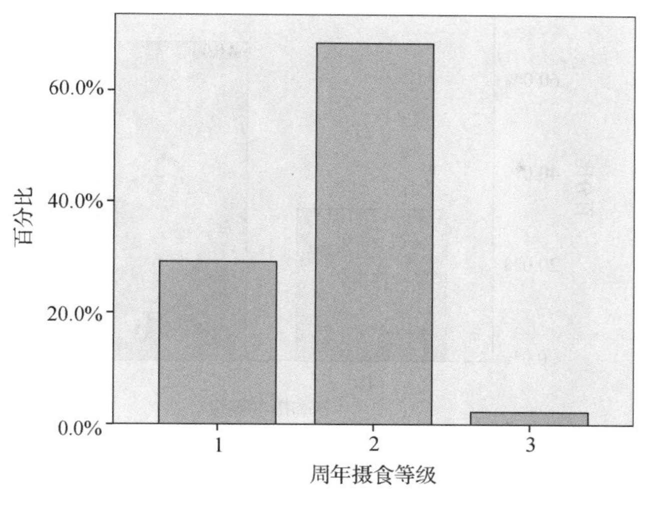

图 5-5-12 高脊管鞭虾摄食等级的季节变化

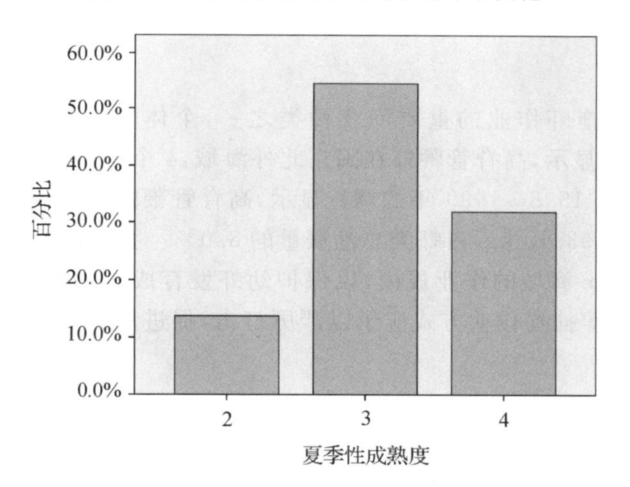

图 5-5-13 高脊管鞭虾夏季摄食等级

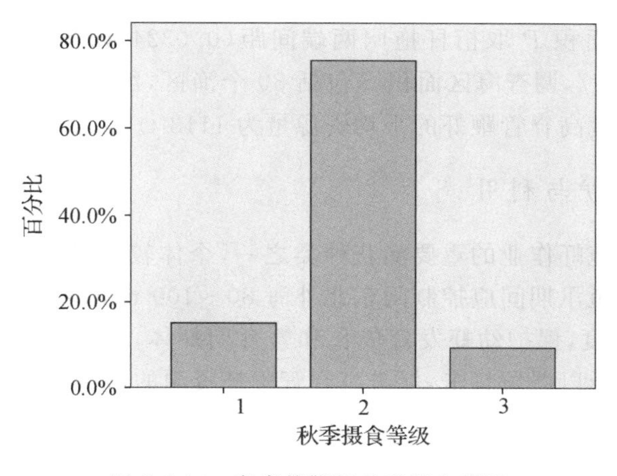

图 5-5-14 高脊管鞭虾秋季摄食等级

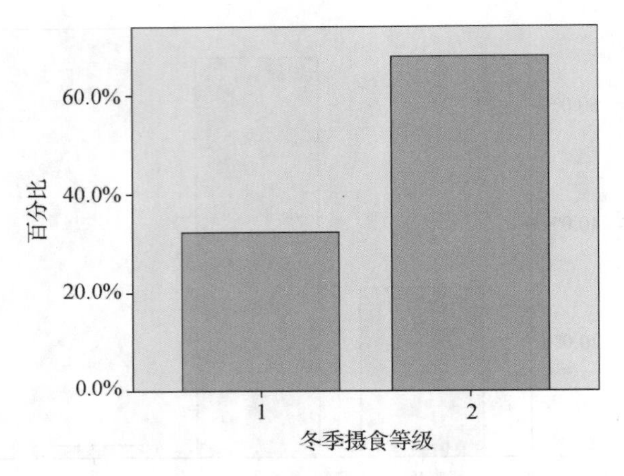

图 5-5-15 高脊管鞭虾冬季摄食等级

三、渔业与资源状况

1. 渔业状况

高脊管鞭虾作为拖虾作业的重要渔获种类之一，个体较大且具有较高的经济价值。2008—2009 年的调查显示，高脊管鞭虾在闽东北外海域，4 个季度月共渔获 40.37 kg，占虾类总渔获量的 4.5%。1998—1999 年的调查显示，高脊管鞭虾是本海区虾类的优势种类之一，4 个季度月共渔获 93.15 kg，占虾类总渔获量的 8.0%。我们在 5—8 月鱼汛期间应控制闽东北外海 80～100 m 海域的作业规模，以保护幼虾发育成长和繁育期虾体，特别是对违规使用电脉冲惊虾仪等捕捞作业方式应予以严厉打击，促进高脊管鞭虾资源的可持续利用(叶孙忠等，2006)。

2. 资源状况

根据 2008 年 5 月、8 月、11 月和 2009 年 2 月进行的四个航次的定点专业调查数据，我们采用资源密度面积法评估，渔获率 d 取高脊管鞭虾周年渔获量平均密度指数 3.87×10^{-4} t/h，拖网每小时扫海面积 P 取桁杆拖网两端间距(0.0324 km)×拖曳速度(1.8×1.852 km/h)，逃逸率 E 取 0.7，调查海区面积 S 包括 30 个渔区，约 9.26×10^{4} km^{2}。我们求得闽东北外海海域 4 个季度高脊管鞭虾的平均资源量为 1113 t。

3. 渔业资源养护与利用

高脊管鞭虾作为拖虾作业的重要渔获种类之一，个体较大且具有较高的经济价值。因此，我们在其 5—8 月鱼汛期间应控制闽东北外海 80～100 m 海域的作业规模，生殖盛期为 8—11 月，减小捕捞强度，保护幼虾发育成长和繁育期虾体，特别是对违规使用电脉冲惊虾仪等捕捞作业方式应予以严厉打击，促进高脊管鞭虾资源的可持续。

第六节　凹管鞭虾

凹管鞭虾(*Solencera koelbeli*)隶属于管鞭虾科、管鞭虾属，俗称红虾，分布于中国的东海、南海和台湾海域，国外在日本、马来西亚等都有分布，是印度西太平洋区广泛分布种，它是热带、亚热带、暖温带高温高盐性虾，肉食性，栖息于水底层。凹管鞭虾主要分布在60 m水深以东外海，盐度34以上，水温12～24℃海域，为高温高盐性虾类。雌虾周年平均体长和平均体重最大值出现在6－9月，最小值在2—4月。繁殖期在6—11月，高峰期在8—9月。周年都摄食，摄食等级以1、2级为主，以夏季摄食量最高。

形态特征：体长60～110 mm，体重2.5～19.0 g的中型虾类。甲壳表面光滑，体橙红色。额角短，平直向上，额角齿式7～9/0，额角后脊伸达头胸甲后缘，没有薄片状的显著高突。额角后脊与颈沟交汇处形成一凹下部分。尾节末端有一对不动刺(图5-6-1)。

图5-6-1　凹管鞭虾

一、数量分布

数据来源：2008年5月、8月、11月和2009年2月福建省水产研究所在闽东海区开展的四个航次桁杆虾拖网作业调查。

1. 渔获重量密度指数的季节变化

2008年5月、8月、11月和2009年2月闽东北海域全调查区4个航次凹管鞭虾渔获量为49813.2 g，占虾类总渔获量的4.1%，总渔获量平均密度指数为415.1 g/h。不同季节平均密度指数有着明显差异，春季渔获频率为33.3%，渔获量最高达24029.6 g，占周年渔获量的48.1%，平均密度指数最高，为801.0 g/h；夏季渔获频率最高为50%，渔获量为14739.8 g，占周年渔获量的29.5%，平均密度指数位居第二，为491.3 g/h；秋季渔获频率仅为7.5%，渔获量为8973.3 g，占周年渔获量的18.3%，平均密度指数为299.1 g/h；冬季渔获频率33.3%，渔获量最少为2070.5 g，占周年渔获量的4.1%，平均密度指数最低，仅为69.0 g/h(表5-6-1)。在水深80～100 m海域的渔获量最高，为19211.5 g，其次是水深60～80 m的海域，渔获量为12470.8 g，再者为水深100～120 m海域，渔获量为11016.6 g，水深

60 m 以内的海域最低，渔获量为 7114.3 g。可见，不同水深海域，凹管鞭虾的数量分布有显著差异。在南、北海域，数量分布也有较大的差异。凹管鞭虾主要分布于调查海区的中、北部水深 80～100 m 的海域，60 m 水深以内的海域分布较少，这主要受海洋环境的影响。由于凹管鞭虾属高温高盐种类，在 60 m 以深海域，在东海高盐水和台湾暖流控制下，属高温高盐的生态环境，而在 60 m 水深以内海域，由于受闽浙沿岸水的影响，盐度较低，水温年间变化较大，凹管鞭虾分布较少（刘喆等，2010）。

表 5-6-1　不同季节凹管鞭虾各个渔区 CPUE(g/h)

春季		夏季		秋季		冬季	
渔区	CPUE	渔区	CPUE	渔区	CPUE	渔区	CPUE
C01	—	C01	—	C01	5000.7	C01	—
C02	—	C02	—	C02	—	C02	652.4
C03	348.4	C03	—	C03	—	C03	—
C04	—	C04	53.0	C04	—	C04	538.9
C05	—	C05	4.0	C05	—	C05	—
C06	—	C06	—	C06	—	C06	—
C07	8091.8	C07	—	C07	—	C07	—
C08	—	C08	955.1	C08	—	C08	—
C09	—	C09	—	C09	—	C09	—
C10	—	C10	10.9	C10	—	C10	—
C11	—	C11	—	C11	790.2	C11	—
C12	2574.3	C12	377.7	C12	—	C12	—
C13	148.0	C13	1123.7	C13	—	C13	—
C14	—	C14	—	C14	—	C14	—
C15	54.1	C15	42.8	C15	—	C15	175.2
C16	4720.5	C16	67.4	C16	—	C16	—
C17	—	C17	—	C17	—	C17	—
C18	1522.4	C18	2781.8	C18	—	C18	—
C19	—	C19	—	C19	—	C19	—
C20	1736.8	C20	—	C20	—	C20	—
C21	—	C21	1040.5	C21	—	C21	5.5
C22	—	C22	840.3	C22	—	C22	—
C23	—	C23	—	C23	—	C23	37.3
C24	—	C24	—	C24	—	C24	23.3
C25	—	C25	—	C25	—	C25	25.7
C26	—	C26	2113.6	C26	—	C26	51.4
C27	3359.4	C27	4704.5	C27	—	C27	102.7
C28	—	C28	—	C28	1623.3	C28	312.0
C29	—	C29	36.1	C29	1559.1	C29	202.5
C30	1473.9	C30	588.4	C30	—	C30	20.7
均值	801.0	—	491.3	—	299.1	—	71.6

2. 渔获数量密度指数的季节变化

从季节分布看，出现站位的平均尾数密度以春季指数最高，为 1123.18 ind./h，分布渔区数量为 10 个；秋季，为 698.3 ind./h，分布渔区数量为 4 个；夏季，为 364.2 ind./h，分布渔区数量为 15 个；冬季最小，为 91.7 ind./h，分布渔区数量为 12 个。种群分布渔区中，冬季的 C21 的尾数密度最小，为 3.0 ind./h；春季的 C07 渔区尾数密度最大，为 4556.0 ind./h。不同季节，其平均体重存在差异，秋季个体平均体重最大，为 3.73 g/h，其次是春季，个体平均体重为2.87 g/h，夏季和冬季平均体重分别为 2.19 g/h 和 1.98 g/h。

3. 种群聚集特性的季节变化

春季，种群主要数量(91.58%)分散在 6 个渔区(C07、C12、C16、C18、C20 和 C27)，这些渔区的平均 CPUE 为 3667.54 g/h；夏季，种群主要数量(91.99%)分散在 7 个渔区(C08、C13、C18 、C21、C22、C26、C27)，这些渔区的平均 CPUE 为 1937.07 g/h；秋季，种群主要数量(91.19%)集中在 3 个渔区(C11、C28、C29)，这些渔区的平均 CPUE 为 2727.70 g/h；冬季，种群主要数量(92.37%)分散在 6 个渔区(C02、C04、C15、C27、C28、C29)，这些渔区平均的 CPUE 为 330.62 g/h(表 5-6-1)。

秋季大部分种群数量集中于 3 个渔区，种群聚集强度较强，春季、冬季均分散于 6 个渔区，种群聚集强度弱，而夏季种群分散于 7 个渔区，种群聚集强度最弱，用 Mrisita 指数和 Cassie 指标分析种群聚集强度表明，秋季最大，其次是春季、冬季，夏季最小(图 5-6-2)。种群主要数量分布渔区的数目秋季最小，为 3 个，其次是春季和冬季，均为 6 个，夏季最大，为 7 个，聚块性秋季最大，夏季最小(表 5-6-1)。聚块指数秋季最大，其次是春季、冬季，夏季最小。种群主要数量平均 CPUE 春季最大，为 3667.5 g/h，其次为秋季、夏季和冬季，分别为 2727.7 g/h、1937.1 g/h 和 330.6 g/h，个体平均拥挤程度春季最大，其次是秋季和夏季，冬季最低。种群主要数量平均 CPUE 春季最大，种群扩散程度最小，而种群主要数量平均 CPUE 冬季最小，种群扩散程度最大，虽然夏季平均 CPUE 大于春季，但凹管鞭虾分布渔区的数量夏季为 15 个，而秋季为 5 个，种群扩散程度夏季较春季大。这表明个体间距冬季最大，春季最小，因此，种群扩散程度冬季最大，春季最小(图 5-6-2)。

综上所述，种群聚块指数秋季最高，为 11.80，而春季、冬季和夏季种群聚块指数较为接近，分别为 6.06、6.03 和 5.51，种群聚块性秋季最强，其余依次为春季、冬季和夏季。Mrisita 指数秋季最大，为 11.44，明显高于其他 3 个季节，而春季、冬季和夏季 Mrisita 指数相差不大，分别为 5.89、5.85、5.36，种群聚集强度秋季显著最强，其余依次为春季、冬季和夏季。Cassie 指标秋季最大，为 10.79，其次为春季和冬季，分别为 5.05 和 5.02，而夏季最低，为 4.51，种群聚集强度秋季显著最强，其余依次为春季、冬季和夏季。平均拥挤程度指数春季最高，为 4.85×10^3，其余依次为秋季、夏季和冬季，分别为 3.52×10^3、2.71×10^3 和 0.43×10^3，个体平均拥挤程度春季最大，其次是秋季和夏季，冬季最低。扩散系数春季最高，为 4.05×10^3，其余依次为秋季、夏季和冬季，分别为 3.23×10^3、2.21×10^3 和 0.36×10^3，种群扩散程度春季最小，其次是秋季和夏季，冬季最大(图 5-6-2)。

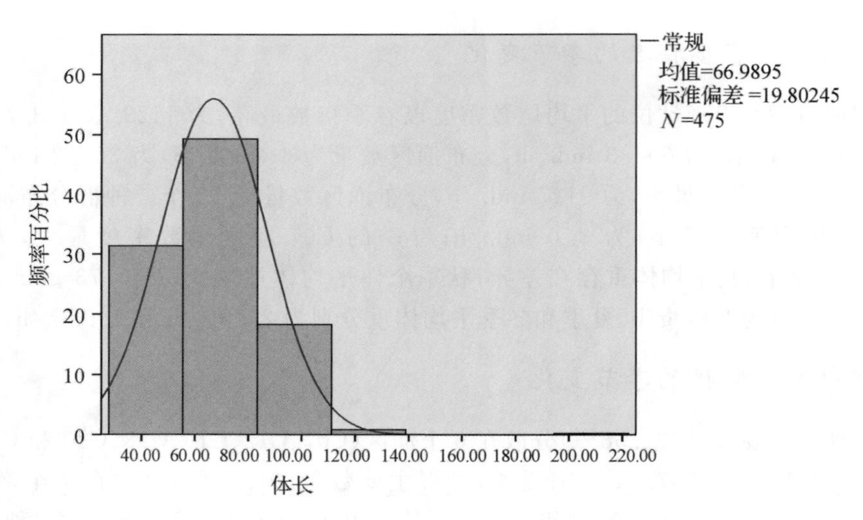

图 5-6-2 闽东北海域凹管鞭虾种群聚集特性

二、主要生物学特性

1. 群体组成

(1)体长组成

凹管鞭虾的体长分布范围为 36～113 mm,优势体长组 45～75 mm,占 59.8%,平均体长 66.7 mm。雌虾的体长大于雄虾,雌虾体长分布范围为 36～113 mm,优势体长组 50～75 mm,占 51.2%,平均体长 68.8 mm;雄虾体长分布范围为 38～88 mm,优势体长组 50～70 mm,占 59.4%,平均体长 61.5 mm。平均体长春季和秋季较大,分别为 73.9 mm 和73.6 mm,冬季最小,为 49.6 mm(图 5-6-3)。平均体长最大值出现在 6—9 月,这时正是凹管鞭虾的捕捞汛期。

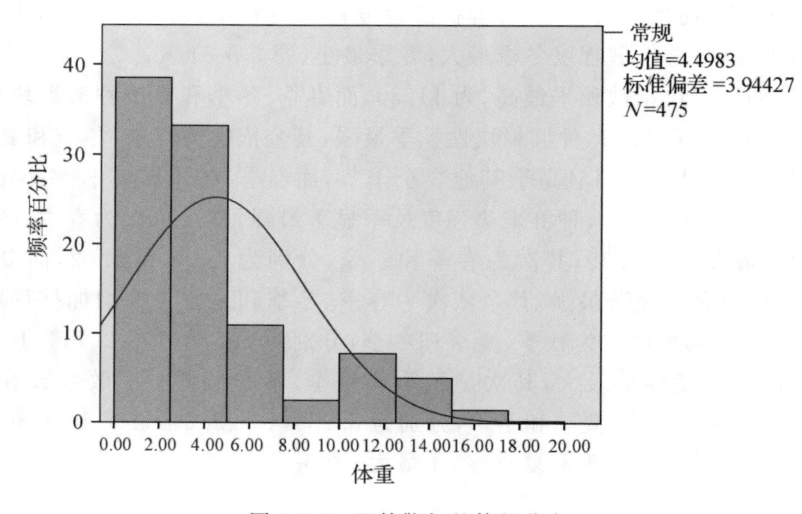

图 5-6-3 凹管鞭虾的体长分布

(2)体重组成

凹管鞭虾的体重分布范围为 0.6～16.3 g,优势体重组 2.0～6.0 g,占 55.9%,平均体重 4.5 g。其中雌虾体重分布范围为 0.6～16.3 g,优势体重组 1.0～6.0 g,占 63.0%,平均体重 5.0 g;雄虾体重分布范围为 0.6～8.5 g,优势体重组 1.0～4.0 g,占 71.1%,平均体重 3.0 g。各月渔获物平均体重 5 月(春季)最大,达 6.6 g,2 月(冬季)最小,为 1.9 g(图 5-6-4)。

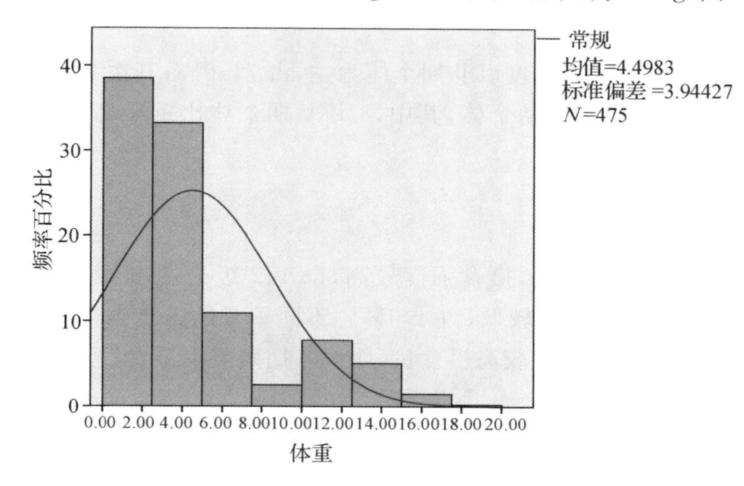

图 5-6-4　凹管鞭虾的体重分布

(3)体长与体重的关系

凹管鞭虾体长(L)与体重(W)的关系呈幂函数(图 5-6-5),其关系式为:

$W=2.872\times10^{-5}L^{2.818}$ ($R^2=0.935$, $n=474$)

式中:W——体重(g);L——体长(mm)。

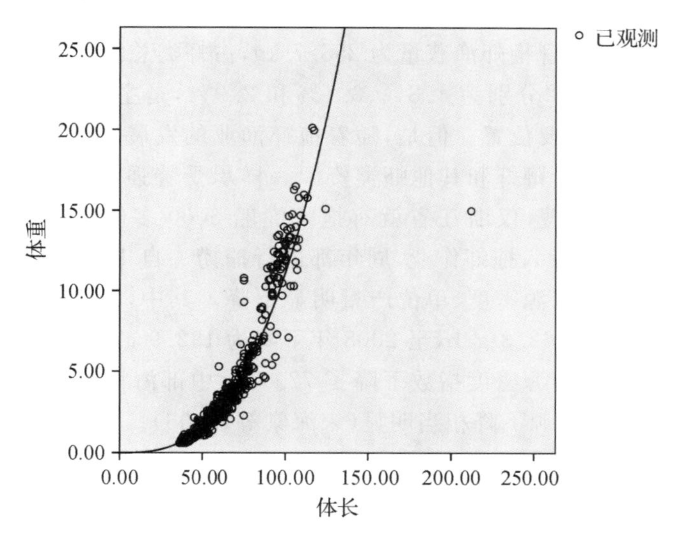

图 5-6-5　凹管鞭虾体长与体重的关系

2. 繁殖

(1)性比

周年调查凹管鞭虾雌性数量多于雄性,雌性占55.9%,雄性占44.1%,雌雄性比为1∶0.79。

(2)性腺成熟度

凹管鞭虾周年雌性性腺成熟度以Ⅱ期个体为主,占71.0%;其次为Ⅲ期,占19.1%;Ⅳ期占9.9%。5月份开始出现Ⅳ期个体,其中,8月Ⅴ期个体比重最高。凹管鞭虾繁殖期春末开始,繁殖高峰期为夏季。

3. 摄食

凹管鞭虾一年四季都在摄食,摄食强度较高,以1、2级为主,1级占50.5%;2级其次,占36.2%;3级占8.7%;空胃率较低,占4.6%。不同季节的摄食强度以春季为最高,夏季次之,冬季最低,在生殖期间仍有较高摄食量,而越冬期则减少摄食。

三、渔业与资源状况

1. 渔业状况

自20世纪80年代中期发展外海拖虾作业以来,凹管鞭虾作为一种新的渔业资源开发至今已有20多年。2008—2009年的调查显示,凹管鞭虾4个季度月总渔获量为49813.2 g,占虾类总渔获量的4.1%,春季渔获频率为33.3%,占周年渔获量的48.1%,夏季渔获频率最高为50%,占周年渔获量的29.5%,秋季渔获频率仅为7.5%,占周年渔获量的18.3%,冬季渔获频率为33.3%,占周年渔获量的4.1%(刘喆等,2010)。据1998—1999年东海区虾蟹类4个季节的调查资料,凹管鞭虾渔获量为258.7 kg,占虾类总渔获量的5.9%,其中,秋季最高,占12.7%,冬、春、夏季分别为4.8%、3.1%和2.9%,是主要经济虾类中比重较高的一种,在拖虾作业中占有重要位置。但是,随着拖虾渔业的发展,近10多年来,拖虾渔船数量迅猛增多、功率增大,凹管鞭虾和其他虾类资源一样承受着强大的捕捞压力。目前,东海区已有拖虾渔船达1万余艘,仅浙江省就有拖虾渔船6000多艘,高峰期达到8000多艘,183.75 kW的钢质渔轮也投入拖虾作业,周年都进行捕捞。自1995年以来,东海的虾类如哈氏仿对虾、鹰爪虾等,其资源密度、单位产量明显下降。其中,凹管鞭虾亦从1998年的渔获量平均资源密度指数为562.3 g/h,至2008年下降为192.9 g/h,下降幅度达65.7%。在北部海域凹管鞭虾的平均资源密度指数下降了77.4%;中部海域下降78.4%;南部海域下降23.1%,可见凹管鞭虾资源下降相当明显(宋海棠等,2006)。

2. 资源状况

根据2008—2009年四个航次的定点调查数据,采用面积法评估凹管鞭虾的现存资源量,其计算公式为:

$$M=\frac{d}{p(1-E)}\times S$$

M 为现存资源量(t)；d 为渔获率(t/h)；P 为拖网每小时扫海面积(km^2/h)；E 为逃逸率，取 0.7；S 为调查海区面积(9.26×10^4 km^2)。我们求得调查海区 4 个季度月凹管鞭虾的平均资源量为 0.1186×10^4 t，其中，5 月为 0.2289×10^4 t，8 月为 0.1404×10^4 t，11 月为 0.0854×10^4 t，2 月为 0.0197×10^4 t。

3. 渔业资源养护与利用

凹管鞭虾属一年生的中型虾类，利用的最佳时间应在接近或达到性成熟阶段，此时个体最大，利用价值也最高。因此，在鱼汛到来之前，我们如能保护 2—3 个月，使补充群体长大，将会增加汛期的产量，产生较高的经济效益和社会效益。凹管鞭虾的体长与体重也都在 5 月(春季)达到最大，且其繁殖期在 6—11 月，高峰期为 8—9 月，从保护幼虾和亲虾的角度出发，我们应该在凹管鞭虾繁殖期和幼体高峰期实行休渔。

第七节　口虾蛄

口虾蛄(*Squilla orarotia*)，属口足目，虾蛄科，口虾蛄属。俗称虾蛄、虾爬子、皮皮虾、濑尿虾等。口虾蛄属暖水性种类，中国沿海均产，以福建、广东、浙江、渤海及海南为主要产地。虾蛄为底栖穴居虾类，分布于浅潮(水深不超过 30 m)和深海泥沙或珊瑚礁中，白天潜伏、夜里出来活动。据《福建省渔业资源》(福建科学技术出版社，1985)记载，福建近海虾蛄种类有口虾蛄、黑斑口虾蛄、窝纹网虾蛄等 17 种，其中，以口虾蛄产量最大。据报道，在东海区单拖作业中，口虾蛄产量占口足类的 84.8%。

口虾蛄头胸甲宽广，在中央脊近前端部分"Y"状，前侧角成锐刺，两侧各有 5 条纵脊。胸部第五至第八节各具两对纵脊，在第五胸节的前部侧突长而尖，且曲向前侧方，在后部的短小而直向侧方，是口虾蛄的主要特征之一。腹部第 1～5 节背面各有 4 对纵脊。捕肢的指节有 6 枚齿，捕肢的腕节背缘有 3～5 个瘤突(图 5-7-1)。

图 5-7-1　口虾蛄

一、数量分布

1. 渔获重量密度指数的季节变化

通过 2016 年 4 月(春季)和 11 月(秋季)在闽南渔场开展的底层单拖作业调查资料显示,口虾蛄渔获重量密度指数范围春季为 0～73.4 g/h,以 282 渔区最高,调查海区平均值为 15.5 g/h;秋季为 0～497.8 g/h,以 301 海区最高,平均值为 93.7 g/h。秋季渔获重量密度指数比春季高 5.05 倍(表 5-7-1)。

表 5-7-1　2016 年闽南渔场口虾蛄渔获重量密度指数

调查海区	春季	秋季
	g/h	g/h
282	73.7	251.4
283	0	23.0
284	11.3	/
291	19.7	0
293	0	60.7
301	34.9	497.8
302	0	10.7
调查海区均值	15.5	93.7

通过 2008 年 5 月、8 月、11 月和 2009 年 2 月四个航次在闽东海区开展的桁杆虾拖网作业调查资料显示,口虾蛄渔获重量密度指数范围春季为 0～12481.2 g/h,以 C25 站最高,调查海区平均值为 645.7 g/h;夏季为 0～14389.4 g/h,以 C25 站最高,平均值为 1185.4 g/h;秋季为 0～5152.0 g/h,以 C25 站最高,平均值为 577.2 g/h;冬季为 0～20148.4 g/h,以 C9 站最高,平均值为 2449.3 g/h(表 5-7-2)。

表 5-7-2　2008—2009 年闽东渔场桁杆虾拖网口虾蛄渔获重量密度指数

调查站位	春季	夏季	秋季	冬季
	g/h	g/h	g/h	g/h
C1	235.3	2035.2	248.6	1021.7
C2	—	—	81.3	990.1
C3	—	—	369.3	—
C4	—	—	—	284.2
C9	2854.3	7884.2	3947.4	20148.4
C10	256.5	—	2783.7	17471.6
C11	34.3	1101.2	61.2	—

续表

调查站位	春季	夏季	秋季	冬季
	g/h	g/h	g/h	g/h
C13	—	686.8	—	177.8
C14	—	—	—	49.9
C15	—	—	367.6	—
C16	—	—	—	55.7
C17	2143.8	3174.2	884.1	18666.4
C18	68.9	2515.9	762.1	3298.1
C19	846.1	—	—	—
C21	—	113.3	—	—
C22	—	647.8	—	—
C25	12481.2	14389.4	5152.0	—
C26	131.5	1465.5	143.6	—
C27	317.9	1007.2	690.8	2010.4
C28	—	540.8	1248.4	1956.4
调查海区均值	645.7	1185.4	577.2	2449.3

2. 渔获数量密度指数的季节变化

通过2016年4月(春季)和11月(秋季)在闽南渔场开展的底层单拖作业调查资料显示,口虾蛄渔获数量密度指数范围春季为0～7.0 ind./h,以282渔区最高,调查海区平均值为1.2 ind./h;秋季为0～41.0 ind./h,以301海区最高,平均值为8.0 ind./h。秋季渔获数量密度指数比春季高5.67倍(表5-7-3)。

表5-7-3　2016年闽南渔场口虾蛄渔获数量密度指数

调查海区	春季	秋季
	ind./h	ind./h
282	7.0	25.0
283	0	2.0
284	1.0	/
291	2.0	0
293	0	3.0
301	1.0	41.0
302	0	1.0
调查海区均值	1.2	8.0

通过2008年5月、8月、11月和2009年2月四个航次在闽东海区开展的桁杆虾拖网作业调查资料显示，口虾蛄渔获数量密度指数范围春季为0～1084.0 ind./h，以C25站最高，调查海区平均值为52.8 ind./h；夏季为0～1237.0 ind./h，以C9站最高，平均值为114.6 ind./h；秋季为0～494.0 ind./h，以C9站最高，平均值为60.5 ind./h；冬季为0～1978.0 ind./h，以C9站最高，平均值为191.6 ind./h（表5-7-4）。

表5-7-4　2008—2009年闽东渔场桁杆虾拖网口虾蛄渔获数量密度指数

调查站位	春季	夏季	秋季	冬季
	ind./h	ind./h	ind./h	ind./h
C1	20.0	177.0	75.0	84.0
C2	—	—	12.0	99.0
C3	—	—	100.0	—
C4	—	—	—	156.0
C9	234.0	1237.0	494.0	1978.0
C10	8.0	—	289.0	1060.0
C11	5	34.0	8.0	—
C13	—	193.0	—	94.0
C14	—	—	—	10.0
C15	—	—	87.0	—
C16	—	—	—	12.0
C17	108.0	312.0	124.0	1321.0
C18	3.0	130.0	43.0	192.0
C19	27.0	—	—	—
C21	—	18.0	—	—
C22	—	128.0	—	—
C25	1084.0	869.0	414.0	—
C26	77.0	142.0	10.0	—
C27	17.0	112.0	53.0	83.0
C28	—	85.0	45.0	83.0
调查海区均值	52.8	114.6	60.5	191.6

二、主要生物学特性

福建省水产研究所2013年从定置张网在闽南监测点的渔获物中抽取口虾蛄样品共129尾，2014年取样39尾，2015年取样27尾，2016年取样30尾，分别在不同年份开展生物学测定，结果如下：

1. 群体组成

(1)体长组成

2013—2016 年，闽南海区定置张网口虾蛄渔获物的体长范围为 60～140 mm，均值为 92.6 mm，优势组为 80～110 mm，其所占百分比为 70.98%(图 5-7-2)。

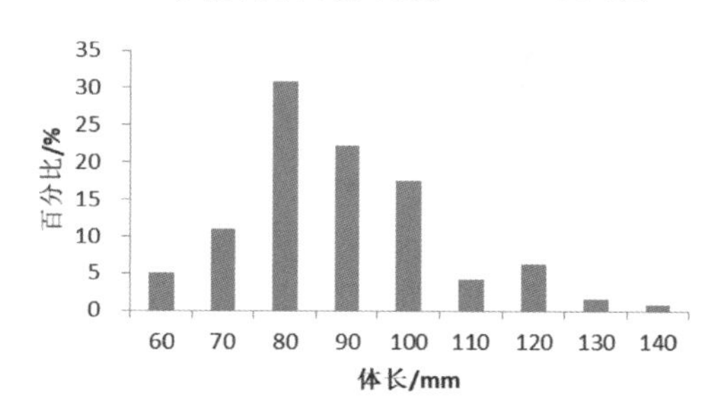

图 5-7-2 2013—2016 年闽南近海定置张网渔获口虾蛄体长分布

从年变化来看，口虾蛄的平均体长总体上略有增大，2013 年的体长范围 60～140 mm，平均体长为 91.6 mm；2014 年的体长范围 75～132 mm，平均体长为 95.8 mm，比上一年增加了 4.2 mm；2015 年的体长范围 60～140 mm，平均体长为 88.7 mm，比上一年减少 7.1 mm；2016 年的体长范围 70～138 mm，平均体长为 96.8 mm，比上一年增加 8.1 mm。从平均体长看，近几年口虾蛄先增加后减少，而后又增加，总体趋势是有所增大；从体长优势组来看，其范围变化不大，基本都在 80～110 mm 区间，优势组所占比例也在 51.85%～72.33% 之间(表 5-7-5)。

表 5-7-5 2013—2016 年闽南定置张网渔获口虾蛄体长与体重组成

年份	测定尾数	体长(mm)			体重(g)		
		范围	平均	优势组(%)	范围	平均	优势组(%)
2013	159	60～140	91.6	80～110(72.33)	2.9～35.8	10.4	5～15(74.84)
2014	39	75～132	95.8	80～100(61.54)	4.4～28.8	12.2	5～15(71.79)
2015	27	60～140	88.7	80～100(51.85)	3.6～36.0	11.1	5～15(59.26)
2016	30	70～138	96.8	90～110(56.67)	4.3～31.9	12.2	5～15(73.33)

(2)体重组成

2013—2016 年，闽南海区定置张网口虾蛄渔获物的体长范围为 2.9～36.0 g，均值为 10.9 g，优势组为 5～15 g，其所占百分比为 72.55%(表 5-7-5)。

从年变化来看，口虾蛄的体重组成的变化与体长一样，也是总体上有增加的趋势。2013 年的体重范围为 2.9～35.8 g，平均体重为 10.4 g；2014 年的体重范围为 4.4～28.8 g，平均体重为 12.2 g，比上一年增加了 1.8 g；2015 年的体重范围 3.6～36.0 g，平均体重为 11.1 g，比上一年减少了 1.1 g；2016 年的体重范围 4.3～31.9 g，平均体重为 12.2 g，比上一年增加了 1.1 g。从平均体重看，近几年口虾蛄先增加后减少，而后又增加，总体趋势是有所增大；从体重优势组来看，其范围变化不大，基本都在 5～15 g 区间，优势组所占比例也在

59.26%～74.84%之间(图 5-7-3,表 5-7-5)。

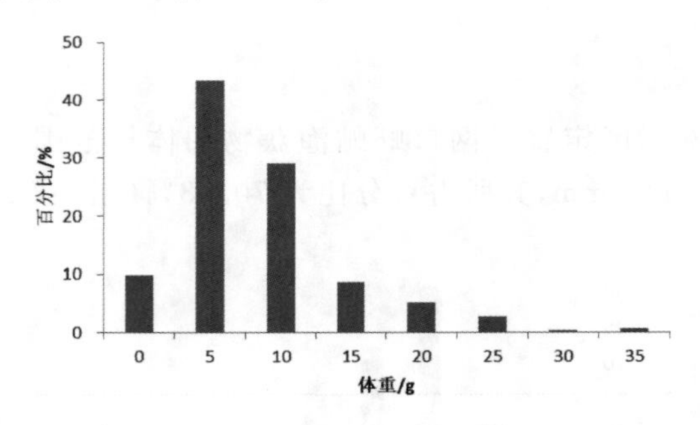

图 5-7-3　2013—2016 年闽南近海定置张网渔获口虾蛄体重分布

(3)体长与体重的关系

闽南近海口虾蛄的体长(L,单位 mm)和体重(W,单位 g)呈幂函数关系,其关系式如下(图 5-7-4):

$W=1.842\times10^{-5}L^{2.917}(R^2=0.937,n=255)$

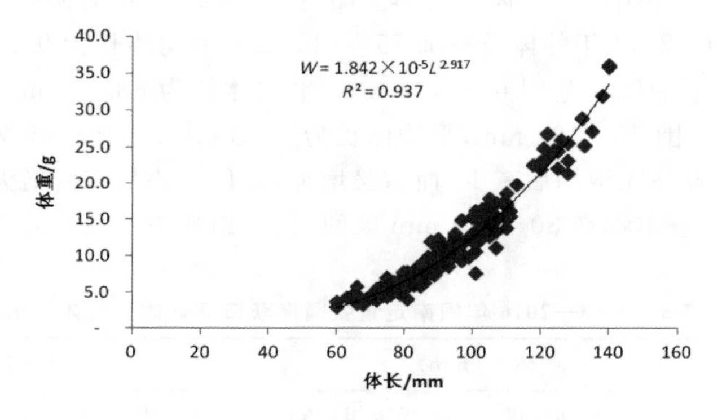

图 5-7-4　闽南近海口虾蛄体长与体重的关系

2. 繁殖

(1)性比

盛福利等(盛福利,2009)对青岛近海口虾蛄的研究表明,口虾蛄各月雌雄比均大于 1,12 月至 5 月上旬之前性比波动不大,5 月中旬性比急剧上升,由 5 月上旬的 1.47 达到最大值 3.18,此后又急剧下降到 5 月下旬的 1.50。5 月中旬雌雄比最大,此后急剧下降,可能是产卵季节雌性口虾蛄大量聚集导致的巨大波动。

(2)性腺成熟度

虾蛄的生长具有明显的季节性变化,夏末至秋末生长速度最快。虾蛄的生活周期可划分为四个阶段:蜕皮与生长阶段(8—11 月)、越冬阶段(12—2 月)、性腺生长与成熟阶段(3—5 月)、产卵与排精阶段(6—7 月)。

3. 摄食

虾蛄系小型凶猛的捕食性肉食动物，食性较广，主要捕食活饵料，也食鱼虾等尸体。梅文骧等（梅文骧等，1996）对浙江沿海口虾蛄的食性做过研究，结果表明，口虾蛄主要以鱼虾为食，也食贝、虫类等，并互相残杀：鱼类中主要为银鱼科、鰕虎鱼科和带鱼科；虾类主要为对虾科、管鞭虾科和长臂虾科；贝类主要为头足类、双壳类的蛏、蛤。盛福利等（盛福利，2009）对青岛近海定置网采捕的口虾蛄胃含物分析发现，其饵料生物有 26 种，其中，甲壳类 15 种，鱼类 6 种，多毛类 2 种，头足类 1 种。口虾蛄摄食具有一定的选择性，以虾类为主，鱼类次之。食物组成存在季节变化，一般冬季（12—1 月）饵料生物种类和密度均为全年最低，摄食强度亦较低；春季水温回升，饵料生物增多，随着性腺发育加快，营养需求增加，摄食强度增大，至 3 月份达到最大；而后摄食强度开始减弱，5 月下旬、6 月初口虾蛄性腺发育基本完成，进入繁殖盛期，摄食强度减至最小。黄美珍（黄美珍，2005）在研究台湾海峡及邻近海域主要无脊椎动物食性特征及其食物关系时发现，口虾蛄为浮游动物和游泳动物食性，营养级为 2.21 级，认为稚幼鱼和甲壳类是口虾蛄的主要营养饵料。

三、渔业与资源状况

1. 渔业状况

福建近海虾蛄的主要捕捞方式有底拖网、桁杆虾拖网、定置张网、流刺网等作业，一般全年都可捕捞，以冬季产况较好。

近 10 年，福建海区虾蛄渔获量波动于$(2.63 \sim 3.66) \times 10^4$ t 之间，年平均渔获量为 3.19×10^4 t，占总渔获量的比例范围为 1.40%～1.85%，波动范围较小，近年来有小幅度上升。随着近海底层、近底层鱼类资源的衰退，包含虾蛄在内的一些甲壳类资源量逐渐有所增加（表 5-7-6，图 5-7-5）。

表 5-7-6　2007—2015 年福建海区虾蛄渔获量及占海区总渔获量的比例

年份	海区总渔获量(t)	虾蛄渔获量(t)	虾蛄占比(%)
2007	1830570	26655	1.46
2008	1872689	28167	1.50
2009	1881659	26265	1.40
2010	1908468	32242	1.69
2011	1916560	32783	1.71
2012	1927150	33468	1.74
2013	1937300	35334	1.82
2014	1975062	36586	1.85
2015	2003917	36041	1.80

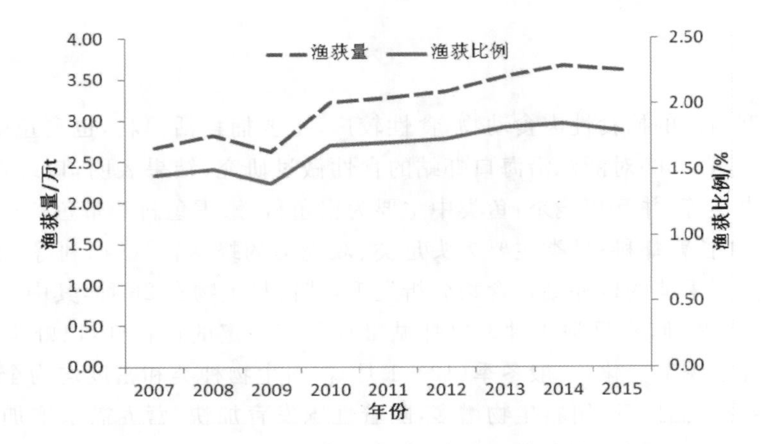

图 5-7-5 近年来福建海区虾蛄渔获量及占海区总渔获量的比例

2. 资源状况

徐兆礼等(徐兆礼,2009)对 2007 年瓯江口的口虾蛄资源进行评估,其 6 月和 9 月的质量密度分别为 3.98 kg/km² 和 5.65 kg/km²;谷德贤等(谷德贤等,2011)根据 2009 年 4 个季度月的调查数据,评估出天津海域口虾蛄的平均资源密度为 837.43 kg/km²;卢占晖等(卢占晖等,2013)对东海区口足类资源的调查显示,口虾蛄是整个东海口足类中的绝对优势种,在每个季节的口足类总渔获量中所占比例均远远高于其他各种类,其春夏秋冬四季的渔获率分别为 1879 g/h、1788 g/h、1048 g/h 和 2999 g/h。

根据 2010—2015 年闽南近海定置张网监测数据,口虾蛄渔获量占总渔获量的比例一般在 1.9%~8.8%之间,其中,以 2011 年最高,而后慢慢下降,到 2015 年降至最低。口虾蛄的平均网产的变化趋势,也和渔获量占比相同,也是 2011 年最高,达 9.35 kg/网,而后慢慢降低,到 2015 年仅为 0.96 kg/网(表 5-7-7、图 5-7-6)。

表 5-7-7 闽南近海定置张网口虾蛄渔获情况

年份	2010	2011	2012	2013	2014	2015
渔获量占比(%)	5.0	8.8	7.1	5.4	5.8	1.9
平均网产(kg)	6.95	9.35	4.89	2.12	2.88	0.96

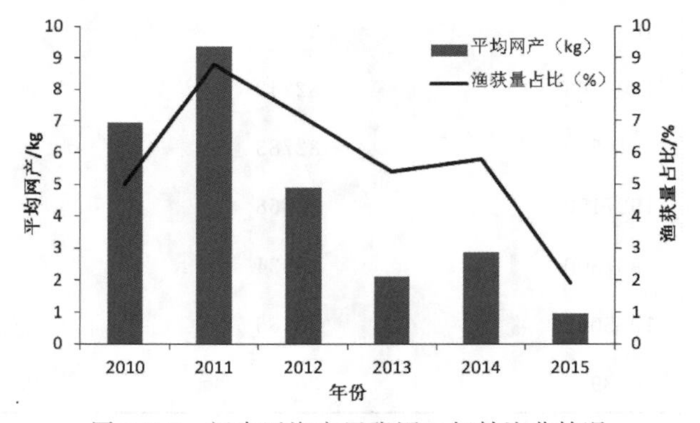

图 5-7-6 闽南近海定置张网口虾蛄渔获情况

根据2010—2011年闽南海区渔业资源监测调查资料，口虾蛄在桁杆虾拖作业中占总渔获量的比例为6.5%～10.9%，其CPUE为0.80～1.59 kg/h；在笼壶作业中占总渔获量的比例为3.2%～6.2%，其CPUE为0.31～0.40 kg/h。

通过2016年4月（春季）和11月（秋季）在闽南渔场开展的底层单拖作业调查资料显示，口虾蛄春、秋季渔获重量密度分别为0.836 kg/km² 和5.061 kg/km²。

第八节　拥剑梭子蟹

拥剑梭子蟹（*Portunusgladiator*）属十足目，梭子蟹科，梭子蟹属，福建闽南地区俗称"毛蟹、扁蟹"，为近海暖水性中型经济蟹类，栖息于水深20～100 m、底质为沙或沙泥的海域，分布于我国南部的广西、广东、海南和福建等省（区），日本、印尼、泰国、印度、新西兰和澳大利亚等地亦有分布。

头胸甲扁平，表面密布细短软毛，各区具小的隆起部分，并盖有细小的颗粒。额分4锐齿，中间的两个较小而又较低，在它们之间从背面可以见到口上脊的齿状突出。眼大，背眼窝缘具2缝，中叶的外角突出呈锐齿状。前侧缘具9齿，末齿较大，向后侧方伸出。后侧缘与后缘连接处钝圆。第三颚足长节的外末角向外侧方突出。螯足长节的前绿具4刺，后缘末部具2刺，腕节内、外角各具一刺，掌节与腕节相接处及背缘前端各具一刺。游泳足长节的后末缘具细锯齿，最末1～2枚呈刺状。雄性腹部第六节的长度大于宽度，侧绿基半部内凹，末半部外凸，第七节也是长度大于宽度。色棕黄，头胸甲边缘、螯足指节及刺均具红色（图5-8-1）。

图5-8-1 拥剑梭子蟹

一、数量分布

福建海区蟹类专项单拖作业调查期间，拥剑梭子蟹各月均有出现，全年渔获量为19840 kg，分别占总渔获量和蟹类渔获量的9.87%和62.57%，居各种蟹类首位。各月渔获量以

8月最高，达6116 kg，占拥剑梭子蟹渔获量的30.83%；9月和10月次之，分别占20.55%和19.20%，3个月合占70.58%；4月最少，渔获量只有146 kg，仅占0.74%（图5-8-2）。拥剑梭子蟹占蟹类渔获量的各月比例范围为56.22%～79.60%，5月最高，11月最低。

拥剑梭子蟹除284渔区外，分布达9个渔区，网次出现率为97.11%。其渔获量以292渔区最高，为4615 kg，占拥剑梭子蟹渔获量（19840 kg）的23.26%，占该区全年蟹类的58.99%；317渔区最低，渔获量只有276 kg，仅占1.39%。密集中心区出现在292、303、304、315和316渔区，5个区合计渔获量为17390 kg，占蟹类渔获量87.65%。拥剑梭子蟹各月分渔区的渔获量变化为：上半年分布范围较窄，渔获量也较低，1—5月主要分布在316渔区；下半年分布范围较广，渔获量普遍较高，其中8—11月均集中于292、303、304、315和316渔区；12月份以302和303渔区为主（表5-8-1）。

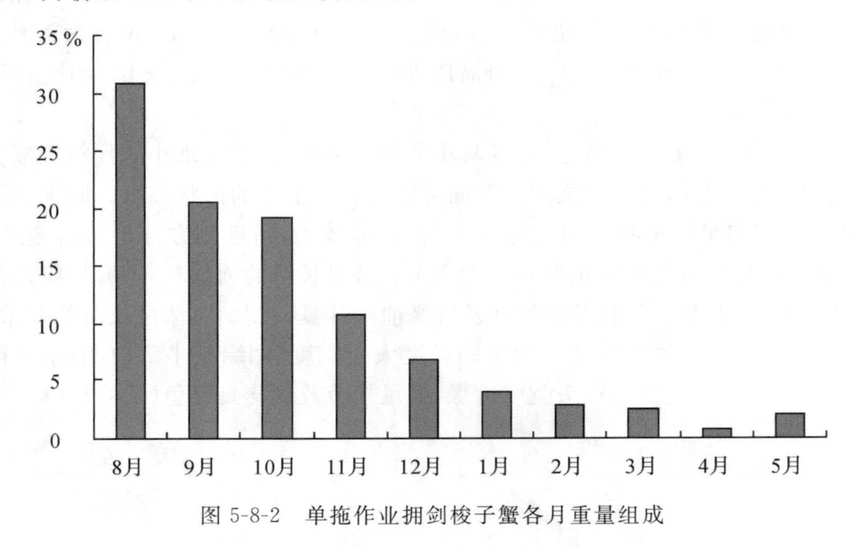

图5-8-2 单拖作业拥剑梭子蟹各月重量组成

表5-8-1 单拖作业拥剑梭子蟹各月分渔区渔获量变化　　单位：kg

渔区＼月份	2009.8	9	10	11	12	2010.1	2	3	4	5	全年
292	2725	873	840	132	40					5	4615
293					157	78		43		5	283
294		505	247	233					3		988
302					773	65		10			848
303	357	443	950	405	301	115	38	63		18	2690
304	558	665	402	1002				43	35		2705
315	1065	608	166	295	25	53	431	333	92	295	3363
316	1411	866	1205	61	34	415	79		16		4071
317		117				55	9			79	276
合计	6116	4077	3810	2128	1330	781	557	493	146	402	19839
合计渔区	6区	8区	6区	7区	7区	7区	6区	5区	5区	5区	出现9区

二、主要生物学特性

数据来源：2009 年 8 月至 2010 年 5 月间，分别从笼壶和单拖生产探捕船渔获物中随机取样拥剑梭子蟹 660 尾、465 尾进行生物学测定(6 月和 7 月休渔)。

1. 群体组成

(1)甲宽组成

拥剑梭子蟹调查期间甲宽分布范围为 42～129 mm，优势组为 80～100 mm，占 50.6%，平均甲宽 88.9 mm。雄性调查期间甲宽分布范围为 49～129 mm，优势组 80～110 mm，占 69.0%，平均甲宽 93.9 mm；雌性甲宽分布于 42～120 mm，优势组 70～100 mm，占 83.1%，平均甲宽 81.6 mm，雄性个体显著大于雌性(图 5-8-3)。

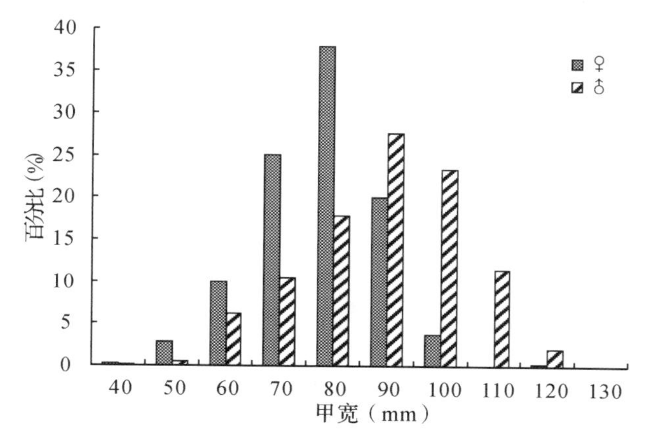

图 5-8-3 拥剑梭子蟹甲宽组成

从各月的甲宽组成变化来看，雄性个体各月平均甲宽均比雌性大，雄性个体各月平均甲宽变化于 78.9～101.2 mm；雌性平均甲宽变化于 60.7～88.3 mm。调查期间，雌性个体平均甲宽以 2010 年 5 月最小，2010 年 4 月最大；雄性个体平均甲宽也以 2010 年 5 月最小，而以 2010 年 2 月最大。

如图 5-8-4，拥剑梭子蟹最小个体出现于 2010 年 2 月，甲宽为 42 mm，而大量加入捕捞群体则是从 2010 年 5 月开始，不论雌性或雄性，全年渔获个体均以 5 月最小。2009 年 8 月的平均甲宽，雌性为 85.6 mm，雄性为 95.5 mm。9—11 月间，甲宽优势组和平均甲宽呈现逐月增长的趋势。从 12 月至翌年 4 月，虽有部分甲宽为 70 mm 以下的幼蟹出现，但平均甲宽和甲宽优势组均逐月增长，甲宽组成相对较稳定。

(2)体重组成

拥剑梭子蟹体重分布范围为 14～253 g，优势组为 40～100 g，占 55.1%，平均体重86.8 g。雄性个体明显大于雌性，其调查期间体重分布于 14～253 g，优势组 40～160 g，占 80.7%，平均体重为 101.3 g。雌性体重分布范围为 15～165 g，优势组 30～90 g，占73.3%，平均体重 66.0 g，比雄性小 35.3 g(图 5-8-5)。

从各月体重组成的变化情况看，其与甲宽组成基本一致(图 5-8-6)。雄性各月平均体重

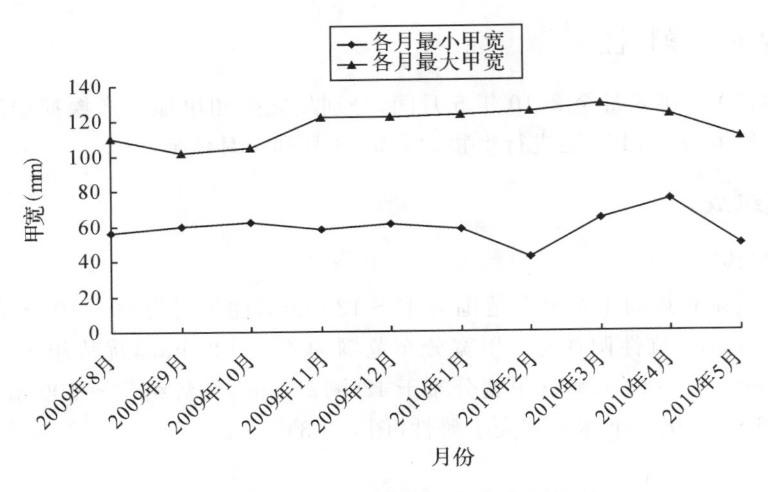

图 5-8-4　拥剑梭子蟹各月甲宽分布范围

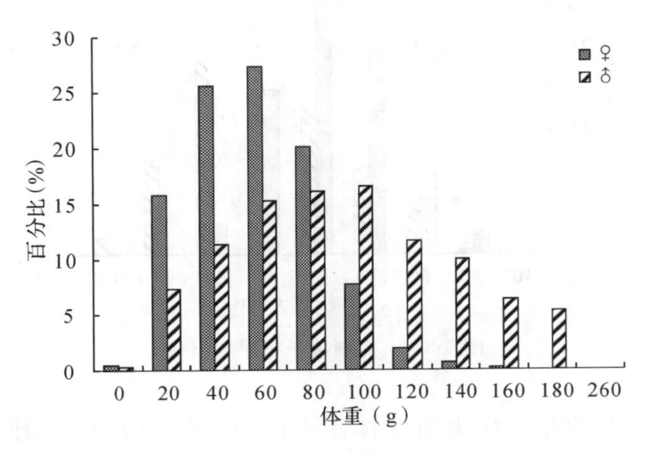

图 5-8-5　拥剑梭子蟹体重组成

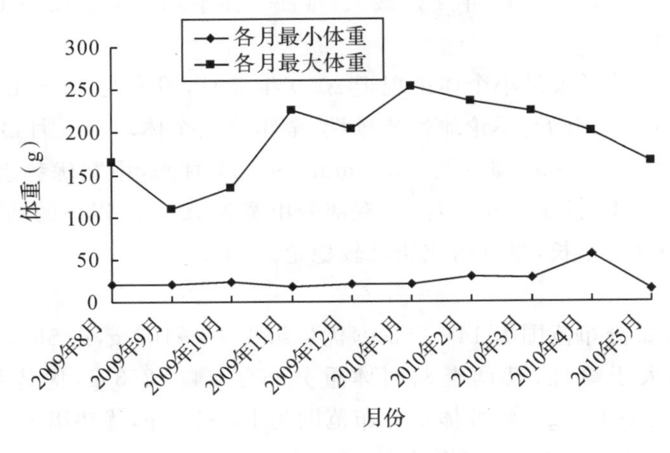

图 5-8-6　拥剑梭子蟹各月体重分布范围

分布于 62.5～130.7 g；雌性各月平均体重变化于 26.9～85.6 g。雌雄个体平均体重均以 2010 年 5 月最小，但分别以 2010 年 4 月和 2 月最大。2009 年 9—11 月间，其平均体重逐月增长；12 月至次年 4 月仍然有体重 40 g 以下的幼蟹出现，但总体大概呈现增长的趋势；雌性个体于 2010 年 2—4 月间，由于抱卵个体数量多，平均体重明显增大，达到全年的最大值。

2. 甲宽与体重的关系

拥剑梭子蟹甲宽(L)与体重(W)的关系呈幂函数(图 5-8-7)。其关系式为：

$W_{♀}=1.401\times10^{-4}L^{2.9553}(R^2=0.9408, n=461)$

$W_{♂}=8.500\times10^{-5}L^{3.0632}(R^2=0.9720, n=664)$

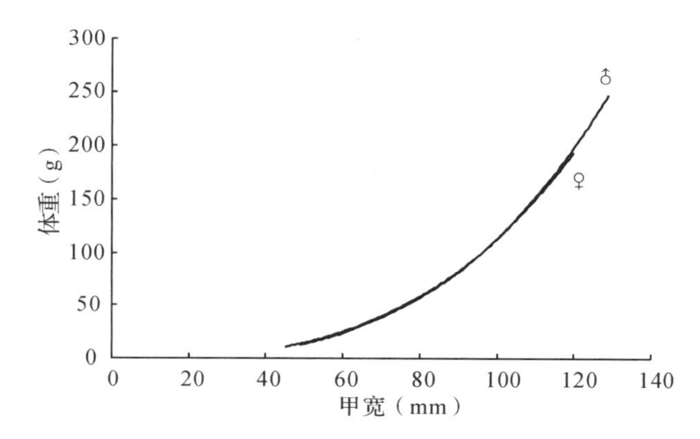

图 5-8-7　拥剑梭子蟹甲宽与体重关系

3. 繁殖习性

(1)性比

在所测定的拥剑梭子蟹中，雌蟹为 461 尾，雄蟹为 664 尾，雌雄性比为 1∶1.440，雄性多于雌性。各月雌雄性比变化较大，除 2009 年 9 月和 11 月雌性略多于雄性外，其余各月均是雄性多于雌性。

(2)初届性成熟的甲宽和体重

就所得资料分析，拥剑梭子蟹初届性成熟达Ⅳ期以上的最小甲宽为 68 mm，最小体重为 30 g。其大量性成熟的甲宽为 80～90 mm(51.8%)，体重为 60～90 g(56.8%)。

(3)性腺成熟度

拥剑梭子蟹雌性性腺成熟度分别为Ⅱ～Ⅵ期均有出现，调查期间以Ⅲ期、Ⅳ期和Ⅴ期数量居多，分别占 28.0%、25.8%和 28.2%；Ⅱ期较少，占 16.3%；Ⅵ期最少，仅占 1.7%，而且只出现在 2009 年 10 月和 2010 年 4 月。

从各月性腺成熟度的分布情况看(图 5-8-8)，Ⅱ期仅 2009 年 10 月和 2010 年 3 月、4 月未出现，以 2010 年 5 月出现频率最高，为 91.7%，其次为 2009 年 12 月，出现频数为54.3%；Ⅲ期全年均有出现，以 2009 年 8 月、9 月、12 月和翌年 1 月出现频数较高，均超过 40%；Ⅳ期除 2010 年 5 月外，其余月份均出现，以 2009 年 9 月、11 月和翌年 3 月出现频数较高，均超过 30%；Ⅴ期出现于 2009 年 9 月、10 月和翌年 1—4 月，以 2010 年 4 月出现频数最高，为

81%,2月、3月出现频数也高于60%;Ⅵ期仅出现于2009年10月和翌年4月。显然,全年各期均出现有2次高峰,分别为Ⅱ期,出现在2009年12月和2010年5月;Ⅲ期,出现在2009年12月—翌年1月和2009年8—9月;Ⅳ期,出现在2009年9月和11月;Ⅴ期,出现在2009年10月和翌年2—4月;Ⅵ期,出现在2009年10月和2010年4月。由此可见,拥剑梭子蟹的生殖期很长,于2—4月和10月为生殖盛期。

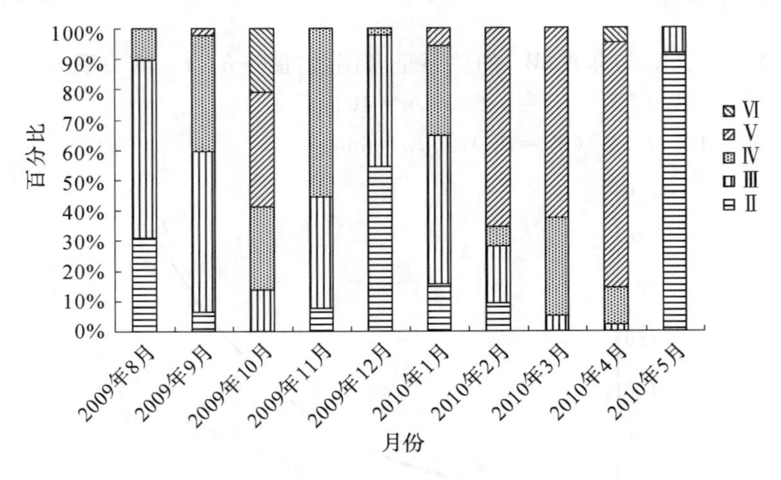

图5-8-8 拥剑梭子蟹各月雌性性腺成熟度分布

4. 摄食

如表5-8-2,在所测定的1125尾拥剑梭子蟹中,摄食强度分布范围为0～3级,以1级和2级为主,分别占47.9%和34.8%;0级和3级均较少,分别占9.4%和7.9%。其平均摄食等级为1.41。

各月摄食强度变化不大,除2009年8月、10月和2010年3月以2级为主外,其余月份均以1级居多。越冬阶段的2009年11月至翌年1月间,平均摄食强度相对稍低,为1.23。

表5-8-2 拥剑梭子蟹各月摄食等级情况

月份	测定尾数	摄食等级(%)				平均摄食等级
		0	1	2	3	
2009年8月	75	8.0	21.3	48.0	22.7	1.85
2009年9月	90	5.6	51.1	26.7	16.7	1.55
2009年10月	83	1.2	37.3	48.2	13.3	1.74
2009年11月	125	18.4	47.2	29.6	4.8	1.21
2009年12月	102	14.7	47.1	35.3	2.9	1.26
2010年1月	138	8.0	62.3	29.7	0	1.22
2010年2月	99	7.1	55.6	31.3	6.1	1.37
2010年3月	200	5.5	39.0	43.5	12.0	1.62
2010年4月	93	7.5	69.9	20.4	2.2	1.17
2010年5月	120	16.7	45.8	33.3	4.2	1.25
调查期间	1125	9.4	47.9	34.8	7.9	1.41

三、渔业与资源状况

1. 渔业概况

20 世纪 80 年代以前，闽南—台湾浅滩渔场拖网作业常有渔获，但因价格低，往往捕获后，又抛弃海中。之后由于传统经济种类三疣梭子蟹、远海梭子蟹和红星梭子蟹等大型蟹类不能满足市场需求，拥剑梭子蟹身价倍增，一跃成为单拖渔业最重要的渔获对象之一。

根据福建海区蟹类专项调查（2009—2011 年），在闽南笼壶作业蟹类渔获物中，拥剑梭子蟹占 6.36%，位居第四，周年总日均产量为 5.98 kg，8 月最高，4 月最低；主要在 282、283 海区。在闽南单拖作业蟹类渔获物中，拥剑梭子蟹占 62.57%，位居第一，各月均有出现，全年渔获量为 19840 kg，分别占总渔获量和蟹类渔获量的 9.87%和 62.57%，居各种蟹类首位。各月渔获量以 8 月最高，达 6116 kg，占拥剑梭子蟹渔获量 30.83%；9 月和 10 月次之，分别占 20.55%和 19.20%，3 个月合占 70.58%；4 月最少，渔获量只有 146 kg，仅占 0.74%。拥剑梭子蟹占蟹类渔获量的各月比例范围为 56.22%～79.60%，5 月最高，11 月最低。拥剑梭子蟹除 284 渔区外，分布达 9 个渔区，网次出现率为 97.11%。

2. 资源状况

利用扫海面积法评估闽南—台湾浅滩拥剑梭子蟹的年资源量为 1.56×10^4 t，我们根据过去国内多数学者对各海区虾类资源的可捕率取值大小，结合福建海区拥剑梭子蟹资源的利用现状，取可捕率为 1.2，据此计算得出闽南—台湾浅滩渔场拥剑梭子蟹的可捕量为 1.87×10^4 t。本次调查的捕捞渔具为单拖网，蟹类仅是兼捕对象，其产量远不如专门生产蟹类的网具，估算的资源量是偏低的。

第九节　红星梭子蟹

红星梭子蟹（*Portunus sanguinolentus*），属十足目，梭子蟹科，梭子蟹属，俗称“三目蟹”“三点蟹”，为广布性、近海暖水性大型经济蟹类，栖息于水深 20～60 m，底质为沙、沙泥的海域。我国东海南部和南海的福建、台湾、广东、广西和海南等省（区）均有分布，它还分布于日本、菲律宾、澳大利亚、新西兰、印尼、马来西亚直至南非沿海的整个印度—太平洋暖水区。其味美肉多，营养丰富，颇受人们喜爱。

头胸甲梭状，宽大于长的 2 倍，前侧缘呈弓状，后侧缘与后缘相连成弧形，前部表面具颗粒，后部几乎光滑，具有下列几对隆脊：形成向后凸的弧，前鳃区与后胃区各 1 对，头胸甲后半部具 3 块卵圆形的血红色斑块，分别分布在心区与鳃区上。下眼窝区、下肝区、颊区以及第三颚足长节覆盖有致密的绒毛。雄性第一腹肢细长，弯曲，末端逐渐趋尖，外侧面基半部裸露，随后具有指向后方的小刺，稀疏地排列。雄性腹部三角形，尾节末缘圆钝，长约等于宽。

图 5-9-1 红星梭子蟹

一、数量分布

红星梭子蟹:各月均有出现,渔获量为 5183 kg,仅次于拥剑梭子蟹居第二位。各月渔获量以 8—10 月为主,分别占全年的 34.27%、25.10%和 18.44%,合占 77.81%;11 月和 12 月其次,分别占 11.60%和 4.82%;1—5 月渔获量均很低,仅合占 5.77%(图 5-9-2)。红星梭子蟹各月平均网获变动于 1.57~13.45 kg。以 8—11 月为高,月平均网获变动于 11.13~13.45 kg;其次是 12 月,为 4.24 kg;1—5 月最低,月平均网获仅为 1.57~2.10 kg。

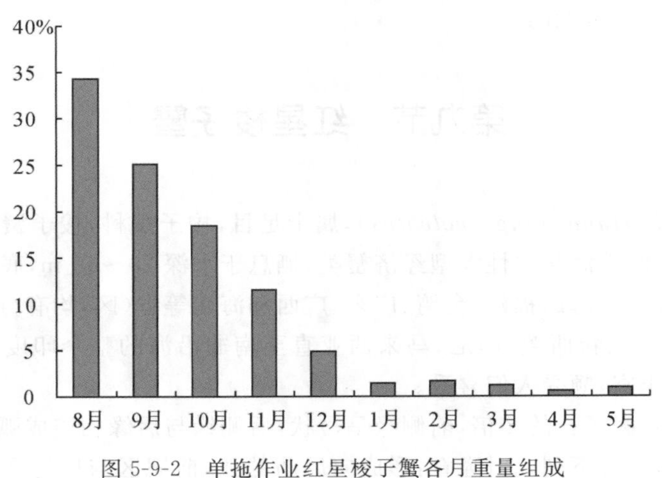

图 5-9-2 单拖作业红星梭子蟹各月重量组成

红星梭子蟹调查期间遍及整个生产海区,网次出现率为 97.79%。其渔获量以 292 渔区最高,为 1902 kg,占红星梭子蟹渔获量的 36.70%,占该区全年蟹类的 24.31%;317 渔区最低,渔获量只有 47 kg,仅占 0.91%,占该区全年蟹类的 12.53%。其主要分布在 292 和 315 渔区,合计渔获量为 2952 kg,合占 56.96%。红星梭子蟹各月分渔区的渔获量变化与拥剑梭子蟹分布基本相似,各渔区的渔获量同样以 1—5 月最低,在 5~40 kg 之间;下半年渔获量明显较高，其中8—11月间以292、303、304、315和316渔区为主；12月份渔获量以302渔区最高(表5-9-1)。

表5-9-1 单拖作业红星梭子蟹各月分渔区渔获量变化 单位:kg

渔区＼月份	8	9	10	11	12	1	2	3	4	5	全年
284	38	23		30	15	30	13		10		159
292	1085	623	166	18	5					5	1902
293					48	15		15		10	88
294		226	82	70					5		383
302					102	3		15			120
303	187	100	70	102	65	5	40	10		10	589
304	128	85	95	90					5		403
315	266	50	454	215	5	5	10	21	9	15	1050
316	72	159	89	76	10	14	22				442
317		35				5				7	47
合计	1776	1301	956	601	250	77	85	61	29	47	5183
合计渔区	6区	8区	6区	7区	7区	7区	6区	5区	5区	5区	出现10区

二、主要生物学特性

数据来源：2009年8月至2010年5月间，分别从笼壶、单拖和流刺网作业渔获物中随机取样红星梭子蟹462、385、205尾进行生物学测定。

1. 群体组成

(1)甲宽组成

红星梭子蟹在调查期间的甲宽分布范围为66～185 mm，优势组为100～150 mm，占65.9%，平均甲宽126 mm。雌雄个体差异甚小，雄性甲宽分布范围为70～185 mm，优势组100～150 mm，占60.38%，平均甲宽127.0 mm；雌性甲宽分布于66～179 mm，优势组100～150 mm，占60.38%，平均甲宽125.1 mm，比雄性小1.9 mm(图5-9-3)。

从各月的甲宽组成变化看，雄性个体各月平均甲宽与雌性相差不大。2009年8—10月和2010年3—5月间，雌性个体均小于雄性；而2009年11月至翌年2月则相反，雌性个体大于雄性。雄性个体平均甲宽以2010年1月最小，为98.0 mm，2009年10月最大，为147.8 mm；雌性个体则以2009年8月最小，为103.4 mm，2月最大，为146.9 mm。

红星梭子蟹最小个体出现于2009年8月，甲宽为66 mm(图5-9-4)。幼蟹大量加入捕捞群体从2009年8月开始，8—10月间，其甲宽优势组和平均甲宽均呈现逐月增长的趋势，10月平均甲宽，雌性为132.3 mm、雄性为147.8 mm。2010年2—5月间，雌雄平均甲宽均较大且稳定，3、4月份个体甲宽都大于90 mm。

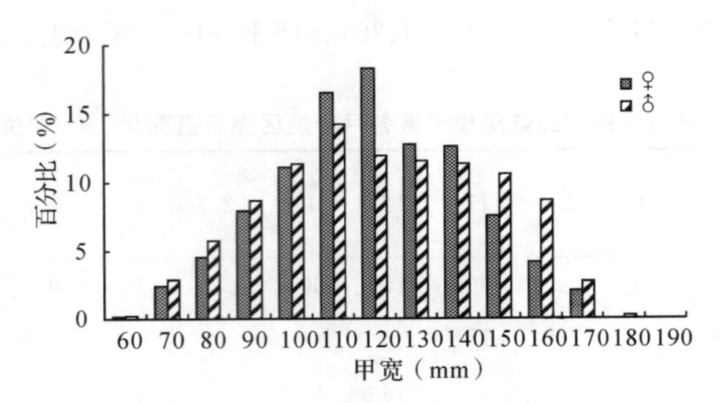

图 5-9-3 红星梭子蟹甲宽组成

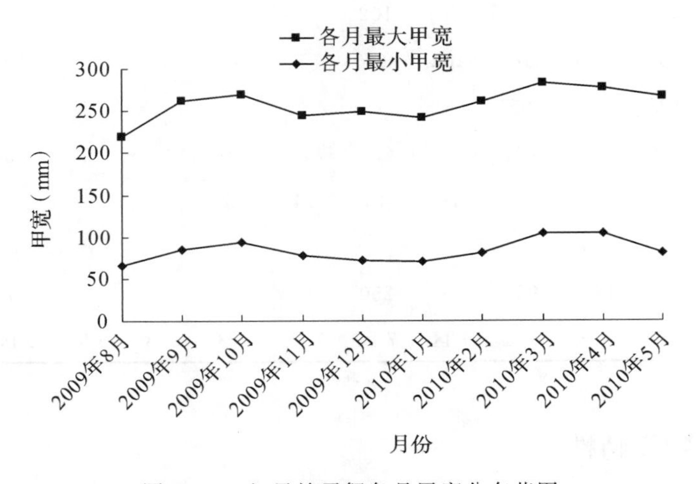

图 5-9-4 红星梭子蟹各月甲宽分布范围

(2)体重组成

红星梭子蟹调查期间体重分布范围为 17～432 g,优势组为 50～150 g,占 52.0%,平均体重 143.6 g。雄性个体大于雌性,其体重分布于 20～432 g,优势组为 50～150 g,占 48.3%,平均体重 151.8 g;雌性体重分布范围为 17～415 g,优势组为 50～150 g,占55.6%。平均体重 135.6 g,比雄性小 16.2 g(图 5-9-5)。

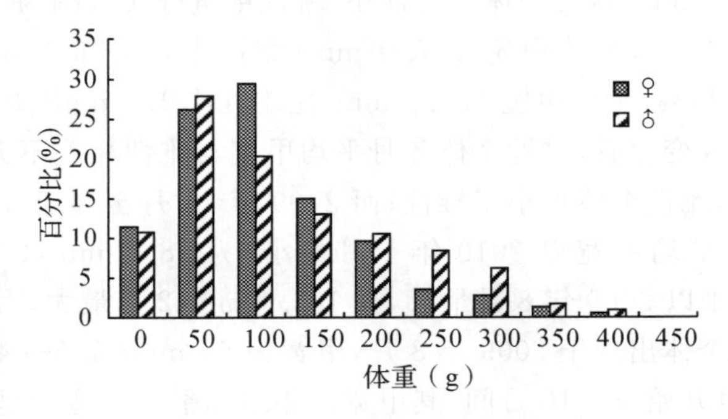

图 5-9-5 红星梭子蟹体重组成

从各月的体重组成看，其与甲宽组成基本一致（图 5-9-6）。雄性各月平均体重分布于 63.5～272.4 g；雌性各月平均体重变化于75.7～243.3 g。雌雄个体分别以 2009 年 8 月和 2010 年 1 月最小，而以 2010 年 2 月和 2009 年 10 月最大。总体而言，2009 年 8—10 月和 2010 年 3—5 月间，雄性平均体重都大于雌性，从 2009 年 11 月到翌年 2 月正相反，雄性小于雌性。

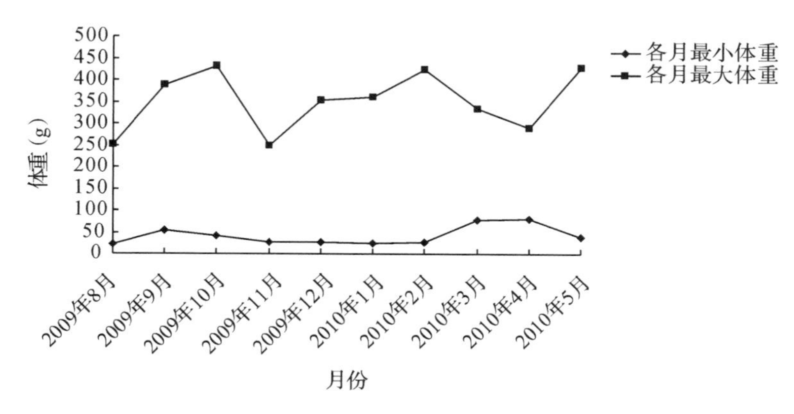

图 5-9-6　红星梭子蟹各月体重分布范围

2. 甲宽与体重的关系

红星梭子蟹甲宽（L）与体重（W）的关系呈幂函数（图 5-9-7），其关系式为：

$W_{♀}=4.599\times10^{-5}L^{3.063}$ ($R^2=0.9655, n=609$)

$W_{♂}=2.899\times10^{-5}L^{3.159}$ ($R^2=0.9716, n=621$)

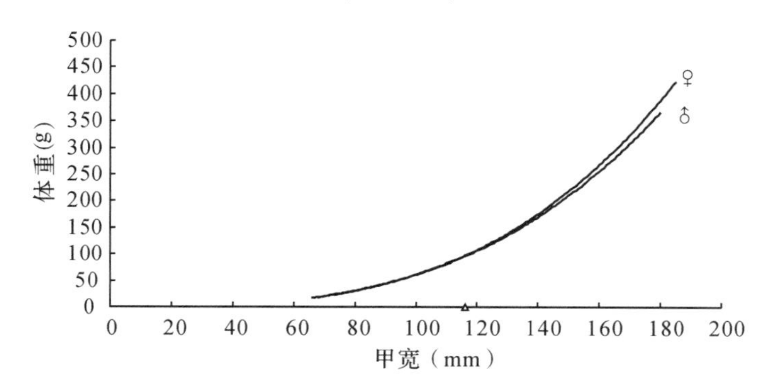

图 5-9-7　红星梭子蟹甲宽与体重关系

3. 繁殖习性

(1)性比

在所测定的红星梭子蟹中，雌蟹为 532 尾，雄蟹为 520 尾，雌雄性比为 1∶0.978，雌性略多于雄性。各月雌雄性比变化较大，除 2009 年 8 月、10 月和 2010 年 5 月雄性略多于雌性外，其余各月均是雌性多于雄性。

(2)初届性成熟的甲宽和体重

就所得资料分析，红星梭子蟹初届性成熟达Ⅳ期以上的最小甲宽为 88 mm，最小体重为 36 g；大量性成熟的甲宽为 120～150 mm(57.2%)，体重为 100～200 g(58.4%)。

(3)性腺成熟度

红星梭子蟹雌性性腺成熟度分布为Ⅱ～Ⅵ期均有出现，调查期间以Ⅲ期、Ⅳ期和Ⅴ期数量居多，分别占 26.2%，31.3%和 21.4%；Ⅱ期、Ⅵ期较少，分别占 14.6%、6.5%。

如图 5-9-8，从各月性腺成熟度的分布情况看，Ⅱ期出现于 2009 年 8 月、9 月、11 月、12 月和 2010 年 1 月、5 月，其中，2009 年 8 月和 9 月出现频数较高，分别为 21.3%、25.4%；Ⅲ期仅 2010 年 3 月、4 月未出现，2009 年 9 月出现频数最高，为 63.5%，8 月、12 月次之，均超过 40%；Ⅳ期除 2010 年 5 月外，其余月份均出现，2009 年 10 月出现频数最高，为 68.4%，11 月次之，为50.0%，2010 年 2 月、3 月、4 月均超过 40%；Ⅴ期出现于 2009 年 8 月、11 月、12 月和 2010 年 1—5 月，以 2010 年 2 月和 4 月出现频数较高，均超过 50%；Ⅵ期仅出现于 2010 年 1 月、2 月、3 月和 5 月，5 月出现频数最高，为 40.5%。由此推断，红星梭子蟹的生殖期相当长，盛期为 1—5 月。

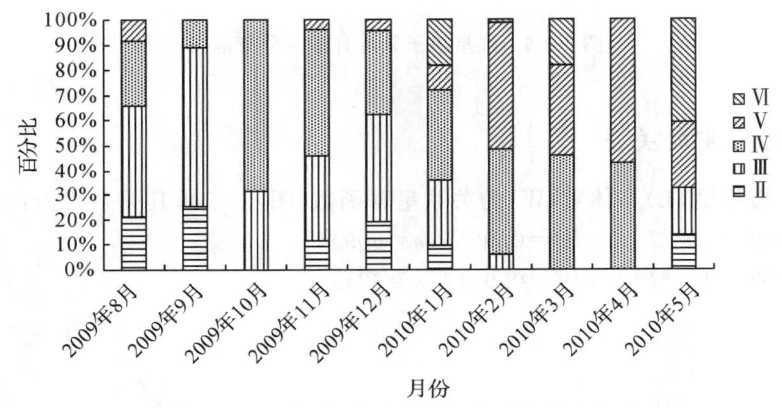

图 5-9-8 红星梭子蟹各月雌性性腺成熟度分布

4. 摄食

在所测定的 1052 尾红星梭子蟹中，摄食强度分布范围为 0～3 级，以 1 级和 2 级为主，分别占 44.4%和 36.4%；0 级和 3 级均较少，分别占 12.8%和 6.3%。其平均摄食等级为 1.36(表 5-9-2)。

表 5-9-2 红星梭子蟹各月摄食等级情况

月份	测定尾数	摄食等级(%)				平均摄食等级
		0	1	2	3	
2009 年 8 月	123	8.9	30.9	40.7	19.5	1.71
2009 年 9 月	120	29.2	32.5	30.0	8.3	1.17
2009 年 10 月	93	4.3	59.1	34.4	2.2	1.35
2009 年 11 月	90	3.3	32.2	56.7	7.8	1.69

续表

月份	测定尾数	摄食等级(%)				平均摄食等级
		0	1	2	3	
2009年12月	135	5.9	38.5	47.4	8.1	1.57
2010年1月	106	0.9	41.5	45.3	12.3	1.69
2010年2月	81	24.7	54.3	18.5	2.5	0.99
2010年3月	93	20.4	37.6	40.9	1.1	1.23
2010年4月	109	17.4	56.9	25.7	0	1.08
2010年5月	102	26.5	49.0	22.5	2.0	1.00
调查期间	1052	12.8	44.4	36.4	6.3	1.36

三、渔业与资源状况

1. 渔业概况

红星梭子蟹在整个东海区均有分布，常与三疣梭子蟹混栖，分布水深比三疣梭子蟹更浅一些，主要栖息于近岸水域，外海水域相对比较少见，属传统开发利用种类，群体数量不大，分布海域以闽南、台湾浅滩渔场数量较多。主要捕捞渔具为拖网、蟹笼、定置张网、流刺网、桁杆拖网等。

根据福建海区蟹类专项调查(2009—2011年)，在闽南笼壶作业蟹类渔获物中，红星梭子蟹占20.55%，位居第二，周年总日均产量为19.3 kg，8月最高，4月最低；主要在282、283海区。在闽南单拖作业蟹类渔获物中，红星梭子蟹占16.35%，位居第二，各月渔获量以8—10月为主，分别占全年的34.27%、25.10%和18.44%，合占77.81%；11月和12月其次，分别占11.60%和4.82%；1—5月渔获量均很低，仅合占5.77%。红星梭子蟹各月平均网获变动于1.57～13.45 kg。以8—11月为高，月平均网获变动于11.13～13.45 kg；其次是12月，为4.24 kg；1—5月最低，月平均网获仅为1.57～2.10 kg；调查遍及整个生产海区，网次出现率为97.79%，产量主要在292和315渔区。

2. 资源状况

利用扫海面积法评估闽南一台湾浅滩红星梭子蟹的年资源量为4063.9 t，我们根据过去国内多数学者对各海区虾类资源的可捕率取值的大小，结合福建海区红星梭子蟹资源的利用现状，取可捕率为1.2，据此计算得出闽南一台湾浅滩渔场红星梭子蟹的可捕量为4876.7 t。本次调查捕捞渔具为单拖网，蟹类仅是兼捕对象，其产量远不如专门生产蟹类的网具，估算的资源量是偏低的。

第十节 善泳蟳

善泳蟳(*Charybdis natator*),属十足目,梭子蟹科,蟳属,闽南俗称石蟹,为近海暖水性大型经济蟹类,生活于我国东海南部和南海的福建、台湾、广东、海南等省。日本、印度尼西亚、马来西亚、泰国、印度、马达加斯加及非洲东海岸亦有分布。

头胸甲隆起,表面密布绒毛,除末齿外,前侧齿基部附近的头胸甲表面具颗粒,侧胃、中、后鳃区共有3对隆脊。眼窝不十分隆起,背缘具2缝,腹眼窝缘具1缝,内角钝。第二触角基节与前额相连,具低的颗粒隆脊。前侧缘具6齿,第一齿末端平钝,第二至四齿大小相近,末端尖锐,末齿刺形。游泳足长节的后末角具1刺,腕、前、指节的前、后缘具长毛。雄性第一腹肢纤细,末部细长,末端两侧均具刺。腹部近塔形,第六节长与宽相近,侧缘基半部近于平行,末部收缩,尾节三角形(图5-10-1)。

图5-10-1 善泳蟳

一、数量分布

生产探捕期间各月都有出现,渔获量为4117 kg,居第三位。各月渔获量以8月和10月为高,分别占全年的33.30%和24.73%,合占58.03%;9月、11月和12月次之,分别占11.66%、15.81和8.77%;1—5月合计渔获量只有236 kg,合占5.73%(图5-10-2)。善泳蟳各月平均网获变动于1.44~13.05 kg,以8—12月较高,月平均网获变动于4.85~13.05 kg;1—5月最低,月平均网获仅为1.44~1.76 kg。

善泳蟳年间分布范围很广,网次出现频率为96.60%。其渔获量以303渔区最多,为1466 kg,占善泳蟳渔获量(4117 kg)的35.61%,占该区全年蟹类的28.28%;317渔区最低,渔获量只有21 kg,仅占0.51%,占该区全年蟹类的5.60%。其主要出现在292、303、304、315和316渔区,5个区合计渔获量为3522 kg,合占85.55%。善泳蟳各月渔获量空间变化，均与拥剑梭子蟹和红星梭子蟹的分布较接近，上半年也以 1—5 月最低，渔获量变动于 5～25 kg 之间；下半年 8—11 月间的渔获量均较高，主要出现在 292、303、304、315 和 316 渔区；12 月份以 302、303 和 293 渔区渔获居多（表 5-10-1）。

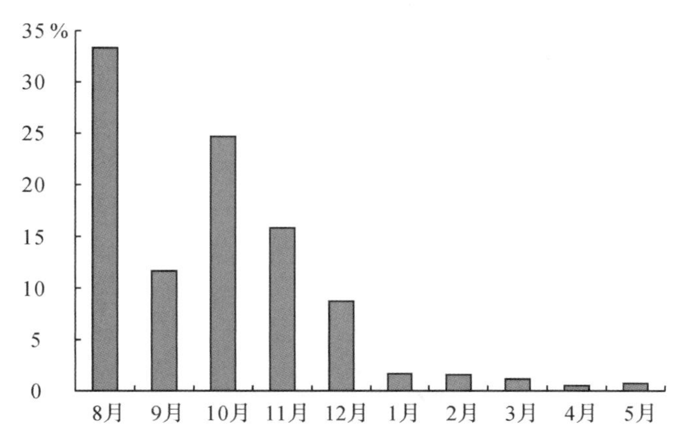

图 5-10-2　单拖作业善泳蟳各月重量组成

表 5-10-1　单拖作业善泳蟳各月分渔区渔获量变化　　单位：kg

渔区＼月份	8	9	10	11	12	1	2	3	4	5	全年
284	5	6				10	20		5		46
292	95	225	135	48	10						513
293					96	10		20		10	136
294		65	170	15					5		255
302					125	5		7			137
303	837	28	255	195	105	6	20	15		5	1466
304	216	45	200	114							575
315	133	52	198	92	10	8	10	6	6	10	525
316	85	59	60	187	15	25	12				443
317						3	4		7	7	21
合计	1371	480	1018	651	361	67	66	48	23	32	4117
合计渔区	6 区	8 区	6 区	7 区	7 区	7 区	6 区	5 区	5 区	5 区	出现 10 区

二、主要生物学特性

数据来源：2009 年 8 月至 2010 年 5 月间，从闽南一台浅渔场笼壶、单拖、流刺网作业渔获物中分别随机取样善泳蟳 475、514、55 只进行生物学测定。

1. 群体组成

(1)甲宽组成

善泳蟳调查期间甲宽分布范围为52～120 mm,优势组为80～100 mm,占53.7%,平均甲宽88.9 mm。雄性个体明显比雌性大,雄性甲宽分布范围为53～140 mm,优势组为80～110 mm,占47.5%,平均甲宽93.1 mm;雌性甲宽分布于52～120 mm,优势组为80～100 mm,占60.2%,平均甲宽84.7 mm,比雄性小8.4 mm(图5-10-3)。

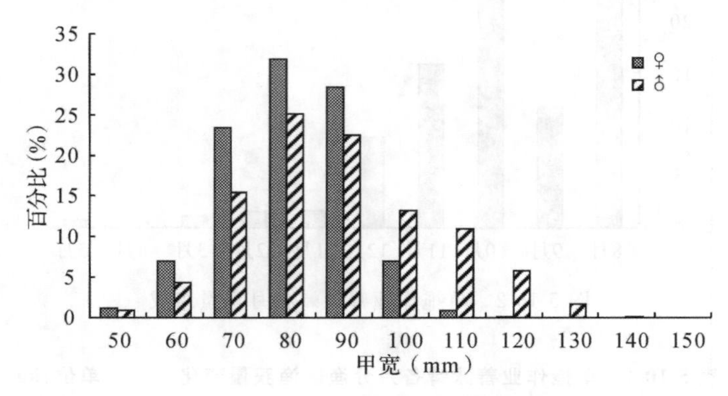

图5-10-3 善泳蟳甲宽组成

从各月的甲宽组成变化来看,雄性个体各月平均甲宽均比雌性大,雄性个体各月平均甲宽变化于78.3～104.7 mm;雌性平均甲宽变化于73.2～94.4 mm。雌雄个体均以2009年8月最小,2010年4月最大(图5-10-4)。

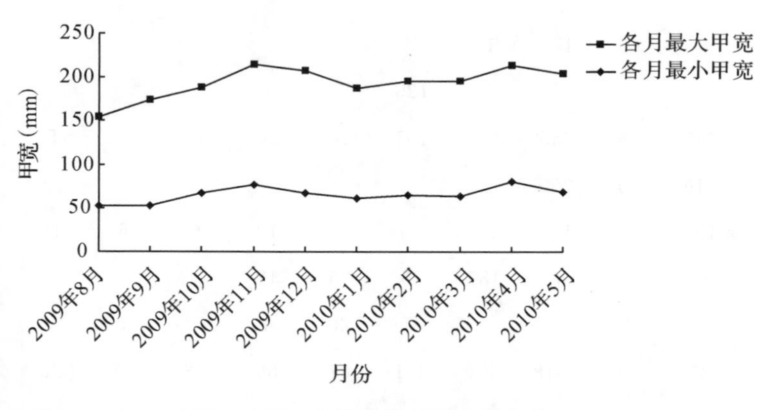

图5-10-4 善泳蟳各月甲宽分布范围

如图5-10-3,善泳蟳最小个体出现于2009年8月,甲宽为52 mm。幼蟹大量加入捕捞群体是从8月开始,不论雌性还是雄性,渔获个体均以8月最小。8月平均甲宽,雌性为73.2 mm;雄性为78.3 mm。其后的9—11月间,其甲宽优势组和平均甲宽均呈现逐月增长的趋势。从12月至翌年3月,仍然有甲宽70 mm以下的幼蟹出现,但平均甲宽和甲宽优势组相对较稳定。

(2)体重组成

善泳蟳调查期间的体重分布范围为 28～585 g,优势组为 50～200 g,占 72.5%,平均体重 164.4 g。雄性个体明显大于雌性,其体重分布于 31～585 g,优势组为 100～200 g,占 44.3%,平均体重 191.0 g。而雌性体重分布范围为 28～445 g,优势组为 100～200 g,占 57.1%,平均体重为 136.8 g,比雄性小 54.2 g(图 5-10-5)。

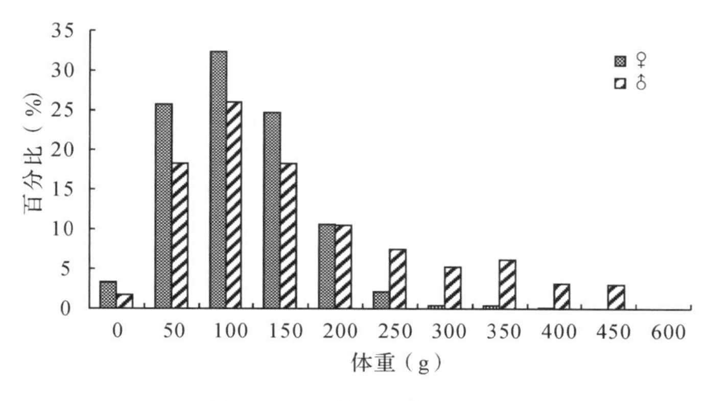

图 5-10-5　善泳蟳体重组成

如图 5-10-6,从各月体重组成的变化情况看,其与甲宽组成基本一致。雌性各月平均体重变化于 75.9～222.7 g;雄性各月平均体重分布于 96.3～294.4 g。不论雌雄性,其个体均以 2009 年 8 月最小,以 2010 年 4 月最大。2009 年 8—11 月间,其平均体重逐月增长;12 月至翌年 3 月仍然有体重 70 g 以下幼蟹出现,但平均体重和体重优势组相对较稳定。

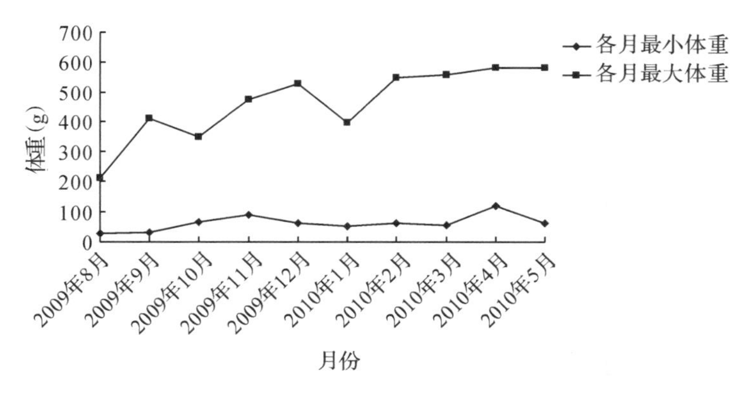

图 5-10-6　善泳蟳各月体重分布范围

2. 甲宽与体重的关系

善泳蟳甲宽(L)与体重(W)的关系呈幂函数(图 5-10-7),其关系式为:

$W_{♀}=1.101\times10^{-4}L^{3.1514}$ ($R^2=0.9683, n=513$)

$W_{♂}=9.302\times10^{-5}L^{3.1809}$ ($R^2=0.9738, n=531$)

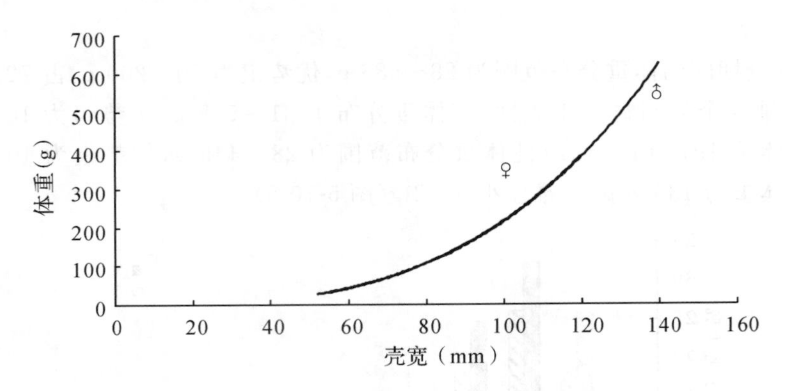

图 5-10-7 善泳蟳甲宽与体重关系

3. 繁殖习性

(1)性比

在所测定的善泳蟳中，雌蟹为 513 只，雄蟹为 531 只，雌雄性比为 1∶1.035，雄性多于雌性。各月雌雄性比变化较大，除 2009 年 9 月、11 月和 2010 年 1 月、4 月、5 月雌性略多于雄性外，其余各月均是雄性多于雌性。

(2)初届性成熟的甲宽和体重

就所得资料分析，善泳蟳初届性成熟达Ⅳ期以上的最小甲宽为 72 mm，最小体重为 76 g。大量性成熟的甲宽为 80～100 mm(75.9%)，体重为 100～250 g(85.1%)。

(3)性腺成熟度

善泳蟳雌性性腺成熟度分布为Ⅱ～Ⅵ期均有出现，调查期间以Ⅲ期和Ⅴ期数量居多，分别占 49.3%、20.3%；Ⅳ期、Ⅱ期较少，占 15.8%、12.7%；Ⅵ期最少，仅占 1.9%，且只出现在 2009 年 8 月、9 月和 2010 年 5 月(图 5-10-8)。

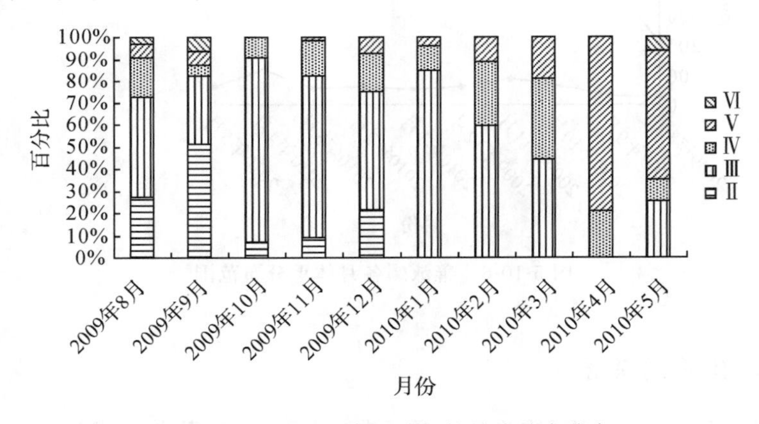

图 5-10-8 善泳蟳各月雌性性腺成熟度分布

从各月性腺成熟度的分布情况看(图 5-10-8)，Ⅱ期出现于 2009 年 8—12 月，9 月出现频数最高，为 51.3%；Ⅲ期除 2010 年 4 月外，其他月份均有出现，2010 年 1 月出现频数最高，为 84.9%，其次为 2009 年 10、11 月，分别为 83.3%、73.0%；Ⅳ期各月均有出现，2010 年 3

月出现频数最高，为 36.5%；Ⅴ期除 2009 年 10 月外，其他月份均有出现，2010 年 4 月、5 月出现频数较高，分别为 78.8%、58.7%；Ⅵ期仅出现于 2009 年 8 月、9 月和 2010 年 5 月，且频数都不大于 6.3%。显然，调查期间各期均出现有 1 次高峰，分别为Ⅱ期出现在 2009 年 9 月；Ⅲ期出现在 2009 年 10 月—翌年 2 月和 2009 年 8—9 月；Ⅳ期出现在 2010 年 2—3 月；Ⅴ期出现在 2010 年 4—5 月；Ⅵ期出现在 2010 年 5 月。由此可见，善泳蟳的生殖期很长，2—5 月为生殖盛期。

4. 摄食

在所测定的 1044 只善泳蟳中，摄食强度分布范围为 0～3 级，以 1 级和 2 级为主，分别占 46.1%和 25.2%；0 级和 3 级均较少，分别占 22.4%和 6.3%。其平均摄食等级为 1.15。

各月摄食强度变化不大，除 2009 年 10 月以 2 级为主外，其余月份均以 1 级居多。不同生活阶段的摄食强度略有不同，平均摄食强度以 2009 年 10 月最高，为 1.96，其次是 2009 年 8 月，为 1.52；2009 年 9 月和 2010 年 3 月的平均摄食强度较低，分别仅为 0.77 和 0.79（表 5-10-2）。

表 5-10-2　善泳蟳各月摄食等级情况

月份	测定尾数	摄食等级(%)				
		0	1	2	3	平均
2009 年 8 月	100	8.0	43.0	38.0	11.0	1.52
2009 年 9 月	150	44.7	35.3	18.0	2.0	0.77
2009 年 10 月	100	0	23.0	58.0	19.0	1.96
2009 年 11 月	100	41.0	30.0	22.0	7.0	0.95
2009 年 12 月	103	22.3	42.7	28.2	6.8	1.20
2010 年 1 月	120	15.0	63.3	21.7	0	1.07
2010 年 2 月	56	16.1	62.5	19.6	1.8	1.07
2010 年 3 月	104	31.7	57.7	10.6	0	0.79
2010 年 4 月	95	10.5	67.4	10.5	11.6	1.23
2010 年 5 月	116	21.6	45.7	26.7	6.0	1.17
调查期间	1044	22.4	46.1	25.2	6.3	1.15

三、渔业与资源状况

1. 渔业状况

根据福建海区蟹类专项调查（2009—2011 年），在闽南单拖作业蟹类渔获物中，善泳蟳占 12.98%，位居第三；生产探捕期间各月都有出现，渔获量为 4117 kg，居第三位。各月渔获量以 8 月和 10 月最高，分别占全年的 33.30%和 24.73%，合占 58.03%；9 月、11 月和 12 月次之，分别占 11.66%、15.81 和 8.77%；1—5 月合计渔获量只有 236 kg，合占 5.73%。

善泳蟳各月的平均网获变动于 1.44～13.05 kg，以 8—12 月较高，月平均网获变动于 4.85～13.05 kg；1—5 月最低，月平均网获仅为 1.44～1.76 kg。善泳蟳年间分布范围很广，网次出现频率为 96.60%。

2. 资源状况

利用扫海面积法评估闽南—台湾浅滩善泳蟳的年资源量为 3226.3 t，我们过去国内多数学者对各海区虾类资源的可捕率取值大小，结合福建海区善泳蟳资源的利用现状，取可捕率为 1.2，据此计算得出闽南—台湾浅滩渔场善泳蟳的可捕量为 3871.6 t。本次调查捕捞渔具为单拖网，蟹类仅是兼捕对象，其产量远不如专门生产蟹类的网具，估算的资源量是偏低的。

第十一节　日本蟳

日本蟳(*Charybdis japonica*)属十足目，梭子蟹科，蟳属，俗称赤甲红、海红、沙蟹、石寄角、石蟹等，为近海暖水性中型经济蟳类，生活于有水草或泥沙质的水底，或潜伏于石块下。我国沿海北起辽宁、南至南海均有分布，且广布于日本、朝鲜、马来西亚以及红海等地，属广温广盐性种类。

全身披有坚硬的甲壳，背面灰绿色或棕红色，头胸部宽大，甲壳略呈扇状，长约 6 cm，宽约 9 cm；前方额缘有明显的尖齿 6 个；前侧缘亦有 6 个宽锯齿，额两侧有具有短柄的眼 1 对，能活动。口器由 3 对颚足组成，前端有大小触角 2 对。胸肢 5 对，第 1 对为强大的螯足，第 2～4 对，长而扁。末端爪状，适于爬行，最后 1 对，扁平而宽，末节片状，适于游泳。腹部退化，折伏于头胸部下方，无尾节及尾肢，雌性腹部呈圆形，雄者呈三角形，腹肢退化，藏于腹的内侧，雌者 4 对，用以抱卵；雄者仅 2 对，且已特化为交配器(图 5-11-1)。

图 5-11-1　日本蟳

头胸甲呈横卵圆形，表面隆起。胃、纵区常具微细的横行颗粒隆线。额稍突，分6锐齿，中间二齿较突，内眼窝齿较任何额齿为大。眼窝背缘具2缝，腹缘具一缝。前侧缘拱起，连外眼窝齿在内共具6锐齿。螯足壮大，不甚对称，长节前缘一般具3壮刺，基部的一枚最小，腕节内末角具一壮刺，外侧面具3小刺，掌节厚，外、内面隆起，背面共具5齿，掌节的外基角具一枚，背面的两条隆脊上各具两枚，两指较掌节为长，表面有纵沟。步足各节背、腹缘均具刚毛，游泳足的长节后绿近末端处具一锐刺，前节与指节均扁平，呈桨状。雄性腹部呈三角形，雌陆的呈长圆形，密具软毛。

一、主要生物学特性

数据来源：2009年8月至2010年5月间，从笼壶、单拖和流刺网作业渔获物中随机取样日本蟳各451、231和170只进行生物学测定。

1. 群体组成

(1)甲宽组成

日本蟳调查期间甲宽分布范围为42～99 mm，优势组为60～80 mm，占67.2%，平均甲宽66.3 mm。雄性个体略大于雌性。雄性甲宽组成范围为42～98 mm，优势组为50～70 mm，占67.3%，平均甲宽68.3 mm；雌性甲宽组成范围为48～99 mm，优势组为60～80 mm，占67.1%，平均甲宽66.3 mm(图5-11-2)。

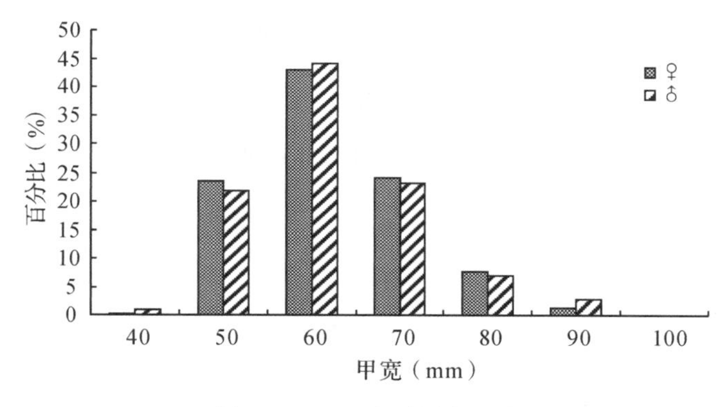

图5-11-2　日本蟳甲宽组成

从各月的甲宽组成变化来看，雌雄性甲宽组成变化均不大。各月甲宽优势组均较集中，雌性优势组分布于60～80 mm；雄性分布于50～70 mm。从平均甲宽看，雌性变动于61.8～73.5 mm，2009年9月最小，2010年2月最大；雄性变动于59.6～75.3 mm，2010年5月最小，2010年3月最大(图5-11-3)。

(2)体重组成

日本蟳调查期间体重分布范围为19～186 g，优势组为60～80 g，占66.3%，平均体重56.3 g。雄雌个体差异甚小。雄性体重组成为19～186 g，优势组为30～60 g，占56.5%，平均体重为56.6 g；而雌性体重组成为20～153 g，优势组为30～60 g，占57.6%。平均体重为56.0 g，两者近乎一致(图5-11-4)。

从各月体重组成的变化情况看，其与甲宽组成基本一致(图5-11-5)。雌雄性体重组成

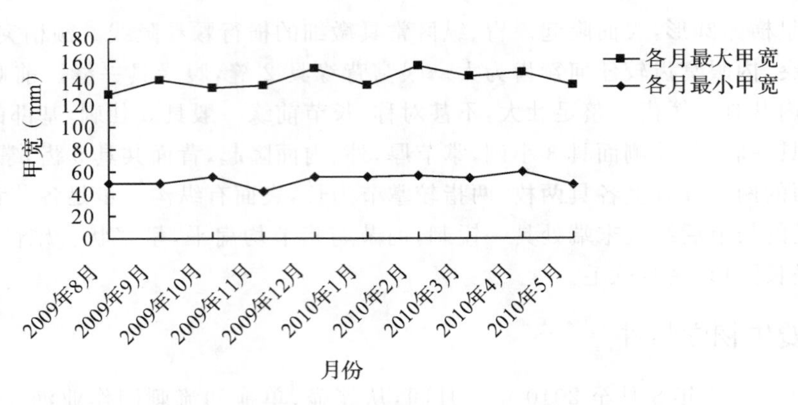

图 5-11-3　日本蟳各月甲宽分布范围

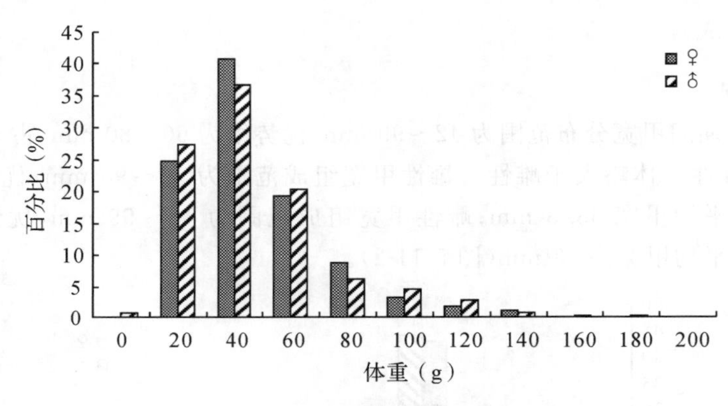

图 5-11-4　日本蟳体重组成

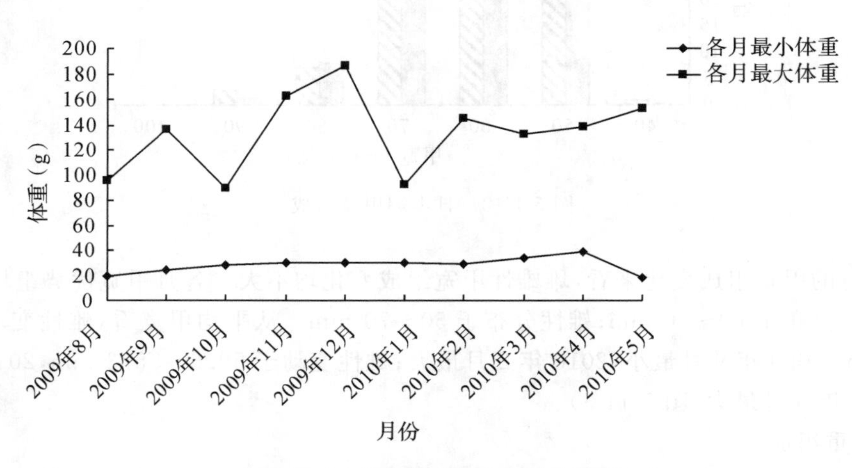

图 5-11-5　日本蟳各月体重分布范围

变化均不大，各月体重优势组均较明显，多数分布于 3 个组距。从平均体重看，雄性各月变动于 40.5～80.2 g，2010 年 5 月最小，2009 年 12 月最大；雌性各月变动于 39.6～71.0 g，2009 年 9 月最小，2010 年 2 月最大。

2. 甲宽与体重的关系

日本蟳甲宽(L)与体重(W)的关系呈幂函数(图 5-11-6),其关系式为:

$W_{♀}=2.001\times10^{-4}L^{2.9724}(R^2=0.9421,n=453)$

$W_{♂}=2.002\times10^{-4}L^{2.9827}(R^2=0.9602,n=398)$

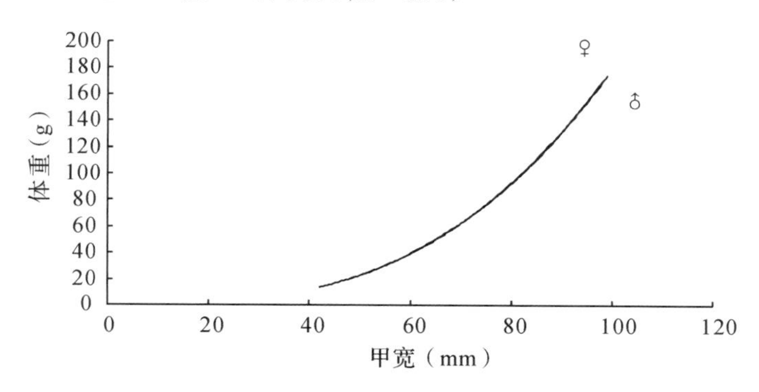

图 5-11-6　日本蟳甲宽与体重关系

3. 繁殖习性

(1)性比

在所测定的日本蟳中,雌蟹为 453 只,雄蟹为 398 只,雌雄性比为 1:0.879,雌性多于雄性。2009 年 8—10 月,雄性多于雌性,其余各月均是雌性多于雄性。

(2)初届性成熟的甲宽和体重

就所得资料分析,日本蟳初届性成熟达Ⅳ期以上的最小甲宽为 48 mm,最小体重为 24 g。大量性成熟的甲宽为 60～80 mm(66.9%),体重为 40～80 g(62.0%)。

(3)性腺成熟度

日本蟳雌性性腺成熟度分布为Ⅱ～Ⅵ期均有出现,全年以Ⅲ期、Ⅴ期和Ⅱ期数量居多,分别占 40.0%,22.7%和 20.7%;Ⅳ期较少,占 11.5%;Ⅵ期最少,仅占 5.1%,而且只出现在 2009 年 12 月和翌年 1 月、2 月、5 月。

从各月性腺成熟度的分布情况看,Ⅱ期出现于 2009 年 8—12 月和 2010 年 2 月、5 月,2009 年 9 月出现频数最高,为 87.5%,11 月次之,为 39.4%;Ⅲ期调查期间均有出现,2009 年 10—12 月出现频数较高,分别为 80.0%、57.4%、82.8%;Ⅳ期除 2009 年 9 月、10 月和 2010 年 2 月外,其余月份均出现,2010 年 3 月和 4 月出现频数较高,分别为 60.0%、57.1%;Ⅴ期出现于 2009 年 8 月和 2010 年 1 月、3—5 月,2010 年 5 月出现频数最高,为 64.1%,2009 年 8 月次之,为 54.3%;Ⅵ期仅出现于 2009 年 12 月和 2010 年 1 月、2 月、5 月。由此推断,日本蟳的生殖盛期为 1—8 月(图 5-11-7)。

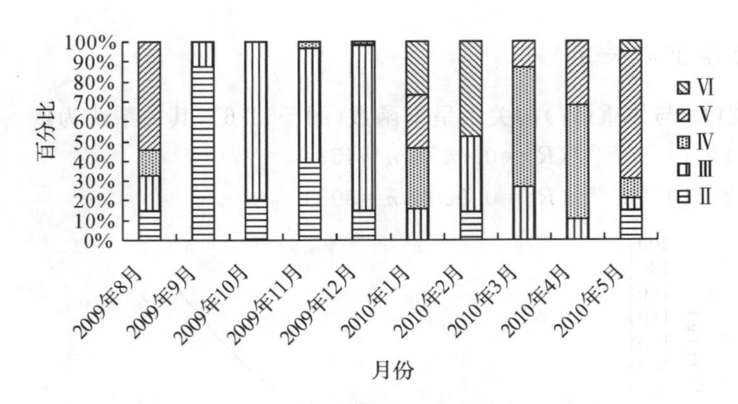

图 5-11-7 日本蟳各月雌性性腺成熟度分布

4. 摄食

在所测定的 850 只日本蟳中，摄食强度分布范围为 0～3 级，以 0 级和 1 级为主，分别占 33.3%和 52.8%；2 级和 3 级均较少，分别占 13.2%和 0.7%。其平均摄食等级为 0.81。

各月摄食强度变化不大，除 2009 年 8 月、10 月和 11 月以 0 级为主外，其余月份均以 1 级居多。越冬阶段的 2009 年 11 月至翌年 1 月间，平均摄食强度相对较低（表 5-11-1）。

表 5-11-1 日本蟳各月摄食等级情况

月份	测定尾数	摄食等级（%）				
		0	1	2	3	平均
2009 年 8 月	105	46.7	44.8	8.6	0	0.62
2009 年 9 月	42	11.9	69.0	16.7	2.4	1.10
2009 年 10 月	78	52.6	41.0	6.4	0	0.54
2009 年 11 月	156	47.4	44.2	8.3	0	0.61
2009 年 12 月	145	33.1	52.4	14.5	0	0.81
2010 年 1 月	50	4.0	90.0	6.0	0	1.02
2010 年 2 月	41	0	82.9	17.1	0	1.17
2010 年 3 月	31	32.3	45.2	12.9	9.7	1.00
2010 年 4 月	45	22.2	42.2	31.1	4.4	1.18
2010 年 5 月	157	28.0	53.5	18.5	0	0.91
调查期间	850	33.3	52.8	13.2	0.7	0.81

二、渔业与资源状况

1. 渔业概况

由于日本蟳多数生活在岛礁周围海域，流刺网、底拖网等作业难以捕获，钓捕作业渔获量又十分有限，因此，20 世纪 80 年代以前，日本蟳资源的开发利用一直未被人们所重视。进入 20 世纪 90 年代以后，随着笼捕梭子蟹技术的广泛推广使用和桁杆拖网作业的发展，日本蟳资源得到进一步开发利用，渔期为 9—12 月。目前，它已成为福建、浙江等地渔民小型蟹笼的常年捕捞对象，沿海居民的主要食用蟹类之一。

根据福建海区蟹类专项调查(2009—2011 年)，在闽南笼壶作业蟹类渔获物中，日本蟳占 15.22%，位居第三，周年总日均产量为 14.3 kg，8 月最高，4 月最低；主要在 282、283 海区。在闽南单拖作业蟹类渔获物中，日本蟳占 2.12%，位居第四，各月渔获量以 12 月—翌年 3 月为主，分别占全年的 6.53%、14.64%、5.57%和 5.07%，合占 31.81%。

2. 资源状况

扫海面积法评估闽南一台湾浅滩日本蟳的年资源量为 527.0 t，我们根据过去国内多数学者对各海区虾类资源的可捕率取值大小，结合福建海区日本蟳资源的利用现状，取可捕率为 1.2，据此计算得出闽南一台湾浅滩渔场日本蟳的可捕量为 527.0 t。本次调查捕捞渔具为单拖网，蟹类仅是兼捕对象，其产量远不如专门生产蟹类的网具，估算的资源量是偏低的。

第十二节　锈斑蟳

锈斑蟳(*Charybdis feriatus*)又名斑纹蟳，属十足目、梭子蟹科、蟳属，俗称花蟹、红花蟹，为广布性，近海暖水性大型经济蟳类，栖息于近海水深 10～50 m，底质为沙、沙泥或珊瑚礁盘海域。它分布于我国东海南部和南海的福建、台湾、广东、广西和海南等省(区)，在日本、泰国、菲律宾、澳大利亚、印度、坦桑尼亚、东非、南非、马达加斯加等地亦有分布。

额有棘刺，棘尖钝圆。背甲光滑无颗粒。背甲的胃域有十字架花纹，在欧美会引起十字架的联想，故不食。甲长常见的在 10 厘米以上。头胸甲宽约为长的 1.6 倍，表面光滑；额具 6 齿，中央 4 齿大小相近，外侧齿窄而尖锐；前侧缘具 6 齿，第一齿平钝，前缘中部内凹，末齿小于其他各齿，但较尖锐而突出。螯脚相当粗壮，左右对称；掌节背面具 4 棘；长节内侧缘具 3 锐棘。头胸甲红棕色，具黄色条纹，而中部前方则有一黄色十字交叉纹。螯脚红色并布有黄色斑纹，二指前端为深啡色(图 5-12-1)。

图 5-12-1　锈斑蟳

一、主要生物学特性

数据来源：2009 年 8 月至 2010 年 5 月间，从笼捕、流刺网和单拖作业渔获物中分别随机取样锈斑蟳 433、175、40 只进行生物学测定。

1. 群体组成

(1)甲宽组成

锈斑蟳调查期间甲宽分布范围为 56～158 mm，优势组为 70～100 mm，占 67.1%，平均甲宽为 89.8 mm。雄性个体与雌性个体大小基本一致，雄性甲宽分布范围为 56～158 mm，优势组为 70～100 mm，占 67.1%，平均甲宽为 90.1 mm；雌性甲宽分布于 57～149 mm，优势组为 70～100 mm，占 67.1%，平均甲宽为 89.5 mm，比雄性小 0.6 mm(图 5-12-2)。

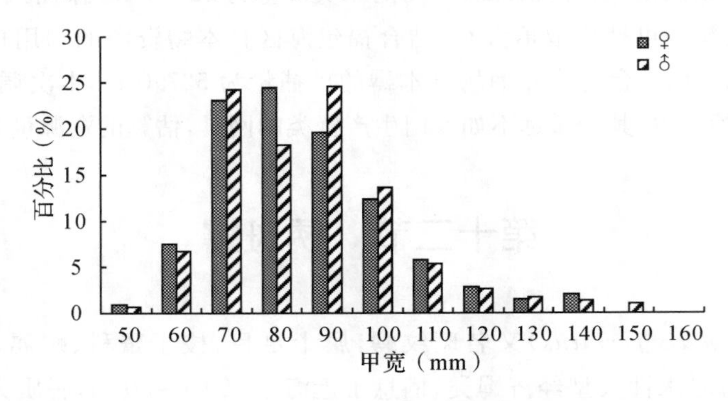

图 5-12-2 锈斑蟳甲宽组成

从各月的甲宽组成变化来看，雄性个体各月平均甲宽均与雌性相差不大，雄性个体各月平均甲宽变化于 77.5～109.9 mm；雌性平均甲宽变化于 76.6～104.7 mm。雌性个体以 2009 年 10 月最小，2010 年 4 月最大；雄性个体也以 2009 年 10 月最小，但以 2010 年 2 月最大。

如图 5-12-3，锈斑蟳最小个体出现于 2009 年 8 月，甲宽为 56 mm。锈斑蟳幼蟹大量加入捕捞群体是从 2009 年 10 月开始，不论雌性还是雄性，渔获个体均以 10 月最小，平均甲

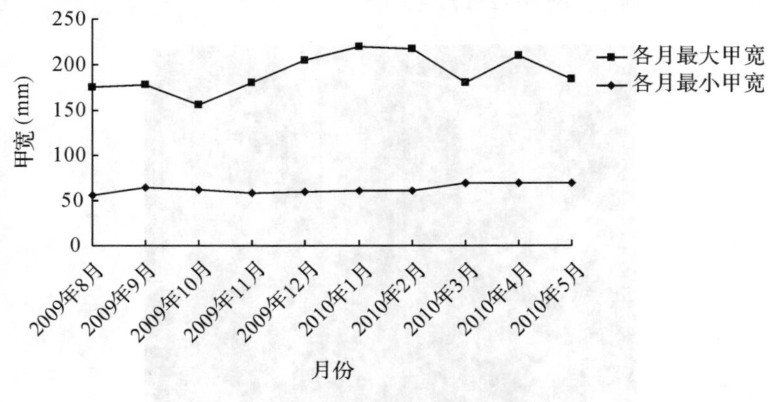

图 5-12-3 锈斑蟳各月甲宽分布范围

宽，雌性为 76.6 mm；雄性为 77.5 mm。2009 年 8—10 月间，甲宽优势组和平均甲宽都较小，其后的 11 月至翌年 1 月间，其甲宽优势组和平均甲宽均呈现逐月增长的趋势。2010 年 2—5 月甲宽组成相对较稳定，除 4 月、5 月外，调查期间各月均有甲宽 70 mm 以下的幼蟹出现。

(2)体重组成

锈斑蟳调查期间体重分布范围为 26～560 g，优势组为 50～150 g，占 67.7%，平均体重为 128.4 g。雄性个体略大于雌性，其体重分布于 30～560 g，优势组为 50～150 g，占 65.4%，平均体重为 131.2 g。而雌性体重分布范围为 26～450 g，优势组为 50～150 g，占 69.7%，平均体重为 126.0 g，比雄性小 5.2 g(图 5-12-4)。

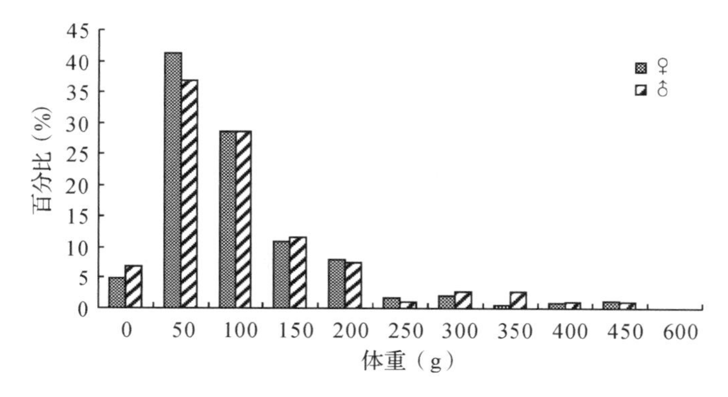

图 5-12-4　锈斑蟳体重组成

从各月体重组成的变化情况看，其与甲宽组成基本一致(图 5-12-5)。雄性各月平均体重分布于 73.5～235.6 g；雌性各月平均体重变化于 71.6～193.2 g。不论雌雄性，其个体均以 2009 年 10 月最小，雌性个体 2010 年 1 月最大，雄性个体 2010 年 2 月最大。2009 年 10—翌年 1 月间，平均体重逐月增长；除 2010 年 3 月、5 月，调查期间均有体重 50 g 以下幼蟹出现；2009 年 12 月至次年 5 月间，雌性由于抱卵个体数量多，平均体重明显增大。

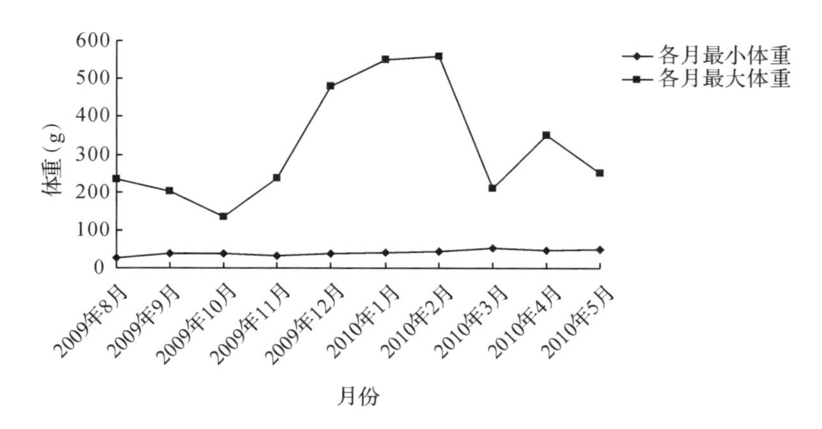

图 5-12-5　锈斑蟳各月体重分布范围

2. 甲宽与体重的关系

锈斑蟳甲宽(L)与体重(W)的关系呈幂函数(图 5-12-6),其关系式为:

$W_♀=3.499\times10^{-4}L^{2.8223}(R^2=0.9692,n=347)$;

$W_♂=2.301\times10^{-4}L^{2.9145}(R^2=0.9660,n=301)$。

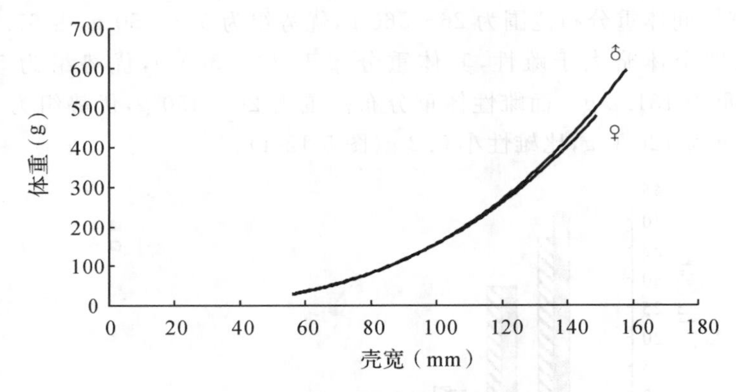

图 5-12-6 锈斑蟳甲宽与体重关系

3. 繁殖习性

(1)性比

在所测定的锈斑蟳中,雌蟹为 347 只,雄蟹为 301 只,雌雄性比为 1:0.867,雄性少于雌性。除 11 月雌性远多于雄性外,其余各月均是雌雄个体比例基本相当。

(2)初届性成熟的甲宽和体重

就所得资料分析,锈斑蟳初届性成熟达Ⅳ期以上的最小甲宽为 65 mm,最小体重为 46 g。大量性成熟的甲宽为 100～120 mm(52.1%),体重为 150～250 g(50.0%)。

(3)性腺成熟度

锈斑蟳雌性性腺成熟度Ⅱ～Ⅵ期均有出现,以Ⅲ期和Ⅱ期数量居多,分别占 53.6%和 31.1%;Ⅳ期和Ⅴ期均较少,分别占 7.8%和 5.2%;Ⅵ期最少,仅占 2.3%,只出现在 2010 年 1—3 月和 5 月。

从各月性腺成熟度的分布情况看,Ⅱ期出现于调查期间各月,2009 年 8 月出现频数最高,为 53.7%,2010 年 2 月和 2009 年 10 月次之,分别为 50.0%和 44.0%;Ⅲ期全年均有出现,且频数较高,均大于 30.0%,其中 2009 年 9 月出现频数最高,为 72.1%;Ⅳ期除 2009 年 10 月和 2010 年 2、5 月外,其余月份均有出现,3—4 月出现频数较高;Ⅴ期出现于 2009 年 8 月、11 月、12 月和翌年 1 月、2 月、4 月,4 月出现频数最高,为 33.3%;Ⅵ期仅出现于 2010 年 1—3 月和 5 月。显然,各期均出现有 1～2 次高峰,分别为:Ⅱ期出现在 2009 年 8 月和 2010 年 2 月;Ⅲ期出现在 2009 年 9 月和 2010 年 5 月;Ⅳ期出现在 2010 年 3—4 月;Ⅴ期出现在 2010 年 4 月;Ⅵ期出现在 2010 年 5 月。由此可见,锈斑蟳的生殖盛期为 1—5 月(图 5-12-7)。

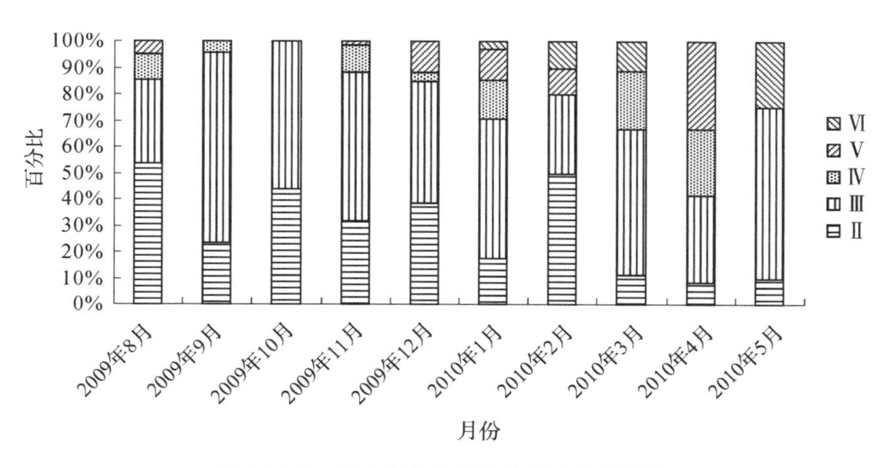

图 5-12-7 锈斑蟳各月雌性性腺成熟度分布

4. 摄食

在所测定的 648 只锈斑蟳中，摄食强度分布范围为 0～3 级，以 1 级和 0 级为主，分别占 48.3%和 34.6%；2 级和 3 级均较少，分别占 15.0%和 2.2%。其平均摄食等级为 0.85。

各月摄食强度变化不大，除 2009 年 10 月、2010 年 5 月分别以 0 级、2 级为主，其余月份均以 1 级居多。不同生活阶段的摄食强度略有不同，平均摄食等级以 2010 年 5 月最高，为 1.70，2009 年 10 月最低，为 0.51。

表 5-12-1 锈斑蟳各月摄食等级情况

月份	测定尾数	摄食等级(%)				
		0	1	2	3	平均
2009 年 8 月	90	45.6	47.8	6.7	0	0.61
2009 年 9 月	126	45.2	52.4	2.4	0	0.57
2009 年 10 月	47	51.1	46.8	2.1	0	0.51
2009 年 11 月	105	27.6	48.6	21.9	1.9	0.98
2009 年 12 月	95	40.0	47.4	8.4	4.2	0.77
2010 年 1 月	70	25.7	60.0	12.9	1.4	0.90
2010 年 2 月	19	26.3	47.4	21.1	5.3	1.06
2010 年 3 月	20	20.0	60.0	20.0	0	1.00
2010 年 4 月	25	16.0	48.0	28.0	8.0	1.28
2010 年 5 月	51	7.8	21.6	62.7	7.8	1.70
调查期间	648	34.6	48.3	15.0	2.2	0.85

二、渔业与资源状况

1. 渔业概况

锈斑蟳个体大，经济价值高，营养丰富，很早以来就已成为沿海渔民的捕捞对象。由于其在东海区的资源数量不多，过去在三疣梭子蟹资源较好的时候，锈斑蟳一直作为兼捕对象。20 世纪 90 年代以后，随着蟹笼作业的兴起和三疣梭子蟹的逐年不景气，锈斑蟳资源逐渐成为主捕对象，渔获量迅速提高。

根据福建海区蟹类专项调查(2009—2011 年)，在闽南笼壶作业蟹类渔获物中，锈斑蟳占 4.54%，位居第六，周年总日均产量为 4.27 kg，8 月最高，4 月最低；主要在 282、283 海区。在闽南单拖作业蟹类渔获物中，锈斑蟳占 1.05%，位居第五，各月渔获量以 2—5 月为主，分别占全年的 3.3%、2.84%、3.40%和 2.38%，合占 11.92%。

2. 资源状况

利用扫海面积法评估闽南一台湾浅滩锈斑蟳的年资源量为 261.0 t，我们根据过去国内多数学者对各海区虾类资源的可捕率取值大小，结合福建海区锈斑蟳资源的利用现状，取可捕率为 1.2，据此计算得出闽南一台湾浅滩渔场锈斑蟳的可捕量为 313.2 t。本次调查捕捞渔具为单拖网，蟹类仅是兼捕对象，其产量远不如专门生产蟹类的网具，估算的资源量是偏低的。

第十三节　蟹类资源养护与管理

1. 调整海洋捕捞作业结构

继续调整近海捕捞作业结构，减轻经济幼蟹资源的损害程度。今后，我们应通过不同作业的税费征收、配额捕捞等渔业管理措施，改变以往注重投入管理，忽视产出管理的倾向；限制底层拖网和定置张网的盲目发展，引导部分中小型底层拖网作业轮作、兼作笼壶和流刺网等“优高”作业，鼓励大功率底层拖网渔船通过技术改造，因地制宜地发展疏目笼壶作业，以捕捞资源状况较好的拥剑梭子蟹、红星梭子蟹、善泳蟳、远海梭子蟹和锈斑蟳等经济蟹种，减轻对内湾、近岸三疣梭子蟹、拟穴蟹青蟹幼蟹资源的损害；大力压缩沿岸、近海定置张网的数量规模和作业范围，减轻对经济幼蟹和幼鱼资源的损害；积极扶持对资源利用较合理，且仍有一定开发潜力的笼壶、刺网和光诱等优良作业。

2. 限制内湾、稳定近海、拓展外海蟹类捕捞作业

内湾、近岸海域为多种经济幼蟹苗种资源的重要索饵生长场所，也是张网、刺网和笼壶等多种小型作业的主要捕捞海域。我们应严格限制上述小型作业的生产水域和渔具数量规模，尽量避免繁殖盛期在幼蟹苗种场作业生产；对有一定开发潜力的幼蟹苗种资源，也应严格控制幼蟹苗种的捕捞数量；稳定近海笼壶和刺网渔业规模，拓展台湾海峡南北两翼外海蟹

类生产渔场，积极开发闽东北外海细点圆趾蟹、锈斑蟳和红星梭子蟹等经济蟹类资源，以及闽南一台湾浅滩渔场东南部红星梭子蟹、锈斑蟳、日本蟳、武士蟳和锐齿蟳等经济蟹类资源。

3. 遏制亲蟹和幼蟹资源过度利用、加大秋冬季成蟹资源开发力度

福建海区蟹类生物学特性的研究结果表明，3—4 月是多种经济蟹类的繁殖盛期，5—6 月是幼蟹数量出现的高峰期，在此蟹类的主要繁育季节，应严格控制海区亲蟹和幼蟹资源的过度开发利用，以保障蟹类资源的正常繁衍生长和可持续利用。由于蟹类的生命周期短，为一年生种类，从成蟹群体逐步发育成熟，进入生殖群体期间即使未捕捞利用也会发生大量自然死亡现象，因此，7 月伏季休渔结束后，我们即可组织笼壶和刺网优良作业开发利用海区蟹类资源，10 月—翌年 2 月秋冬季蟹类个体肥壮，商品价值高，应加大资源开发力度，以提高蟹类捕捞的经济效益。

4. 开展海区资源动态监测和苗种增殖放流工作

为了恢复和优化近海生态系统，我们必须加强经常性的渔业资源和水域环境动态的监测调查，以及海区生态基础的研究工作；并根据海区食物链重组的需要，增选新的适宜放流种群，通过试验不断扩大放流品种和数量规模，以达到优化海区资源的品种和数量结构。

5. 实施 TAC 管理制度

在继续贯彻执行伏季休渔制度的同时，我们要积极开展主要经济品种的最大允许渔获量(TAC)及实施 TAC 管理制度配套措施的可行性研究。对渔业资源实行 TAC 管理，系当今国际上通用且比较有效的渔业管理方法。我们应及早开展这方面的研究，在借鉴国外配额捕捞的先进管理模式的同时，结合福建省海洋捕捞的实际情况，设计、研究出切实可行、可供渔业管理部门实际操作的配额捕捞管理模式。

6. 大力提升蟹类产品加工出口

积极开展蟹类产品精深加工，加快研制加工处理机械、生产线和废弃物处理设备，全面提升蟹类产品加工工艺、装备现代化和质量安全水平；加强蟹类产品冷链物流体系，保持蟹类产品国际贸易稳定协调发展。

7. 积极开发外海和远洋蟹类渔业

有序开发外海渔业资源，过洋性蟹类捕捞，积极开发深海蟹类生物资源；加强科技研发，提高外海和远洋调查、探捕能力。

第六章 头足类

第一节 剑尖枪乌贼

剑尖枪乌贼[*Loligo edulis*(Hoyle)],属头足类十腕目枪乌贼科枪乌贼属,俗称剑端锁管、透抽、拖鱿鱼,为近海暖温性种类,白天多栖息于中下层,夜间多活跃于中上层,随季节不同,在20~210m水深海区均有其踪迹,在中国东南海域和菲律宾群岛海域均有分布。

剑尖枪乌贼体圆锥形,中等粗壮,后部削直,雄性腹部中线具纵皱,胴长约为胴宽的4倍;体表具大小相间的近圆形色素斑。鳍略呈纵菱形,后缘略凹,长约为胴长的60%~70%。触腕穗膨大,吸盘4列,掌部中间列约16个吸盘扩大,大吸盘内角质环具30~40个大小相间的圆锥形尖齿。腕式一般为3>4>2>1,吸盘2列,吸盘内角质环远端2/3具8~11个长板齿,近端1/3齿退化或光滑。雄性左侧第4腕远端2/3茎化,茎化部吸盘特化为乳突。内壳角质,羽状。直肠两侧各具1个纺锤形发光器(图6-1-1)(宋海棠,2009)。

图6-1-1 剑尖枪乌贼

一、数量分布

1. 渔业资源密度的年间变化

根据福建省水产研究所2007—2008年的调查结果，在闽东渔场光诱敷网作业渔获组成中，枪乌贼每年所占渔获比例差别不大，其中，2007年占39.5%，2008年占38.2%，生产旺汛期6—8月占渔获比例高达80%～90%。各月以捕剑尖枪乌贼为主，剑尖枪乌贼约占枪乌贼产量的85%。那么，根据光诱敷网作业的网次渔获量计算，剑尖枪乌贼在闽东渔场的资源密度各月变化于19.5～104.5 kg/网之间，4月和5月平均网产较高，分别为88.9 kg/网和104.5 kg/网(图6-1-2)；从全年平均网产变化看，2008年剑尖枪乌贼的资源密度为72.4 kg/网，高于2007年(55.9 kg/网)的29.5%(图6-1-3)。

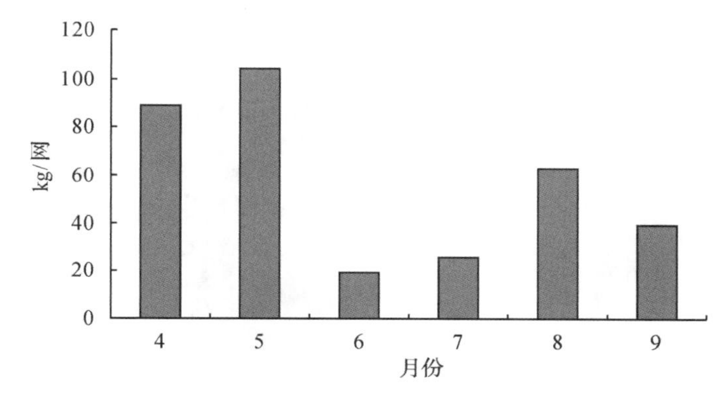

图6-1-2　2007年4—9月闽东渔场剑尖枪乌贼生物量密度

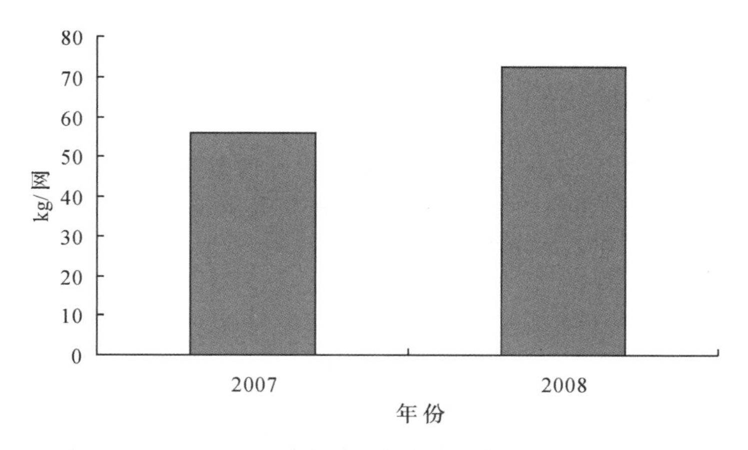

图6-1-3　2007—2008年闽东渔场剑尖枪乌贼生物量密度比较

2. 渔业资源生物量的空间分布

2000—2001年，福建省水产研究所在闽东渔场设置11个站位开展大面积调查，剑尖枪乌贼占总渔获量的5%，在11个站位的资源密度分布为0.67～0.98 kg/h，平均为0.79

kg/h,夏季最高为 0.98 kg/h,冬季最低为 0.67 kg/h;资源密度最低(0.19 kg/h)站位和最高(1.51 kg/h)站位均在近岸同一海域,分别在春季和夏季(图 6-1-4)。

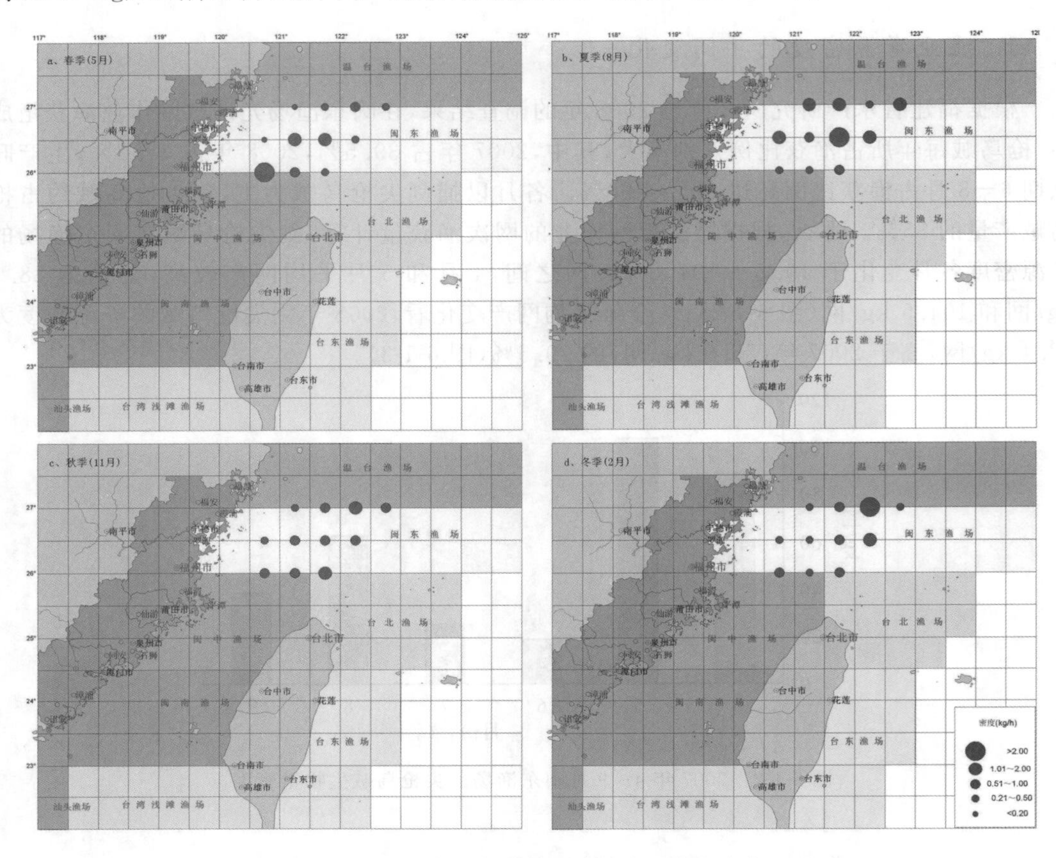

图 6-1-4　闽东渔场单拖剑尖枪乌贼资源密度

二、主要生物学特性

2007—2008 年 4—8 月,福建省水产研究所利用光诱敷网作业对闽东渔场进行渔业资源调查,每月从渔获物中随机取样计 370 尾样品,测定其胴长、体重、雌性性腺发育成熟度、摄食强度等生物学资料,经分析,其结果如下:

1. 群体组成

2007 年 6—8 月剑尖枪乌贼渔获群体胴长分布为 75～390 mm,优势组 150～180 mm,平均胴长 174.4 mm;体重分布 24～555 g,优势组 120～180 g,平均体重 157.6 g(表 6-1-1)。

表 6-1-1　2007—2008 年闽东渔场光诱敷网调查剑尖枪乌贼群体组成

年份	胴　长(mm)			体　　重(g)		
	范 围	优势组	平均	范 围	优势组	平均
2007	75～390	150～180	174.4	24～555	120～180	157.6
2008	58～390	110～170	157.7	13.8～555.0	70～160	129.6

2007年6—8月的平均胴长分布146.7～230.3 mm，6月胴长分布75～300 mm，平均胴长146.7 mm；7月胴长分布155～280 mm，平均胴长199.8 mm；8月胴长分布152～390 mm，平均胴长230.3 mm；各月平均体重分布106.1～261.2 g，与胴长变化相为一致，同样是6月最小，8月最大(表6-1-2)。

表6-1-2 2007年闽东渔场光诱敷网调查剑尖枪乌贼群体组成

月份	尾数	胴长(mm)			体重(g)		
		范围	优势组	平均	范围	优势组	平均
6月	50	75～300	100～150	146.7	24～387	90～110	106.1
7月	50	155～280	150～190	199.8	109.8～405.0	150～190	205.0
8月	50	152～390	150～170 250～270	230.3	105.8～555.9	180～220	261.2
合计	150	75～390	150～180	174.4	24～555	120～180	157.6

2008年4—8月剑尖枪乌贼群体的胴长分布为58～390 mm，优势组110～170 mm，占48.3%，平均胴长157.7 mm；体重分布为13.8～555.0 g，优势组70～160 g，占40.1%，平均体重129.6 g。各月平均胴长分布为67.5～228.3 mm，4—5月渔获个体小，以捕索饵群体为多；6—8月渔获个体较大，4—9月渔获群体的体重分布13.8～555.0 g，优势体重组70～160 g，占40.1%，各月体重组成变化与胴长变化一致，4月最小，8月最大(表6-1-3，图6-1-5、图6-1-6)。

表6-1-3 2008年闽东渔场光诱敷网各月剑尖枪乌贼群体组成

月份	尾数	胴长(mm)			体重(g)		
		范围	平均	优势组(%)	范围	平均值	优势组(%)
4	20	58～82	67.5	60～70(55.0)	13.8～35.3	24.3	20～25(35.0)
5	50	85～150	127.7	100～130(57.6)	35.1～117.8	70.5	50～80(42.4)
6	50	142～390	215.1	150～200(38.9)	105.0～555.0	207.6	100～200(61.1)
7	50	143～285	195.6	200～250(36.7)	99.0～412.0	201.3	100～150(36.7)
8	50	152～340	228.3	200～270 (40.0)	103.5～532.9	231.5	100～200(45.0)
4～8	220	58～390	157.7	110～170(48.3)	13.8～555.0	129.6	70～160(40.1)

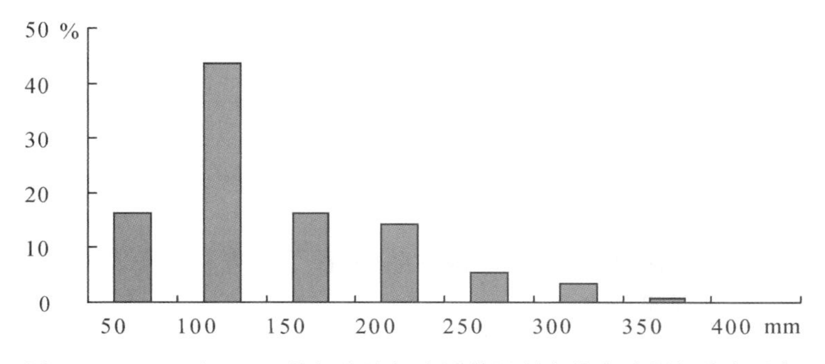

图6-1-5 2008年4—8月闽东渔场光诱敷网剑尖枪乌贼胴长分布(%)

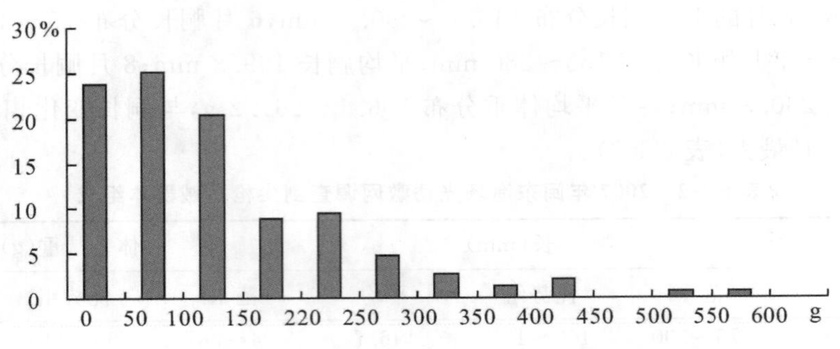

图 6-1-6 2008 年 4—8 月闽东渔场光诱敷网剑尖枪乌贼体重分布(%)

2. 生殖期

2008 年光诱敷网作业渔获剑尖枪乌贼各月雌性性腺发育成熟度分布:5 月份雌性性腺发育成熟度为Ⅱ、Ⅲ期,分别占 75.0%和 25.0%;6—8 月期间各月均有雌性性腺发育成熟度Ⅳ、Ⅴ亲体出现,其中 6 月雌性性腺成熟度为Ⅲ期,占 90.9%,Ⅳ期占 9.1%;7 月雌性性腺发育成熟度以Ⅲ期和Ⅳ期为主,分别占 66.7%和 33.3%;8 月雌性性腺发育成熟度Ⅳ期占 25.0%,Ⅴ期占 12.5%。剑尖枪乌贼每月都有繁殖活动,具有春生群、夏生群和秋生群的特点,产卵盛期在 7—8 月(表 6-1-4)。

3. 摄食强度

剑尖枪乌贼摄食强度以 0 级为主,其次为 3 级,其中 6 月份 3 级占 66.7%,4 级占 22.2%,在 7—8 月的产卵活动中,空胃率较高,分别占 10 和 15%。繁殖活动期间摄食频率低,空胃率较高,产卵后摄食强度较高(表 6-1-4)。

表 6-1-4 2008 年 5—8 月闽东渔场剑尖枪乌贼性腺成熟度与摄食等级

月份	性腺成熟度				摄食等级				
	Ⅱ	Ⅲ	Ⅳ	Ⅴ	0	1	2	3	4
5	75	25	0	0	69.5	28.8	1.7	0	0
6	—	90.9	9.1	—	0	0	11.1	66.7	22.2
7	0	66.3	33.3	—	10	25	25	40	—
8	0	62.5	25	12.5	15	20	20	45	—
合计	28.1	56.3	12.5	3.1	39.3	22.2	10.3	24.8	3.4

4. 食性

剑尖枪乌贼属于凶猛肉食性种类,以摄食鲐鲹、沙丁鱼等稚幼鱼及虾类和大型浮游动物为主,此外,同类的蚕食现象严重。

综合以上所述的情况,光诱敷网作业 4—5 月渔获的剑尖枪乌贼个体比较小,群体中胴长小于 100 mm 的个体占多数,最小胴长为 58 mm,最大胴长不超过 150 mm,主要是前年秋季生的索饵群体；6—8月生产旺汛期渔获的个体都较大，以捕胴长180～250 mm群体为主，其中7—8月性腺发育达Ⅳ、Ⅴ期，合占30%～40%，主要是夏、秋季产卵群体。

三、渔业与资源状况

1. 渔业状况

(1)主要作业渔具及数量变化

在2003年之前，闽东渔场无专业捕捞剑尖枪乌贼的作业，剑尖枪乌贼仅作为拖网作业的兼捕对象，据1990年和2000年拖网定点调查资料，剑尖枪乌贼产量占拖网作业产量的3.7%～4.7%。近年来，闽东地区已经没有拖网作业，目前投产在闽东渔场光诱敷网的作业船有130多艘，多数属于大中型作业船，主机功率以400 kW为主；一般情况下，单船剑尖枪乌贼的产量有40～500 t，全场剑尖枪乌贼年渔获量约为5500 t。

(2)主要作业渔场、渔期

剑尖枪乌贼的渔汛至少为3—10月，旺汛期约8—10月。中心渔场呈现由西南向东北缓慢移动的趋势。6月、7月以247、248、249渔区产况较好，8－10月缓慢移动至239、240、230、220、221渔区。

2. 资源特点

(1)剑尖枪乌贼与中国枪乌贼一样都属于生命周期短的种类，一年性成熟。其食性广、生长快、繁殖力强、世代更新快、补充量大，在闽东渔场，其群体数量大，分布范围较广，在枪乌贼群聚数量中占85%左右。4—11月间，剑尖枪乌贼群体遍布东海南部和中部。

(2)分布在东海南部和中部的剑尖枪乌贼，仅进行季节性南北及深浅短距离的繁殖和索饵洄游。

(3)剑尖枪乌贼具有春、夏季和秋季三个产卵群体，且分期、分批产卵的特点。1尾成熟的雌体怀卵量达$(1\sim2)\times10^4$粒，孵化期约1个月，刚孵化的稚仔鱼胴长约4 mm，每月平均可生长18～20 mm，经过3～4个月的发育生长后就加入捕捞群体(唐启生，2006)。生物学意义上，我们可充分利用饵料生物，提高幼体的成活率，在环境条件发生突变情况下，亦不致造成毁灭性的死亡。

(4)剑尖枪乌贼具趋光性，有明显的垂直移动现象，白天喜栖于底层，夜间活动于中上层。

3. 资源量

福建省水产研究所于1989—1990年，开展"闽东北外海渔业资源调查和综合开发研究"项目，依扫海面积法估算，评估海域约21001 km^2，头足类资源量为5232 t，可捕量为3662 t，其中剑尖枪乌贼约3000 t；闽东渔场的面积为64825 km^2，按照以上的估算，闽东渔场剑尖枪乌贼的资源为9260 t。2006年国家科技部126项目专项调查，以扫海面积法和声学评估法估算了东海南部近海、东海南部外海和台湾海峡剑尖枪乌贼的资源量。我们用扫海面积法估算结果：东海南部近海剑尖枪乌贼资源量约为2990 t、台湾海峡为9.94 t；声学法评估结果：东海南部近海剑尖枪乌贼资源量约为261862 t、台湾海峡为7082 t(张秋华，2006)。

两种方法的评估结果悬殊相当大。

4. 资源养护与管理建议

剑尖枪乌贼食性广、生长快、繁殖力强、世代更新快、补充量大，分布范围较广，在3—12月间剑尖枪乌贼群体遍布东海海域，其群体数量大，在枪乌贼群聚数量中占70%～90%。从拖网(包括双拖、虾拖、单拖)和光诱敷网捕捞群体组成结构可看出，各个月都有新的补充群体，从而保证其资源量的相对稳定，另一方面是在当前传统的主要底层经济鱼类资源衰退的情况下，为其提供了广阔的生存空间和丰富的饵料生物，使剑尖枪乌贼资源量近年来不断上升，现已为东海区最主要的经济种类。

但根据多年来拖网、光诱敷网作业监测结果，拖网(包括单拖、双拖、虾拖作业)所利用的剑尖枪乌贼主要是当年生的、个体较小的索饵群体，不仅经济价值低，而且过量利用索饵群体将会导致翌年生殖群体数量减少；光诱敷网生产汛期春、夏汛以捕生殖群体为多，秋季9—10月以捕当年生的补充群体为主，大部分个体性腺发育未成熟，直接影响枪乌贼资源量的补充。为合理利用和保护枪乌贼的渔业资源，我们提出以下建议。

(1)严格执行光诱敷网和拖网作业休渔管理制定

实行伏季休渔制度，将会更有效地保护中国枪乌贼产卵群体、枪乌贼栖息和产卵环境，除严格执行光诱敷网和单拖作业休渔管理制度外，秋冬季应加以控制拖网作业对当年春生索饵群体的利用，尽量避免导致翌年生殖群体数量减少，有效保护枪乌贼产卵群体和索饵群体、枪乌贼栖息和产卵环境。

(2)积极扶持传统鱿钓作业

鱿钓作业操作方便，渔具选择性好，渔获个体大，经济价值较高，有利于合理开发利用枪乌贼资源，保护海洋渔业生态环境。但是，近年来，由于单拖、灯光围网、光诱敷网相继投入开发利用，这些渔具的产量大，经济效益高，相比之下，鱿钓作业远远不如，致使作业船数大为减少。目前拖网作业和光诱敷网作业的伏季休渔期正是枪乌贼盛渔期，我们可结合捕捞结构调整，进行技术改进，组织鱿钓作业，适当开发利用枪乌贼资源。

(3)加强光诱敷网作业和拖网作业常年监测调查

我们应加强光诱敷网作业和拖网作业的常年监测调查，及时掌握渔业生产动态和资源动态，提出每年最佳捕捞量，为保证枪乌贼资源可持续利用提供依据和管理模式。尤其是东海南部海域地处闽、浙、台交界，属于公海范畴，另据了解，在调查海区外侧的229、、230、239、240、249、250、231、241、251渔区(26°30′～27°30′N，122°00′～123°30′E)每年7—10月，有日本、港台等渔船从事捕鱿作业。因此，我们今后应加强枪乌贼渔业资源动态监测，根据其资源的动态，及时调整捕捞力量，提高竞争能力。

(4)开展加工和综合利用研究，提高其附加价值

剑尖枪乌贼鱼汛期在夏秋季，温度高，鱼货不易保鲜，质量常受影响；目前国内的枪乌贼以保鲜和干制品畅销于海鲜市场，但国外市场则有多种加工产品上市；另枪乌贼的肝脏、性腺都比较发达，生殖季节时肝脏、性腺约占鱼体总重的三分之一，目前枪乌贼内脏尚未加工利用等，因此，我们应开展保鲜技术和综合加工的研究，提高产品的价值。

第二节　杜氏枪乌贼

杜氏枪乌贼(*Uroteuthis duvauceli*)属浅海性种类，具有趋光性，栖息于印度洋—太平洋暖水区大陆架以内的 30～170 m 水层中，产卵季节大规模集群。它在中国主要分布在东海南部、台湾海峡和南海。

形态特征：胴部圆锥形，粗壮、后部削直，胴长约为胴宽的 4 倍；体表具大小相间的近圆形色素斑，均属小型。鳍长超过胴长的二分之一，后部略向内弯，两鳍相接略呈纵菱形。无柄腕长度有所差异，腕式一般为 3>4>2>1，吸盘 2 行，各腕吸盘以第 2、第 3 对腕上者较大，吸盘角质环具长板齿 6～7 个；雄性左侧第 4 腕茎化，从顶端向后约占全腕长度四分之一处的吸盘特化为两行尖形突起；触腕穗吸盘 4 行，中间两行大，边缘、顶部和基部者小，大吸盘角质环具大小尖齿；呈大大大、小小或大大、小小式混杂排列，小吸盘角质环具大小相近的尖齿(图 6-2-1)。

图 6-2-1　杜氏枪乌贼

一、数量分布

数据来源：福建省水产研究所 2016 年 4 月(春季)和 11 月(秋季)在闽南渔场开展的底层单拖作业调查。

1. 渔获重量密度指数的季节变化

2016 年闽南渔场杜氏枪乌贼春季调查总渔获质量为 1.99 kg，秋季调查总渔获质量为 22.07 kg。春季分布在 7 个渔区，分布比较均匀，出现频率为 70.0%；秋季群体数量主要集中在闽南渔场北部(283 渔区)，CPUE 最大，为 16852.9 g/h。可见，秋季杜氏枪乌贼群体数量远大于春季。

2. 渔获数量密度指数的季节变化

从季节分布看,出现站位的平均尾数密度以秋季指数最高,为 104.87 ind./h,分布渔区数量为 7 个;其次是春季,为 15.71 ind./h,分布渔区数量为 7 个。可见,夏季渔获数量密度指数明显高于春季。

3. 种群聚集特性的季节变化

春季,杜氏枪乌贼分布在 7 个渔区,主要种群数量(88.52%)分布于 283、292、293、301、302 渔区,种群聚集强度最弱,种群主要由 5 个渔区组成,聚块指数较小。杜氏枪乌贼种群数量(88.52%)分布渔区的平均 CPUE 为 353.1 g/h。

秋季,杜氏枪乌贼种群数量(76.36%)集中在 283 渔区,分布渔区的平均 CPUE 为 16852.9 g/h。杜氏枪乌贼主要种群数量分布渔区的平均 CPUE 秋季大于春季,因此,杜氏枪乌贼平均拥挤度秋季大于春季。秋季,杜氏枪乌贼种群主要由 1 个渔区组成,春季,杜氏枪乌贼种群主要由 5 个渔区组成,因此,杜氏枪乌贼种群聚集度和聚块性,秋季比春季强。

Mrisita 指数、聚块指数秋季大于春季,表明种群聚集强度秋季大于春季;平均拥挤度秋季大于春季,表明种群平均密度秋季大于春季(表 6-2-1)。

表 6-2-1 杜氏枪乌贼种群聚集特性

类型	秋季	春季
平均拥挤度	14606.73	370.14
聚块指数	5.96	1.7
Mrisita 指数	5.41	1.59

二、主要生物学特性

1. 群体组成

(1)胴长组成

杜氏枪乌贼春季胴长分布范围为 12～112 mm,平均胴长 54.2 mm,标准偏差 16.3,优势胴长组为 40～80 mm(图 6-2-2)。秋季胴长分布范围为 46～136 mm,平均胴长 81.5 mm,标准偏差 20.1,优势胴长组为 60～100 mm(图 6-2-3)。春季和秋季胴长分布范围为 12～136 mm,平均胴长 70.6 mm,标准偏差 22.9,优势胴长组为 40～100 mm(图 6-2-4)。

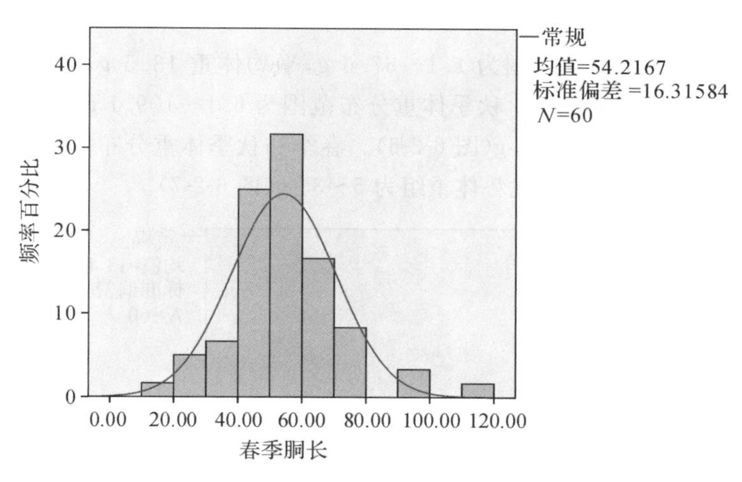

图 6-2-2 杜氏枪乌贼春季胴长分布

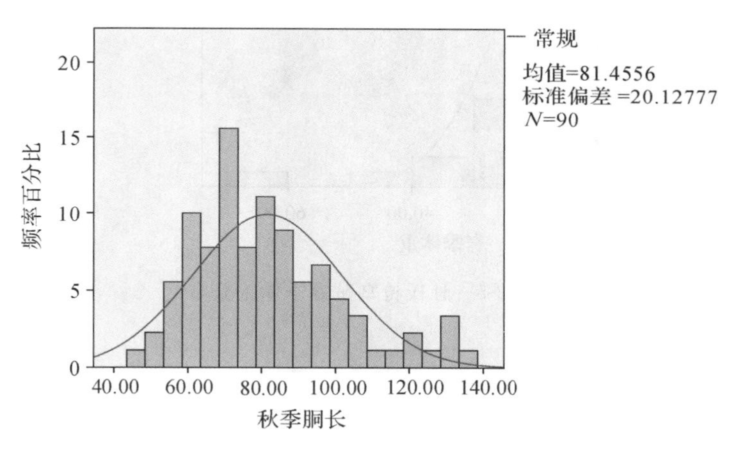

图 6-2-3 杜氏枪乌贼秋季胴长分布

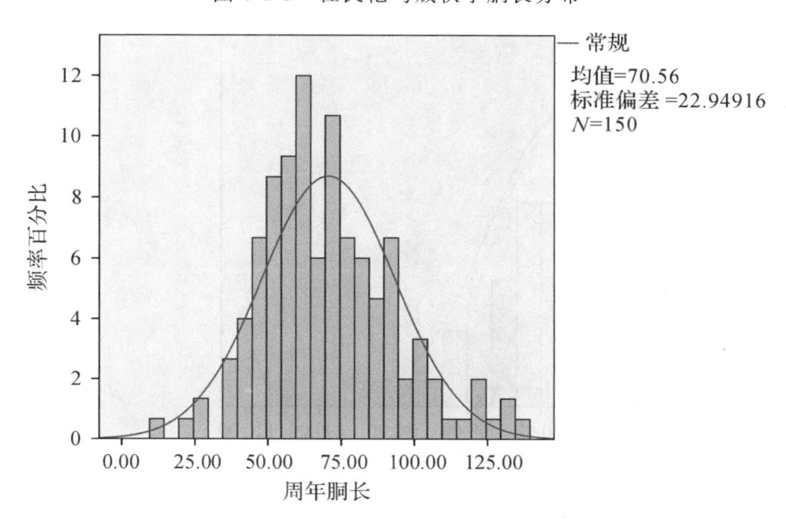

图 6-2-4 杜氏枪乌贼周年胴长分布

(2)体重组成

杜氏枪乌贼春季体重分布范围为 1.1～67.6 g,平均体重 13.5 g,标准偏差 11.4,优势体重组为 5.0～20.0 g(图 6-2-5)。秋季体重分布范围为 6.1～109.1 g,平均体重 33.6 g,标准偏差 20.8,优势体重组为 10～45 g(图 6-2-6)。春季和秋季体重分布范围为 1.1～109.1 g,平均体重 25.5 g,标准偏差 20.2,优势体重组为 5～35 g(图 6-2-7)。

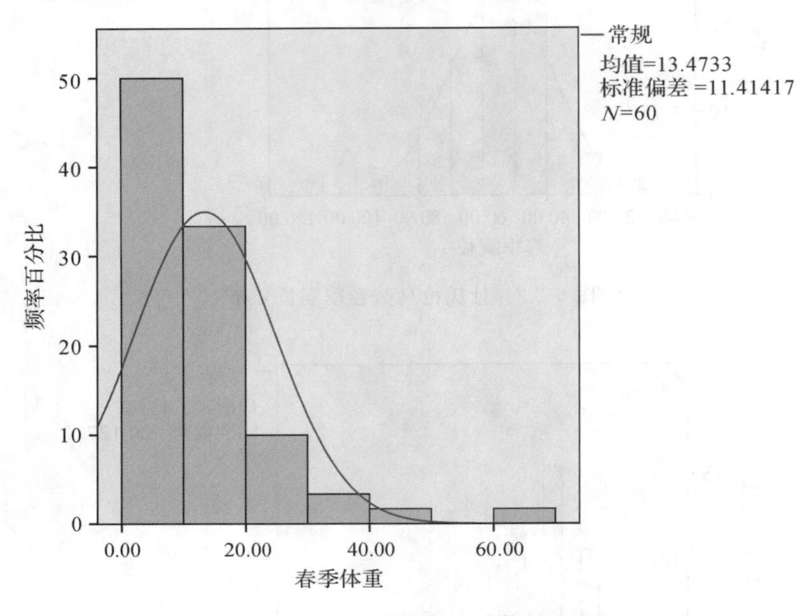

图 6-2-5 杜氏枪乌贼春季体重分布

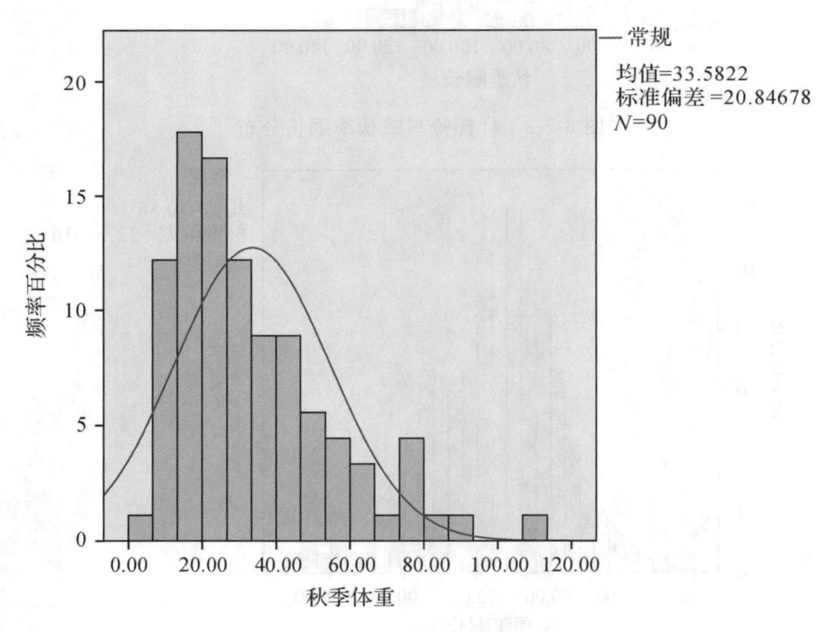

图 6-2-6 杜氏枪乌贼秋季体重分布

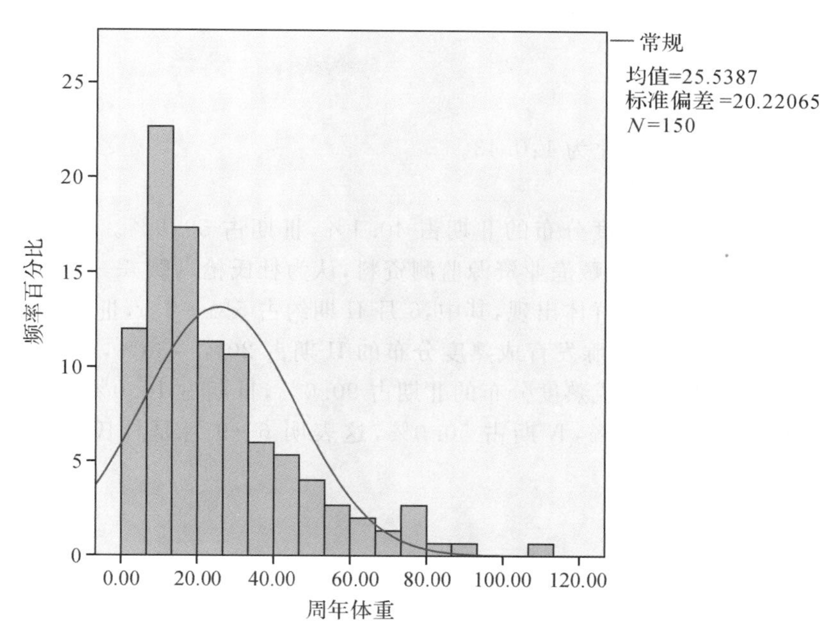

图 6-2-7　杜氏枪乌贼周年体重分布

(3)胴长与体重的关系

杜氏枪乌贼胴长(L)与体重(W)的关系呈幂函数其关系式为：

$W=1.000\times10^{-3}L^{2.271}$ ($R^2=0.916$, $n=150$)

式中：W——体重(g)；L——胴长(mm)。

杜氏枪乌贼胴长(L)与体重(W)的关系如图 6-2-8 所示。

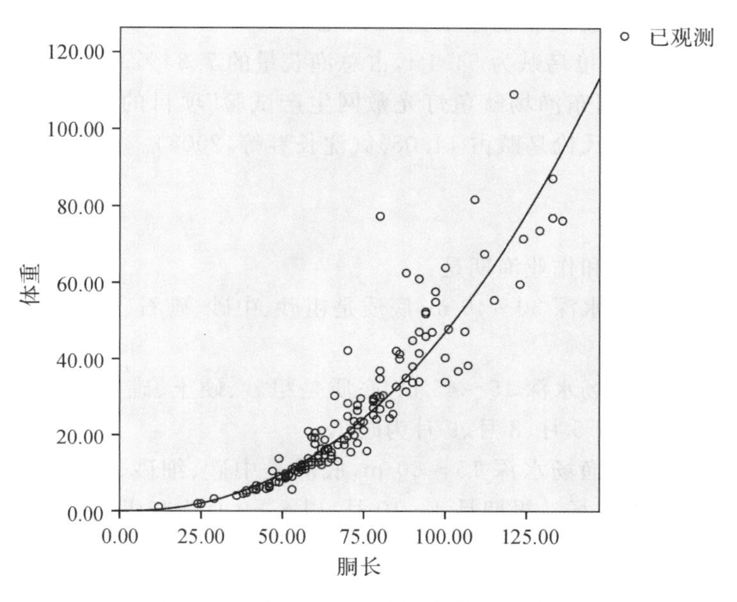

图 6-2-8　杜氏枪乌贼胴长与体重的关系

2. 繁殖

(1)性比

秋季,杜氏枪乌贼雌雄性比为1:0.43。

(2)性腺成熟度

秋季,雌性性腺发育成熟度分布的Ⅱ期占40.1%,Ⅲ期占59.9%。张壮丽等(张壮丽等,2009)根据多年的杜氏枪乌贼渔业资源监测资料,认为杜氏枪乌贼6—9月期间均有Ⅱ～Ⅴ期的幼体和Ⅳ、Ⅴ期的生殖群体出现,其中,6月II期约占5%～7%,Ⅲ期占80%～90%,IV期占3%～5%;7月雌性性腺发育成熟度分布的II期占20%～30%,Ⅲ期占50%,Ⅳ期约占20%;8月雌性性腺发育成熟度分布的Ⅱ期占90.0%,Ⅲ期占10.0%;9月雌性性腺发育成熟度分布的Ⅲ期占50.0%,Ⅳ期占50.0%,这表明6—9月是杜氏枪乌贼的生殖活动期。

3. 摄食

杜氏枪乌贼属于凶猛肉食性种类,主要以糠虾、磷虾、介形类和小鱼等为食料。其营养级为2.85。秋季,杜氏枪乌贼群体的摄食强度以1级或2级为主,平均摄食等级为1.36,以1级为主,占66.7;2级其次,占33.3%。

三、渔业与资源状况

1. 渔业状况

多年来,杜氏枪乌贼一直是光诱敷网作业最主要的利用对象,一般单船年产量10～15 t。本次调查闽南渔场,春季总渔获质量为1.99 kg,秋季总渔获质量为22.07 kg。在闽东渔场,2004年的光诱敷网作业渔获物组成的杜氏枪乌贼为72.3 t,占总渔获量的14.05%;2005年的渔获组成的杜氏枪乌贼为54.1 t,占总渔获量的7.34%。另据2003年和2004年闽东渔场指挥部开展的"闽东渔场鱿鱼灯光敷网生产试验"项目的资料,2003年,杜氏枪乌贼占16.71%;2004年,杜氏枪乌贼占14.05%(沈长春等,2008)。

2. 资源状况

闽南渔场的主要渔场和作业渔期是:

(1)兄弟岛渔场:渔场水深30～40 m,底质是粗砂、中砂、礁石、贝壳,是鱿鱼的产卵场和索饵场。汛期是8—9月。

(2)南澎列岛渔场:渔场水深15～45 m,底质是粗砂、硬土、礁石,是鱿鱼的产卵场和索饵场。汛期是5—10月,以5月、8月、9月为旺汛。

(3)台湾堆浅西渔场:渔场水深15～60 m,底质是中砂、细砂、砾石、贝壳,底形为波浪状,是鱿鱼的产卵场和索饵场。汛期是4—10月,以8—9月为旺汛。

(4)东旋外垠头渔场:渔场水深30～60 m,底质是中砂、粗砂、贝壳,底形为阶梯形,是鱿鱼的索饵场。汛期是8—9月。

(5)鸡心粗南渔场:渔场水深32～45 m,底质是中砂、贝壳,是鱿鱼的索饵场。汛期是

5—10 月，以 8—9 月为旺汛。

(6)助过仔矿渔场：渔场水深 30～50 m，底质是中砂、细砂、礁石、贝壳，是鱿鱼的索饵场。汛期是 5—10 月，以 8—9 月为旺讯。

(7)花猫粗渔场：渔场水深 15～60 m，底质是沙贝、礁石，底形为阶梯形，是鱿鱼的索饵场。汛期是 8—10 月(蓝希文，1985)。

根据 2016 年春季和秋季进行的两个航次的定点专业调查数据。我们采用资源密度面积法评估，其计算公式为：

$$M=\frac{d}{p\times(1-E)}\times S$$

式中：M 为现存资源量(t)；d 为渔获率(t/h)，春季月 d 为 1.99×10^{-4} t/h，秋季月 d 为 22.07×10^{-4} t/h；拖网每小时扫海面积 p 取拖网两端间距(0.01 km)×拖曳速度(2.0×1.852 km/h)，逃逸率 E 取 0.7，调查海区面积 S 包括 10 个渔区，约 3.09×10^{4} km^2。我们求得调查海区春季月杜氏枪乌贼的平均资源量为 0.055×10^{4} t，秋季月为 0.610×10^{4} t。

3. 渔业资源养护与利用

杜氏枪乌贼与其他枪乌贼一样，有明显的趋光性，但畏强光，具有垂直移动现象，白天喜栖于底层，夜间活动于中上层，因此成为拖网作业、光诱敷网作业的主捕对象之一。但它生命周期短，几乎全是利用补充群体，尤其是拖网作业对当年生幼鱼损害比较严重，对杜氏枪乌贼资源的繁殖和保护造成了非常不利的影响，因此，我们应严格执行光诱敷网和拖网作业休渔管理制定，以减少对当年生的索饵群体和产卵群体的利用。

杜氏枪乌贼肉质细嫩，营养丰富，经济价值高，其鱼汛期在夏秋季，温度高，鱼货不易保鲜，质量常受影响，另目前枪乌贼内脏尚未加工利用等，因此，我们应开展保鲜技术和综合加工的研究，提高产品的价值。

第三节 火枪乌贼

火枪乌贼(*Loligo beka* Saaki)，俗称水兔子、海兔子、鱿鱼仔、鬼拱、鸡公等，属于枪形目(Teuthoidea)，枪乌贼科(Loliginidae)，枪乌贼属。它广泛分布于渤海、黄海、东海、南海、日本群岛南部海域，朝鲜、印度尼西亚等沿岸水域，是一种小型的头足类。

火枪乌贼，胴部圆锥形，后部削直，胴长约为胴宽的 4 倍；体表具大小相间的近圆形色素斑，均属小型。鳍长超过胴长的二分之一，后部较平，两鳍相接，略呈纵菱形。无柄腕长度不等，腕式一般为 3＞4＞2＞1，吸盘两行，各腕吸盘以第 2、第 3 对腕上者较大，吸盘角质环具宽板齿 4～5 个，雄性左侧第 4 腕茎化，从顶端向后约占全腕三分之二处的吸盘特化为两行尖形突起；触腕穗吸盘 4 行，中间两行略大，边缘、顶部和基部者略小，大吸盘角质环具很多大小相近的尖齿，小吸盘角质环也具很多大小相近的尖齿。内壳角质，披针叶形，后部略圆，中轴粗壮，边肋细弱，叶脉细密(图 6-3-1)。

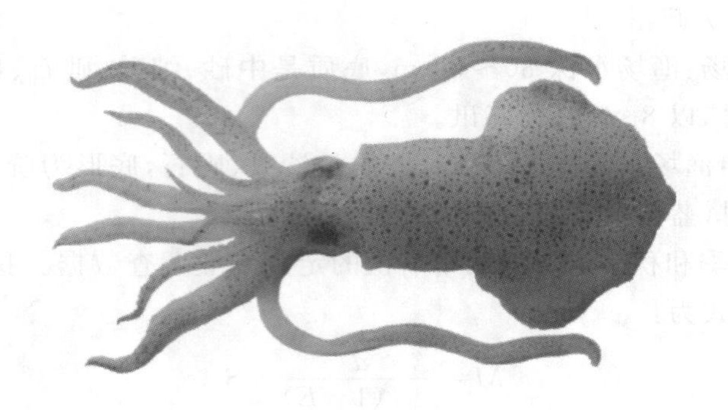

图 6-3-1　火枪乌贼

一、数量分布

1. 渔获重量密度指数的季节变化

通过福建省水产研究所 2016 年 4 月(春季)和 11 月(秋季)在闽南渔场开展的底层单拖作业调查资料显示,火枪乌贼春季渔获重量密度指数范围为 0～475.0 g/h,以 303 渔区最高,调查海区平均值为 61.2 g/h;秋季渔获重量密度指数范围为 0～82.7 g/h,以 282 海区最高,调查海区平均值为 14.0 g/h。可见,火枪乌贼的重量资源密度指数是春季大于秋季。

通过福建省水产研究所 2008 年 5 月、8 月、11 月和 2009 年 2 月四个航次在闽东海区开展的桁杆虾拖网作业调查资料显示,火枪乌贼春季平均重量渔获率为 33.9 g/h,夏季为 32.9 g/h、秋季为 70.6 g/h,冬季为 0 g/h,周年平均值为 34.4 g/h。

2. 渔获数量密度指数的季节变化

通过福建省水产研究所 2016 年 4 月(春季)和 11 月(秋季)在闽南渔场开展的底层单拖作业调查资料显示,火枪乌贼春季的渔获数量密度指数范围为 0～95.00 ind./h,以 303 渔区最高,调查海区平均值为 11.11 ind./h;秋季渔获数量密度指数范围为 0～204.00 ind./h,以 283 海区最高,调查海区的平均值为 24.11 ind./h。可见,火枪乌贼的数量资源密度指数是秋季大于春季。

通过福建省水产研究所 2008 年 5 月、8 月、11 月和 2009 年 2 月四个航次在闽东海区开展的桁杆虾拖网作业调查资料显示,火枪乌贼春季平均数量渔获率为 1.6 ind./h,夏季为 1.3 ind./h、秋季为 19.2 ind./h,冬季为 0 ind./h,周年平均值为 5.5 ind./h。

3. 集群特性

根据福建省水产研究所 2016 年 4 月和 11 月在闽南渔场开展的渔业资源调查资料,我们分析火枪乌贼的种群集群特性。

春季,火枪乌贼分布在 2 个渔区,主要种群数量(86.25%)分布于 303 渔区,种群聚集强度较强,种群主要由 2 个渔区组成,聚块指数较大。火枪乌贼主要种群数量(86.25%)分布渔区的平均 CPUE 为 475.0 g/h。

秋季，火枪乌贼主要种群数量(91.32%)集中在283渔区，分布渔区的平均CPUE为810.0 g/h。火枪乌贼主要种群数量分布渔区的平均CPUE秋季大于春季，因此，火枪乌贼平均拥挤度秋季大于春季。火枪乌贼种群聚集度和聚块性也是秋季比春季强。

Mrisita指数、聚块指数秋季大于春季，表明种群聚集强度秋季大于春季；平均拥挤度秋季大于春季，表明种群平均密度秋季大于春季(表6-3-1)。

表6-3-1 闽南渔场火枪乌贼种群聚集特性

类型	春季	秋季
平均拥挤度	464.98	824.09
聚块指数	7.60	8.36
Mrisita指数	6.86	7.54

二、主要生物学特性

福建省水产研究所2010年7月在闽南近海开展的光诱敷网作业监测船取样火枪乌贼50尾，开展生物学测定，结果如下：

1. 群体组成

(1)胴长组成

2010年7月，闽南近海光诱敷网作业火枪乌贼渔获物的胴长范围为42～66 mm，平均叉长为54.0 mm，优势组为50～60 mm，其所占百分比为54.00%(图6-3-2)。

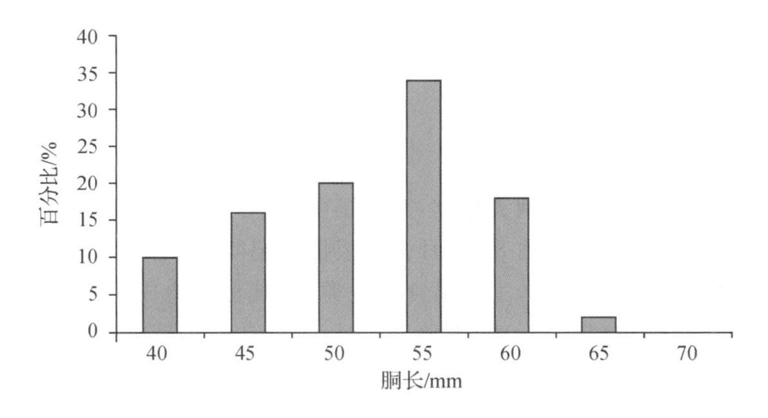

图6-3-2 2010年7月闽南近海光诱敷网作业渔获火枪乌贼胴长分布

(2)体重组成

2010年7月，闽南近海光诱敷网作业火枪乌贼渔获物的体重范围为3.8～13.8 g，平均体重为7.4 g，优势组为6.0～9.0 g，其所占百分比为48.00%(图6-3-3)。

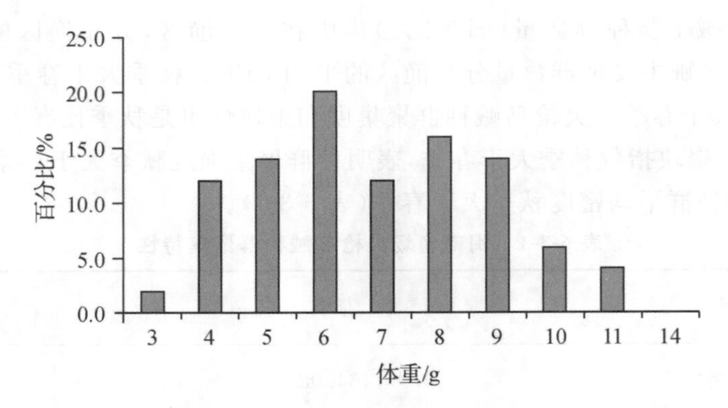

图 6-3-3 2010 年 7 月闽南近海光诱敷网作业渔获火枪乌贼体重分布

(3)胴长与体重的关系

根据 2010 年 7 月闽南近海光诱敷网作业监测调查资料显示,火枪乌贼体重(W)与胴长(L)的关系为:

$W=4.502\times10^{-4}L^{2.425}$ ($R^2=0.903$, $n=50$)(图 6-3-4)。

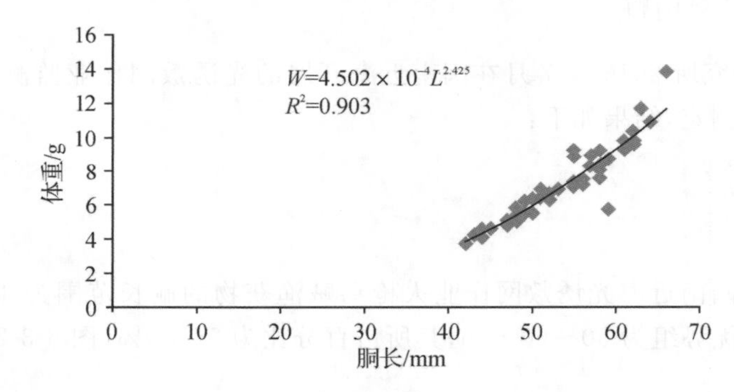

图 6-3-4 2012 年 7 月闽南近海光诱敷网渔获火枪乌贼体重与胴长的关系

2. 生态习性

火枪乌贼是一种沿岸近海小型头足类,繁殖场多位于内湾水质较清处,周年几乎均可发现怀卵个体,以春夏季居多,盛期在 8—9 月份。根据杨纪明(杨纪明,2000;杨纪明等,2001)的研究,火枪乌贼营底栖生物食性,主要摄食甲壳类(占其食物组成的 63.8%),也摄食鱼类(33.3%)等,是小黄鱼幼鱼(19.3%)的天敌。同时,火枪乌贼本身也是其他大型鱼类的重要饵料种类之一。近年的一些调查表明,火枪乌贼在外海也有分布,且分布较广。

三、渔业与资源状况

1. 渔业状况

火枪乌贼体形不大,属于沿岸小型枪乌贼,是大型鱼类重要的饵料种类之一,分布较为广泛,东海沿海都有分布,但产量不大,其渔业经济价值不大,在福建沿海主要为定置张网、光诱敷网所捕获，在拖网中也偶尔有所兼捕，但总体上数量均不多。在2008—2009年双拖作业调查中，火枪乌贼周年渔获重量占总渔获的0.7%，占枪乌贼类的50%～60%；近年来福建省水产研究所在闽南近海定置张网作业监测调查中，火枪乌贼渔获量一般占总渔获物的0.4%～1.7%。

2. 资源状况

渔业生产的变化情况可以反映捕捞对象的资源状况。根据2011—2016年福建省水产研究所在闽南近海开展的定置张网渔业资源监测资料，监测船火枪乌贼的年产量变化于301～1694 kg，以2011年最高，2013年最低；年平均网产变化于0.19～2.06 kg，以2011年最高，2013年最低；重量渔获比例变化于0.4%～1.9%，以2011年最高，2015年最低(表6-3-2)。从平均网产来看，近两年火枪乌贼资源量略有下降。

表6-3-2　2011—2016年闽南近海定置张网火枪乌贼生产情况

年份	2011	2012	2013	2014	2015	2016
产量(kg)	1694	688	301	1360	346	408
渔获比重(%)	1.9	0.7	0.5	1.7	0.4	0.5
网产(kg)	2.06	0.46	0.19	0.83	0.20	0.21

通过2008年5月(春季)、8月(夏季)、11月(秋季)和2009年2月(冬季)在闽东外海开展的桁杆拖网作业调查资料，利用扫海面积法估算，火枪乌贼春、夏、秋、冬四季渔获重量密度分别为0.627 kg/km^2、0.609 kg/km^2、1.307 kg/km^2和0，周年平均为0.636 kg/km^2。

通过2016年4月(春季)和11月(秋季)在闽南渔场开展的底层单拖作业调查资料，利用扫海面积法估算，闽南近海火枪乌贼春、秋季渔获重量密度分别为3.305 kg/km^2和0.756 kg/km^2。

第四节　短蛸

短蛸(*Octopus ocellatus*)属八腕目，蛸科，蛸属，俗称饭蛸、坐蛸、小蛸、短腿蛸、短脚爪、短爪章等。它分布于渤海、黄海、东海、南海和日本列岛海域。短蛸为蛸类中的重要经济种，近年来东海产量逐年增多，主要为拖网作业兼捕，鲜食或制成干品均有良好的经济价值。

形态特征：胴部卵圆形，一般胴腹长35～45 mm，体质量35～65 g，体表具很多近圆形颗粒，眼前方，位于第2～3对腕之间有椭圆形大金圈。背面两眼间生有一明显的椭圆形浅色斑。短腕型，各腕长度相近，腕长约为胴长3～4倍，腕吸盘两行。雄性右侧第3腕茎化，端口锥形，阴茎略呈“6”字形，漏斗器W形，鳃片数7～8个(图6-4-1)(宋海棠等，2009)。

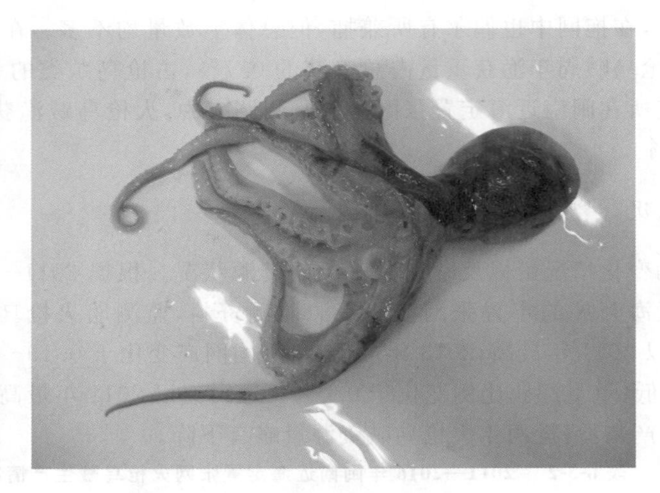

图 6-4-1 短蛸

一、数量分布

数据来源：福建省水产研究所 2016 年 4 月（春季）和 11 月（秋季）在闽南渔场开展的底层单拖作业调查。

1. 渔获重量密度指数的季节变化

短蛸春季调查总渔获质量为 0.81 kg，秋季调查总渔获质量为 3.39 kg。春季分布在 5 个渔区，出现频率为 50.0%；秋季分布在 7 个渔区，出现频率为 70.0%，群体数量主要集中在闽南渔场南部（302 渔区），CPUE 最大，为 1800.8 g/h。可见，秋季短蛸群体数量远大于春季。

2. 渔获数量密度指数的季节变化

从季节分布看，出现站位的平均尾数密度以秋季指数最高，为 11.29 ind./h，分布渔区数量为 7 个；其次是春季，为 2.40 ind./h，分布渔区数量为 5 个。可见，秋季渔获数量密度指数明显高于春季。

3. 种群聚集特性的季节变化

春季，短蛸分布在 5 个渔区，主要种群数量（87.34%）分布于 292、293、302 渔区，种群聚集强度最弱，种群主要由 3 个渔区组成，聚块指数较小。短蛸主要种群数量（87.34%）分布渔区的平均 CPUE 为 236.2 g/h。

秋季，短蛸种群数量（53.13%）集中在 302 渔区，分布渔区的平均 CPUE 为 1800.8 g/h。短蛸主要种群数量分布渔区的平均 CPUE 秋季大于春季，因此，短蛸平均拥挤度秋季大于春季。秋季，短蛸种群主要由 1 个渔区组成，春季，短蛸种群主要由 3 个渔区组成，因此，短蛸种群聚集度和聚块性秋季比春季强。

Mrisita 指数、聚块指数秋季大于春季，表明种群聚集强度秋季大于春季；平均拥挤度秋季大于春季，表明种群平均密度秋季大于春季（表 6-4-1）。

表 6-4-1 短蛸种群聚集特性

类型	春季	秋季
平均拥挤度	248.27	1284.38
聚块指数	2.75	3.41
Mrisita 指数	2.55	3.14

二、主要生物学特性

1. 群体组成

根据福建省水产研究所2016年4月(春季)和11月(秋季)在闽南渔场开展的底层单拖调查显示,短蛸胴长范围为25～82 mm;体重分布范围为9.2～164.2 g,平均体重为46.2 g。

2. 生态习性

短蛸营底栖生活,能做短距离的洄游移动,春季从深水海域移向沿海浅水海域产卵、繁殖,短蛸在繁殖期间有追偶、交配、产卵和护卵等行为,产卵期4—5月,产卵适温为6～10℃,在沙砾海底交配产卵,此时有钻壳和钻砂的习性。雌性短蛸怀卵量随着体长的增大而增加,通常产卵数可达800～1200个,最多可达6000多个,卵子分批成熟,分批产出。在水温15～21℃时,孵化期约为40～55天,半年后可长成成体。幼体对低盐度适应能力弱,在盐度25以下不易成活,适盐范围为29～35。幼体的食饵为端足类、糠虾类,到成体转为主食贝类和底栖性甲壳类,也捕食小型的底栖鱼类。短蛸栖息的底质以沙砾或砾石贝壳为主(张秋华等,2007)。

三、渔业与资源状况

根据福建省水产研究所对闽南渔场定置张网的监测数据显示,2011—2016年闽南近海定置张网捕捞短蛸的平均网产变动于0.09～0.42 kg,2014年产量最差,之后有所恢复,渔获量比例变动于0.2%～0.9%(图6-4-2)。

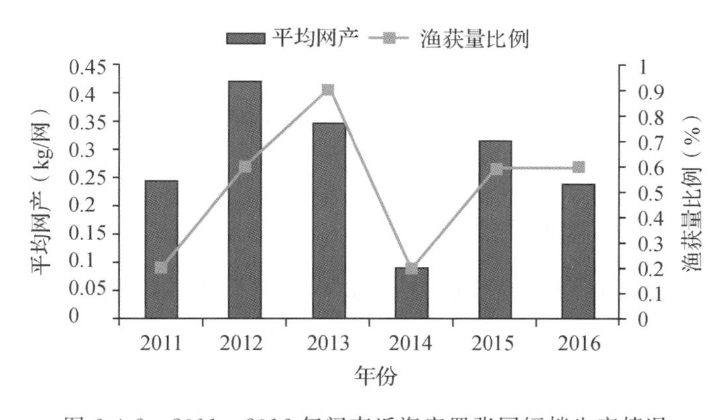

图 6-4-2 2011—2016年闽南近海定置张网短蛸生产情况

第五节　柏氏四盘耳乌贼

柏氏四盘耳乌贼(*Euprymna berryi*)属八腕目，耳乌贼科，四盘耳乌贼属，俗称双耳墨、两耳仔、目斗仔、墨斗仔等。它分布于东海、南海、日本群岛南部、菲律宾、马来群岛、安达曼群岛和斯里兰卡。柏氏四盘耳乌贼是经济鱼类和大型底栖动物的重要饵料，仔稚鱼为中上层鱼类的饵料。

形态特征：胴部圆袋形，胴长 40 mm，体表具很多紫褐色素斑点，肉鳍较小，略近圆形，位于胴部两侧中部，状如两耳，长度约为胴长的 2/5。无柄腕腕式由大到小依次为 3、2、4、1，腕吸盘 4 行，雄性第 2、4 对腕吸盘两边者特大，雌性各吸盘大小相近，数目多达 100 个左右，角质环不具齿。雄性左侧第一腕茎化，较右侧对应腕粗短，其中，后部边缘生有 1～2 个突起，顶部为 2～3 行膨大突起。触腕穗稍膨突，吸盘极小，10 余行，细绒状，内壳退化(图 6-5-1)(宋海棠等，2009)。

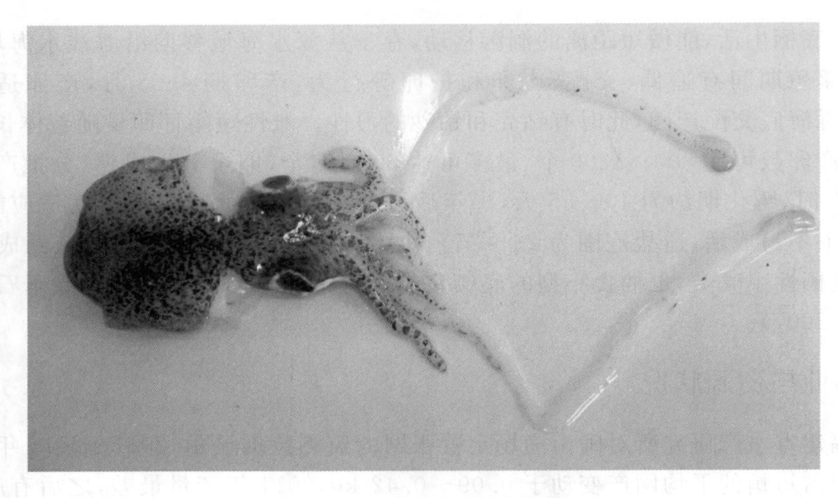

图 6-5-1　柏氏四盘耳乌贼

一、数量分布

数据来源：福建省水产研究所 2016 年 4 月(春季)和 11 月(秋季)在闽南渔场开展的底层单拖作业调查。

1. 渔获重量密度指数的季节变化

柏氏四盘耳乌贼春季调查总渔获量为 83.2 g，秋季调查总渔获量为 0.057 kg。春季分布在 5 个渔区，出现频率为 44.4%；秋季分布在 2 个渔区，出现频率为 22.2%，群体数量主要集中在闽南渔场东部(293 渔区)，CPUE 最大，为 45.0 g/h。春季群体数量大于秋季。

2. 渔获数量密度指数的季节变化

从季节分布看，出现站位的平均尾数密度以秋季指数较高，为 7.0 ind./h，分布渔区数量为 2 个；其次是春季，为 3.5 ind./h，分布渔区数量为 4 个。可见，秋季渔获数量密度指数明显高于春季。

3. 种群聚集特性的季节变化

春季，柏氏四盘耳乌贼分布在 4 个渔区，主要种群数量(85.71%)分布于 293、301 渔区，种群聚集强度最弱，种群主要由 2 个渔区组成，聚块指数较小。柏氏四盘耳乌贼主要种群数量(85.71%)分布渔区的平均 CPUE 为 20.8 g/h。

秋季，柏氏四盘耳乌贼种群数量(57.14%)集中在 283 渔区，分布渔区的平均 CPUE 为 28.4 g/h。柏氏四盘耳乌贼主要种群数量分布渔区的平均 CPUE 秋季大于春季，因此，柏氏四盘耳乌贼的平均拥挤度秋季大于春季。

Mrisita 指数、聚块指数秋季大于春季，表明种群聚集强度秋季大于春季；平均拥挤度秋季大于春季，表明种群平均密度秋季大于春季((表 6-5-1)。

表 6-5-1　柏氏四盘耳乌贼种群聚集特性

类型	春季	秋季
平均拥挤度	6.39	38.32
聚块指数	4.11	4.15
Mrisita 指数	3.36	3.73

二、主要生物学特性

1. 群体组成

根据福建省水产研究所 2016 年 4 月(春季)和 11 月(秋季)在闽南渔场开展的底层单拖调查显示，柏氏四盘耳乌贼胴长范围为 11～35 mm；体重分布范围为 1.0～28.9 g，平均体重 5.2 g。

2. 生态习性

它属暖水性浅海生活种类，栖居于热带和亚热带海域，主要营底栖生活，也有短距离的生殖洄游，在底栖生物拖网中比较常见。稚仔有一定时期的浮游生活阶段，常被采获于表层水平的拖网中。外套腔内的腺体发光器，有许多发光细菌，能进行细胞外发光。

三、渔业与资源状况

根据福建省水产研究所对闽南渔场定置张网的监测数据显示，2011—2016 年闽南近海定置张网捕捞柏氏四盘耳乌贼的平均网产变动于 0.04～2.12 kg，2013 年产量最差，只有 0.04 kg/网，渔获量比例变动于 0.1%～2.0%(表 6-5-2、图 6-5-2)。

表 6-5-2 2011—2016 年闽南近海定置张网柏氏四盘耳乌贼生产情况表

年份	2011	2012	2013	2014	2015	2016
产量(kg)	1742	235	55	247	304	404
渔获比例(%)	2.0	0.2	0.1	0.4	0.4	0.5
网产(kg)	2.12	0.16	0.04	0.15	0.18	0.21

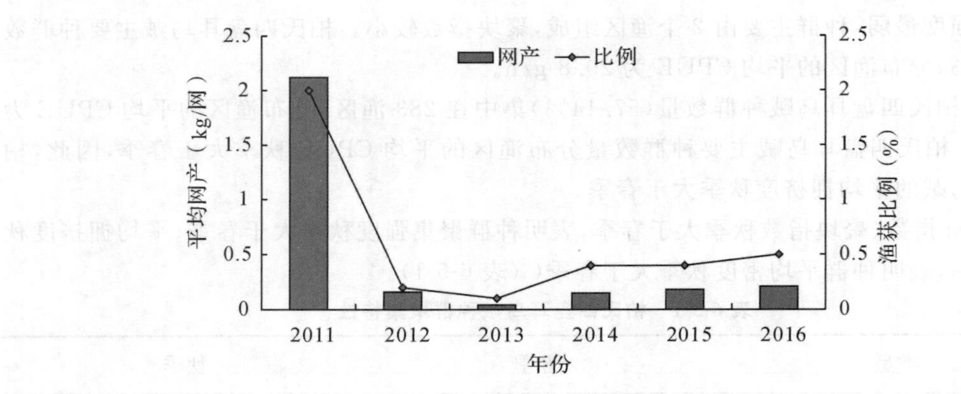

图 6-5-2 2011—2016 年闽南近海定置张网柏氏四盘耳乌贼生产情况

第七章　海洋捕捞结构及其资源利用

第一节　单船拖网

单船拖网(简称单拖)作业从 20 世纪 90 年代初期起,逐渐发展成为福建海区的一种重要的海洋捕捞方式。

一、作业原理

单拖作业是应用单艘渔船,拖曳两块网板或其他形式的扩张器,将网具左右展开,在拖曳过程中,驱使或迫使鱼类或其他渔获对象进入网囊,达到捕捞目的。

根据渔具学分类,它按单拖作业的网具结构特点被划分为单船无翼单囊型拖网、单船无翼双囊型拖网、单船多囊型拖网、单船有翼单囊型拖网、桁杆拖网 5 个类型。前 3 个类型大多数在内陆水域作业,后 2 个类型则广泛分布于中国东南沿海。若按单拖作业的水层划分,其可分为表层单拖、中层单拖和底层单拖。本节主要介绍单船有翼单囊型拖网,其结构如图 7-1-1 所示。

单船有翼单囊型拖网是一种由 2 个翼网、1 个身网和 1 个网囊构成的网具,以单船拖曳作业,依靠网板和上、下纲浮、沉子扩张网具,捕获渔获物。东海区的单拖作业以底层和近底层单拖作业为主。

二、渔船和网具的发展演变及其作业特点

1. 渔船功率结构

我省的大型拖网作业,功率一般都在 300 kW 以上,其中有相当部分船只是钢质的,功率均在 441 kW 以上,主要集中在闽东的连江,闽中的石狮祥渔村、晋江深沪,闽南龙海的峿屿村,这些作业船只是我省投资最大、设备最好的海洋捕捞力量,少数拖网船还配备有速冻冷藏舱,能适应远洋捕捞生产。东山县的拖网以往以木制小型拖网为主,总体经济效益较差,近年来对单拖渔船进行升级,快速向大功率、钢质化发展,效益有一定的显著提高。

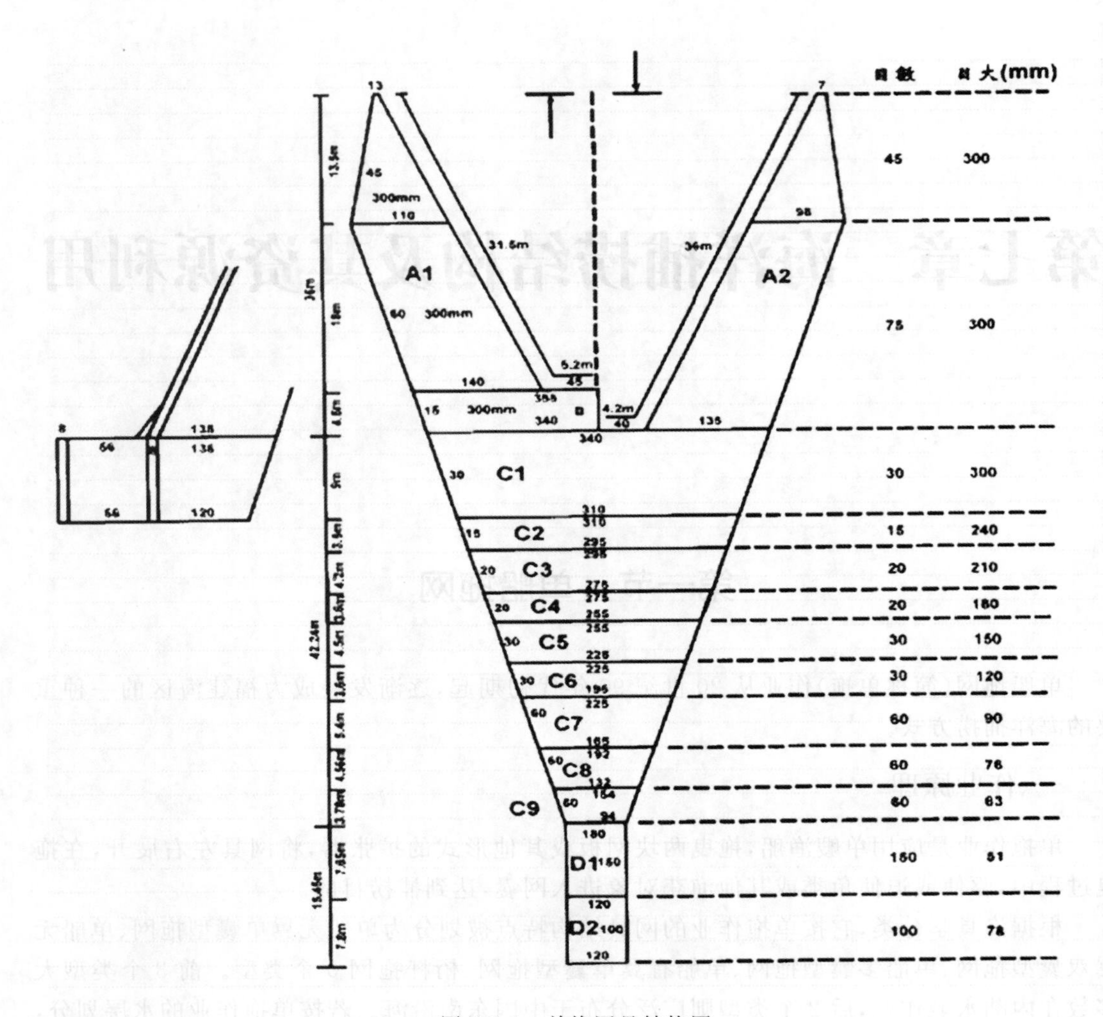

图 7-1-1 单拖网具结构图

单拖作业船主要分布在闽中、闽南一台湾浅滩渔场,其数量约占全省单拖作业船数的83%~85%,这些单拖作业船主要来自于漳州市(东山、龙海)和泉州市(晋江、石狮)。在20世纪90年代,闽南一台湾浅滩渔场单拖渔船以载重为50~60t、主机功率为110~198 kW为多数,而现在主机功率为300 kW以上的占绝大多数。

2. 渔船配置及设备条件

(1)助渔、助航设备

单拖渔船主要配备的助渔、助航设备有探鱼仪、定位仪、对讲机等,大功率渔船和一些经济效益好的中型渔船,还配备有雷达、单边带和卫星导航设备等。

(2)网板

福建单拖普遍采用钢质矩形"V"型网板,展弦比为0.6~0.65;板面折角15°~18°;压力中心位置为35.4%;工作冲角40°左右。这种V型钢板结构简单,制造方便,又有互换性,结构牢固,适于海底坚硬或底质不佳的海区作业。

3. 网具类型及其作业特点

福建单拖在吸取广东、台湾技术经验的基础上，根据福建渔场特点，通过技术改革创新，形成了具有福建特色的各种单拖。按网口装配工艺，它被划分为两片式单拖、四片式单拖和单片式单拖；按生产渔场底质，它被划分为岩礁单拖、沙泥地单拖和泥地单拖；按网目大小，它被划分为非疏目单拖、疏目单拖和超大目单拖；按捕捞对象，它被划分为沙鳅单拖、蟹类单拖和网板捕虾拖网等。

(1)两片式单拖

两片式单拖是目前使用最多的，广泛分布于闽中、闽南沿海渔区，也是网具结构形式和网目规格最多的网具。其中，岩礁单拖网具的结构特点是沉纲直径加粗、腹网前段网目放大、袖网长度缩短，主要捕捞岩礁性经济价值高的鱼类；沙鳅单拖主要是在囊网内套上网目为 8～10 mm 的内囊网衣，是一种专捕夜间潜伏在沙地的绿布氏筋鱼(俗称沙鳅鱼)的网具；非疏目单拖是指网口网目尺寸在 60～140 mm 的网具，其中，网口目大 60～80 mm 的通常用于捕捞虾类，网口目大为 100～140 mm 的，除捕虾外，还兼捕蟹类。疏目单拖是指网口网目尺寸在 160～500 mm 的网具，主捕蟹类、头足类和一些经济鱼类(如二长棘鲷、绯鲤、海鳗等)，网口目大在 300～500 mm 一般可兼捕中上层鱼类；超大目单拖是 20 世纪 90 年代末发展起来的网具，其网口目大 1～8m 不等，以网口目大 1～2m 者居多，主捕对象是近底层鱼类(带鱼等)和中上层鱼类(鲐、鲹鱼等)。

(2)四片式单拖网

该种网具 1990 年从南海水产研究所引进，采用四片式剪裁，侧网部分较大，网口相对较高，阻力较小，捕捞近底层鱼类和鱿鱼效果较明显。但由于网衣剪裁边和绕缝边多，网衣不易修补，装配工艺复杂，使用范围相对较窄。

(3)单片式单拖网

该种网具的网身前段(网口段占网身 30%左右)采用手工编织，以纵向每半目(节)逐渐缩小网目和横向使用横向增目的方法，因既无剪裁边，又无固定的增目道，是一种传统的类似于大围缯网口编织方式的网具，网口段以手工编织成单片圆桶形状，故称单片式，网身后部采用四片式。这种网具在作业时的网口较高，对闽东渔场单拖作业的发展曾起到一定的推动作用，但仅适用于泥质海底且海底较为平坦的海区生产，主要分布于闽东沿海渔区。

4. 网具主尺度的演变

福建单拖网口网目规格众多，目前，非疏目网具和疏目网有 80 mm、100 mm、120 mm、140 mm、160 mm、180 mm、200 mm、250 mm、300 mm、340 mm、500 mm 等规格，其中以 160～500 mm 为多。超大目网有 1 m、1.6 m、2 m、3 m、4 m、5 m、8 m 等规格，其中以 1～2 m居多。不同时期，福建海洋捕捞单拖网具主尺度的变化如表 7-1-1。可以看出，单拖的上纲长度和囊网网目大小的变化不大。究其原因，上纲长度主要受渔船甲板长度的限制，囊网网目则受生产经济效益的制约，单拖网口周长和网衣长度变化较大，主要得益于最近几年单拖捕捞中上层鱼类技术的提高和网渔具设计的进一步创新。

表 7-1-1 不同时期福建海洋捕捞单拖网具主尺度的变化

年度	上纲长度(m)	网口周长(m)	网衣长度(m)	网口网目(mm)	囊网网目(mm)
20 世纪 70 年代	32～41	44～66	32～46	80～200	30～40
20 世纪 80 年代	34～51	44～75	41～50	60～300	35～40
20 世纪 90 年代	40～60	45～90	45～60	60～500	35～40
20 世纪 90 年代末期起	40～75	55～200	41～90	60～500	35～50

三、资源利用状况

1. 渔获量

2009 年以前，福建单拖作业渔获量基本呈平稳增长的态势，2009 年产量达 62.86×10^4 t。2009 年之后，福建单拖作业渔获量逐渐减少，2012 年的产量仅 35.81×10^4 t(表 7-1-2，图 7-1-2)。2013 年恢复到 54.16×10^4 t。2007—2015 年，福建单拖作业产量占福建全省海洋捕捞产量的比重与产量的趋势相同。

表 7-1-2 2007—2015 年福建沿海单拖作业产量及占比

年度	2007	2008	2009	2010	2011	2012	2013	2014	2015
产量(t)	586490	626439	628631	610105	556336	358115	541696	558328	566003
产量占比(%)	30.53	33.45	33.41	31.97	29.02	18.58	27.96	28.27	28.24

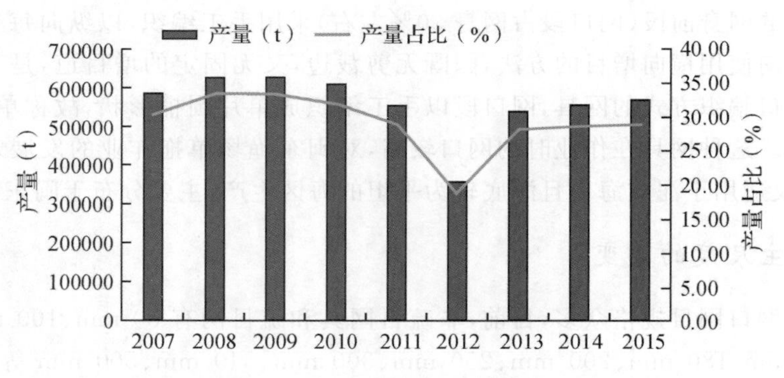

图 7-1-2 2007—2015 年福建沿海单拖作业产量及占比

2. 渔获种类组成及其演变

(1)主要利用经济种类

根据福建省海洋渔业资源监测，单拖作业渔获物的主要优势种为带鱼、鲐、鲹鱼、二长棘鲷、白姑鱼、刺鲳和头足类等。

(2)渔获结构的变化

据闽南—台湾浅滩渔场单拖作业调查,20世纪90年代以来,福建沿海单拖作业渔获物组成发生了很大的变化。渔获种类日益减少,海洋生物的多样性遭受破坏。单拖虽能够捕捞多种渔业资源,其渔获量主要来自底层和近底层小型鱼类,但经济效益却依赖渔获价值较高的虾类、蟹类和头足类来维持。这些资源年间波动大,较易受过度捕捞影响,一旦遭受破坏,将引发渔业危机。如过去在福建沿海单拖作业的渔获对象中,有一定数量的鲆鲽类、鳎类、鲨类、魟鳐类、鲷类等,现在数量不但减少,甚至连绿布氏筋鱼和蟹类的渔获比例也开始明显减少,有的鱼种已属罕见,有的鱼种近乎绝迹。而且由于网口周长增大,捕捞效率增强,对经济幼鱼的损害更加严重。

四、渔场渔期的分布和变化

1. 渔场分布的变化

根据福建海区的定点调查,月平均单位时间渔获量以闽南—台湾浅滩渔场最高,其次是闽中渔场,最低为闽东渔场。鱼类、甲壳类和头足类的月平均单位时间渔获量,闽南—台湾浅滩渔场>闽中渔场>闽东渔场。

单拖常年均可生产,一般年作业140～250 d,年出海35～45航次不等。福建沿海定点调查单位时间渔获量高的渔区基本在单位时间渔获量较高的渔区或其附近渔区,中心渔场偏向澎佳屿附近、台西盆地、澎湖近邻、汕头东南部和台湾浅滩南部海区。秋冬季中心渔场向北移至澎佳屿、台西盆地、澎湖附近渔区,作业水深35～80 m;春夏季中心渔场较偏向福建近岸、珠江口盆地、台湾浅滩南部和北部渔区,作业水深30～70 m。通常有水下阶地的海区,其单位时间渔获量都比较高。随季节变化,各种水系交汇的边缘区往往形成中心渔场。

2. 渔期的变化

福建海区,不同渔场,不同季节,单拖作业平均单位时间渔获量各不相同(表7-1-3)。全省不同季节平均单位时间渔获量,夏季>秋季>冬季>春季。不同渔场不同季节平均网时渔获量:夏季,闽南—台湾浅滩渔场>闽中渔场>闽东渔场;秋季、冬季、春季,闽南—台湾浅滩渔场>闽东渔场>闽中渔场。总体而言,福建沿海单拖作业单位时间渔获量基本呈由南向北递减的态势。

表7-1-3　福建海域分季节单拖作业单位时间渔获量(单位:kg/h)

渔场	春季(5月)	夏季(8月)	秋季(11月)	冬季(2月)
闽东渔场	14.48	19.01	15.79	13.36
闽中渔场	14.27	33.78	8.56	12.74
闽南—台湾浅滩渔场	17.41	92.61	37.00	31.82
全省平均	15.54	51.86	21.64	19.93

五、对主要经济种类幼鱼损害的分析

带鱼、蓝圆鲹、鲐鱼是福建海洋捕捞的重要经济种,为单拖等作业的主要利用对象,而单拖作业对其幼鱼资源的损害是较为严重的。

1. 带鱼

带鱼为单拖网作业的主捕对象之一，占单拖网作业产量的20%～35%，根据多年渔获物的分析结果，目前捕捞群体大多数为当年生群体。根据2011年在福建海区的监测数据，5月和8—12月捕获带鱼中以幼鱼为多，其中，在伏休前5月和开捕后8月期间捕获的带鱼，个体小于100 g的数量占80%～90%，9—12月小于100 g的数量占55%～95%(表7-1-4)。捕捞群体低龄化和小型化日趋严重，幼鱼比例不断上升现象明显。如按水产行业标准《重要渔业资源品种可捕规格第1部分：海洋经济鱼类》(农业部公告第2466号，以下简称《标准》)中规定的东海区带鱼最小可捕规格肛长为205 mm来进行界定幼鱼所占比例，那么，可以从表中看出，伏休前1月、5月和开捕后8月期间单拖网捕获的带鱼全未达到最小可捕规格，9月、10月和12月仅有10.0%、2.0%和8.0%达到最小可捕规格。

表 7-1-4 2011年福建海区单拖监测船带鱼生物学测定

月份	肛长(mm)		体重(g)		备注
	范围	平均	范围	平均	
1	109～164	132.7	16.1～56.7	28.1	小于100 g占100.0% 小于205 mm占100.0%
5	115～201	156.8	41.3～111.8	61.8	小于100 g占89.3% 小于205 mm占100.0%
8	139～197	153.7	50.6～107.6	65.5	小于100 g占83.3% 小于205 mm占100.0%
9	86～282	135.4	7.4～127.2	37.7	小于100 g占93.3% 小于205 mm占90.0%
10	74～280	126.4	7.6～147.0	34.1	小于100 g占98.0% 小于205 mm占98.0%
11	90～198	161.1	8.6～133.0	79.7	小于100 g占56.5% 小于205 mm占100.0%
12	95～217	161.3	7.7～118.0	61.8	小于100 g占86.0% 小于205 mm占92.0%
合计	74～282	144.6	7.4～147.0	48.9	小于100 g占89.4% 小于205 mm占96.9%

2. 鲐鱼

鲐鱼为单拖网作业的主要利用对象之一，多数年份占单拖网作业产量的20%～30%。在单拖网作业生产汛期8—9月，根据2011年福建海区监测数据，渔获鲐鱼叉长分布为210～237 mm，平均叉长为223.0 mm，体重范围95.8～159.6 g，平均体重为128.3 g。若以

《标准》中规定东海区鲐鱼最小可捕规格叉长为 220 mm 界定鲐鱼幼鱼所占比例，则渔获物中鲐鱼未达可捕最小规格的数量比例为 29.0%，其中，8 月达到最小可捕规格的占 66.7%，9 月达到最小可捕规格的占 73.7%（表 7-1-5）。

表 7-1-5　2011 年福建海区单拖监测船鲐鱼生物学测定

月份	叉长(mm)		体重(g)		备注
	范围	平均	范围	平均	
8	210～237	223.7	95.8～159.6	130.9	小于 220 mm 占 33.3%
9	210～236	222.6	97.8～156.2	126.6	小于 220 mm 占 26.3%
合计	210～237	223.0	95.8～159.6	128.3	小于 220 mm 占 29.0%

3. 蓝圆鲹

蓝圆鲹常与鲐鱼混栖，为单拖网作业的主捕对象之一，根据 2011 年福建海区的监测数据，秋冬季 8—11 月拖网渔获蓝圆鲹叉长分布为 113～256 mm。若以《标准》中规定东海区蓝圆鲹最小可捕规格叉长 150 mm 来界定蓝圆鲹幼鱼所占比例，8 月全部达最小可捕规格，9 月有 78.6%的数量达最小可捕规格，10 月有 80.0%达最小可捕规格，11 月渔获群体全部未达最小可捕规格（表 7-1-6）。

表 7-1-6　2011 年福建海区单拖监测船蓝圆鲹生物学测定

月份	叉长(mm)		体重(g)		备注
	范围	平均	范围	平均	
8	155～256	197.3	34.8～193.6	78.4	小于 150 mm 占 0.0%
9	130～214	160.1	29.2～125.6	50.2	小于 150 mm 占 21.4%
10	129～197	172.3	21.9～70.5	56.3	小于 150 mm 占 20.0%
11	113～131	123.0	14.6～22.0	19.3	小于 150 mm 占 100.0%
合计	113～256	164.0	14.6～193.6	51.3	小于 150 mm 占 29.5%

由上述可见，单拖网对带鱼幼鱼资源的损害最为严重，每月基本上以捕尚未达最小可捕规格的带鱼为主，在秋季 8—10 月，单拖网渔获鲐鲹群体多数达到最小可捕规格。

六、作业管理建议

福建沿海单拖作业捕捞强度已经超过现有渔业资源的承受能力，为确保渔业资源的可持续利用，我们提出以下建议：

(1)严格实行“双控制度”、减船、减功率，严格控制捕捞强度，削减作业规模。

(2)严格控制网目规格，淘汰小规格网目，推广超大网目拖网（网口网目规格为 1～2 m），以减轻对经济幼鱼幼体的损害程度。

(3)加强单拖渔业资源监测，随时掌握渔业生产动态，结合渔获物的主要种类组成及其生物学特点的变化，预测渔业发展趋向，及时调整对策，以达到科学管理的目的。

第二节 灯光围网

福建省灯光围网亦称作机帆船灯光围网，俗称“封网”，属单船无囊双翼围网。它是利用灯光诱集趋旋光性鱼类，用网具进行围捕的一种较大型的群众海洋捕捞作业形式，其网具结构形式如图 7-2-1 所示。福建省的灯光围网是为解决延绳钓船夏汛生产出路而发展起来的。1964 年首先在厦门、东山等地进行试验，取得成功后得到迅速推广发展。

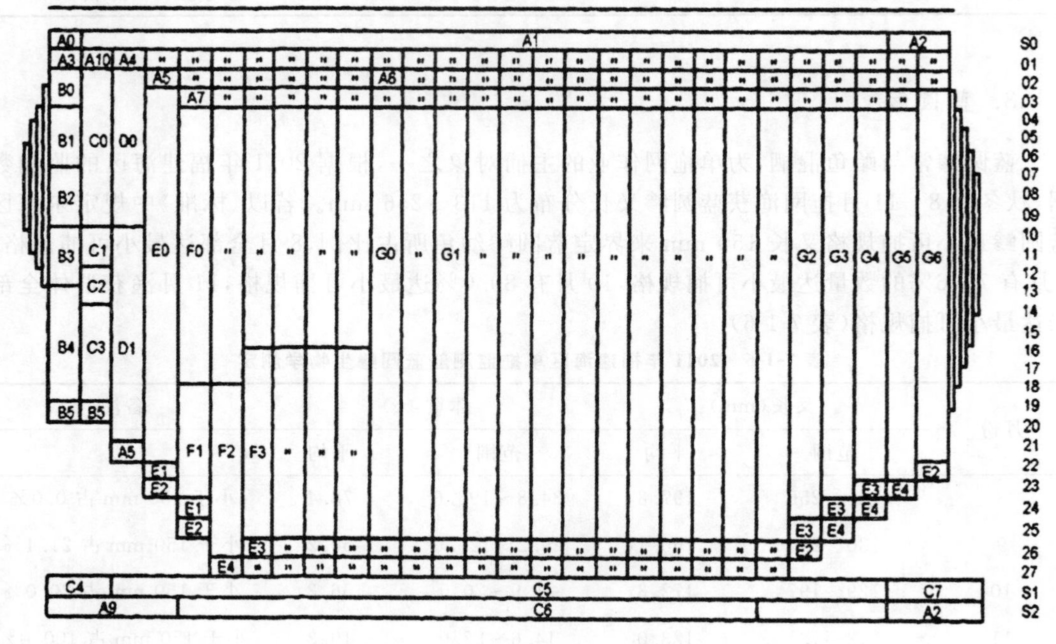

图 7-2-1 灯光围网的网具结构图

一、渔业概况

灯光围网作业是一种捕捞集群鱼类、网次渔获量高的过滤性渔具。它利用鱼类的趋光性用灯光诱集鱼群，然后放出长带形网，网衣在水中垂直张开，形成网壁，包围或阻拦鱼群逃逸，再逐步缩小包围圈，收绞括纲封锁网底口，使鱼群集中到取鱼部而捕获的一种作业方式。其作业要求是捕捞对象具有一定的集群性，生产者既要有较高的灯光诱鱼技术，又要有较好的渔具操作技术，渔船需要具有良好的性能和较多的捕捞机械设备等。由于灯光围网在网圈包围鱼群后，很快就起网捕捞，一般对渔场的底质影响较小。同时，除了脂眼鲱外，其他鱼类在生殖时一般不具趋光性，灯光围网通常捕不到生殖个体，对资源繁殖影响较小。实践证明，灯光围网是捕捞中上层鱼类较为科学、有效的作业方式。

21 世纪以来，福建省的灯光围网功率和产量逐年上升，渔船功率由 2008 年的 11.50×10^4 kW 增加至 2013 年的 15.77×10^4 kW，增加了 37.13%，灯光围网的产量由 2008 年的

15.59×10^4 t增至2013年的25.03×10^4 t，增加了60.55%，如图7-2-2所示。2008年灯光围网作业的渔船功率占全部海洋捕捞渔船功率的6.26%、产量占8.33%，到了2013年，其渔船功率占7.84%、产量占12.92%，灯光围网作业在海洋捕捞作业中所处的位置明显上升。

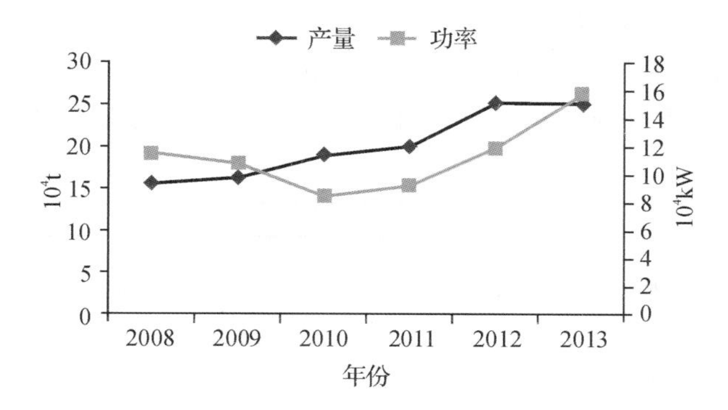

图7-2-2 2008—2013年福建省灯光围网渔船功率、产量变化

二、资源分析

福建灯光围网渔船的主要作业渔场在闽南—台湾浅滩渔场及闽中渔场，一般全年作业，平均每年实际生产时间为120～135 d，主要捕捞对象为蓝圆鲹、鲐鱼、金色小沙丁鱼、太平洋鲱、脂眼鲱、鱿鱼等。根据主要渔获对象的生活阶段划分，其大致可分为：春汛3—6月，主要渔获生殖鱼群；夏汛7—9月，以捕捞幼鱼索饵鱼群为主；秋冬汛10月—翌年2月，则大多捕捞越冬鱼群。通常每船每夜可投放5～8次，个别的多达14～16次。目前，灯光围网不仅在月暗夜正常生产，而且在月光夜同样照常生产。

1. 渔场与渔获量

根据2005—2006年福建省水产研究所利用灯光围网监测渔船对闽南渔场中上层鱼类资源进行动态监测调查资料显示，2005年渔获269 t，平均网产2.17 t，2006年渔获306.9 t，平均网产2.45 t。2006年与2005年同期相比，总渔获量和平均网产分别上升14.1%和13.9%。从各月渔获量来看，2005和2006年均为8月最高，分别为92.6 t和73.0 t，平均网产则以7—10月较高，这表明7—10月为灯光围网作业的旺季(表7-2-1)。

表7-2-1 2005—2006年灯光围网调查船各月生产情况

时间		1月	2月	3月	4月	5月	6月	7月	8月	9月	10月	合计
2005	作业网次	8	9	2	11	12	—	19	32	15	9	117
	渔获量(t)	13.3	35.5	2.7	14.5	17.9	—	32.5	92.6	33.3	26.7	269
	平均网产(t/网)	1.67	3.94	1.35	1.32	1.49	—	1.71	2.89	2.22	2.97	2.17
2006	作业网次	5	11	8	17	9	3	4	25	8	27	117
	渔获量(t)	5.4	15.5	26.3	36.0	21.0	6.0	12.0	73.0	25.5	86.2	306.9
	平均网产(t/网)	1.08	1.41	3.29	2.12	2.33	2.00	3.00	2.92	3.19	3.19	2.45

2. 主要渔获种类重量组成

2005年和2006年，灯光围网调查船的主要渔获种类重量组成依次为蓝圆鲹、竹筴鱼、鲐鱼、金色小沙丁鱼、大甲鲹、颌圆鲹和脂眼鲱(表7-2-2)。2006年和2005年同期比较，蓝圆鲹和金色小沙丁鱼渔获量略有下降，比重分别下降4.41%和1.04%，竹筴鱼和鲐鱼渔获量则大幅增加，渔获比重分别上升33.8%和13.0%，显然，福建省灯光围网作业以捕捞鲐、鲹鱼等中上层鱼类为主。

表7-2-2 灯光围网渔获种类重量组成

	种类	蓝圆鲹	竹筴鱼	鲐鱼	金色小沙丁鱼	大甲鲹	颌圆鲹	脂眼鲱	其他	合计
2005	产量(t)	120.30	4.68	0.03	25.70	62.96	0.05	54.93	0.25	268.9
	渔获比重(%)	44.74	1.74	0.01	9.56	23.41	0.02	20.43	0.09	100.0
2006	产量(t)	123.76	108.98	40.0	26.16	—	—	3.92	4.05	306.9
	渔获比重(%)	40.33	35.51	13.03	8.52	—	—	1.28	1.32	100.0

从2006年各月主要渔获种类的重量组成看，蓝圆鲹、竹筴鱼和鲐鱼群聚资源交替成为优势种类。1至6月蓝圆鲹占优势，占渔获种类重量组成的44.9%～89.9%；7至8月竹筴鱼占优势，分别占渔获种类重量组成的30.5%～49.5%；9月蓝圆鲹重新占优势，占渔获种类重量组成的44.8%；10月竹筴鱼和鲐鱼占优势，分别占渔获种类重量组成的38.3%和35.4%，蓝圆鲹下降至23.5%。金色小沙丁鱼和脂眼鲱渔获产量较低，主要出现在1至8月，未能形成优势种类。

3. 渔业资源特点

灯光围网作业是首先利用灯光把趋光性的中上层鱼类诱集，然后放网围捕。网圈包围鱼群后，很快就起网捕捞，围网底纲受到绞钢机向上绞收力的作用，对海底的压力少，且在海底逗留时间短(一般8 min)，一般对渔场的底质影响小，再说，在其捕捞的中上层鱼类中，除了脂眼鲱在生殖时还有趋光外，其他鱼类在生殖时不大趋光，灯光围网一般捕不到生殖个体，这就让中上层鱼类有了繁殖的机会。而且灯光围网网具对鱼类的选择性相对好些，即对经济幼鱼危害较小。实践证明，灯光围网是捕捞中上层鱼类较为科学的、有效的工具。

台湾海峡灯光围网渔业全年均可进行生产，主要作业渔场为台湾海峡中北部和闽南一台湾浅滩渔场。在灯光围网作业的渔获物中，蓝圆鲹产量长期以来一直占据绝对优势，年产量比例高达40.33%～64.0%。在3—6月份的春汛，其主捕蓝圆鲹生殖群体，兼捕脂眼鲱、金色小沙丁鱼和竹筴鱼等中上层鱼类混栖群体，春汛作业渔场分布在台湾浅滩南部水深约30～60 m水域，随时间的推移逐渐向东偏北方向移动；7—9月份的夏汛，其主捕脂眼鲱和大甲鲹群体，以及蓝圆鲹幼鱼索饵群体，作业渔场分布范围为台湾浅滩南部水域、东碇、礼是列岛、兄弟岛及南澎列岛外侧40～60 m水域；10月至翌年2月的秋、冬汛，其主要捕捞蓝圆鲹索饵群体和生殖群体，作业渔场移至台湾浅滩南部，与春、夏汛分布海区大致相同，但位置偏南。

4. 最大持续产量评估和发展潜力评价

福建省水产研究所2004年利用福建省水产统计资料中灯光围网的产量，扣除在浙江生产的产量，捕捞力量的单位采用kW·d，并采用技术进步对捕捞效果的修正系数进行修正，应用Schaefer模型和Fox模型进行评估，福建省灯光围网作业最大持续产量为10.4×10^4 t。根据以上估算，21世纪以来，福建省灯光围网产量为10.54×10^4～25.03×10^4 t，从福建省的灯光围网作业来看，对其主要捕捞对象有过度利用趋势。

5. 发展前景

(1)根据戴天元等(戴天元等，2004)的评估结果，台湾海峡中上层鱼类资源年生产量为154.8×10^4 t，其中，鲐、鲹鱼类群聚资源量为93.02×10^4 t，最大持续产量为52.10×10^4 t。近年来，闽台灯光围网的年产量为15×10^4～25×10^4 t，其余鲐、鲹等中上层鱼类主要被快速拖曳的近底层拖网和光诱敷网捕获。因此，我们要持续利用台湾海峡中上层鱼类资源，就必须合理配置这些作业的捕捞力量并进行科学管理。

(2)目前，灯光围网作业渔船自动化程度较低，操作人员多，成本大。中上层鱼类深加工技术尚未突破，鱼价较低，灯光围网渔船的利润不高。如果要持续稳定发展灯光围网作业，我们必须进一步改进捕捞设备和技术，提高捕捞效率，减小劳动强度，突破中上层鱼类的加工技术制约瓶颈，解决保鲜问题，提高其经济效益。

(3)由于渔业资源的变动，鱼群日趋分散和小型化，渔民为了提高捕捞效果，通过不断增加灯光强度来诱集鱼群。由于幼鱼趋光性更强，这样在诱集成鱼的同时也诱集了大量的幼鱼，既损害了资源，又造成了能源的浪费。因此，我们应控制单船作业的灯光强度。

第三节　张网

一、作业基本原理

定置张网是东海区一种历史悠久的传统作业方式，遍及东海区三省一市的沿岸海域。据福建省调查，在石狮市祥芝一带，早在700年之前就有定置张网作业。

定置张网是利用打在海底的桩柱或抛下的锚碇把网具固定、敷设在海中，利用潮流张捕沿岸或近海小型鱼、虾类的一种被动性作业方式，网具一般敷于小型鱼类、虾类密集分布的产卵、育肥场所或洄游的通道上，其网具结构图如图7-3-1所示。

二、渔业地位

张网是传统的渔具，因投资少、成本低、技术含量较低、回收快，历来是福建省的主要海洋捕捞作业之一。据《中国渔业统计年鉴》(农业部渔业渔政管理局，2016)，2015年福建近海张网作业渔船数为5048艘，占海洋捕捞渔船总数的16.72%；渔船功率15.10×10^4 kW，占海洋捕捞渔船总功率的8.43%；产量34.71×10^4 t，占全省海洋捕捞总产量的17.32%。

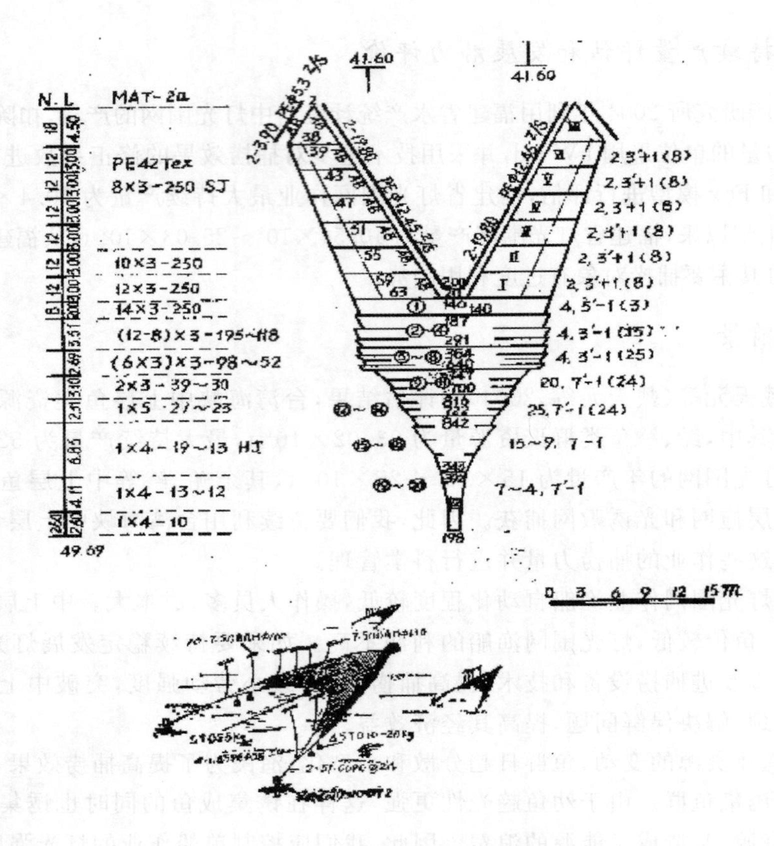

图 7-3-1 张网网具结构图

从近十多年福建省张网作业的产量来看，2005 年的产量达到峰值，为 61.62×10^4 t，而后产量逐年下降，2010 年达到最低值，而后几年又有所回升，年递减率为 3.37%（表 7-3-1，图 7-3-2）。

表 7-3-1 福建海区张网渔业产量及比重

年份	2003	2004	2005	2006	2007	2008	2009
张网产量(t)	523984	614425	616245	491622	472204	458954	444513
产量占比(%)	23.69	27.51	27.74	25.97	24.58	24.51	23.62
张网船数(艘)	9114	9084	8736	7533	7298	7271	7042
张网渔船功率(kW)	236955	248074	247561	250711	216804	212675	210055

年份	2010	2011	2012	2013	2014	2015
张网产量(t)	329758	380881	349472	365406	348396	347101
产量占比(%)	15.75	18.13	16.33	16.83	17.64	17.32
张网船数(艘)	6804	6660	5982	5748	5452	5048
张网渔船功率(kW)	211553	199044	185794	164434	161151	151012

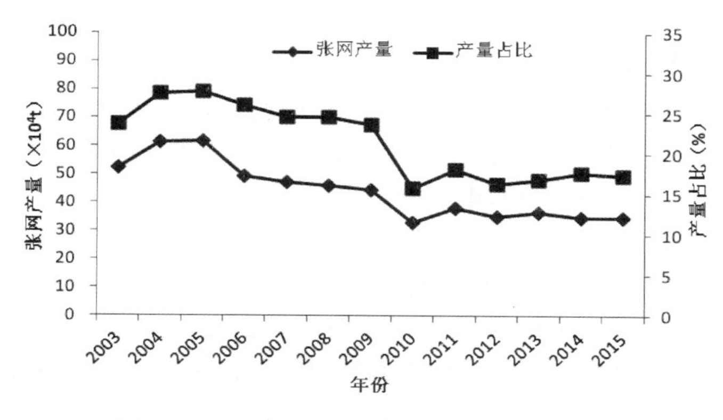

图 7-3-2　福建省张网作业产量及占产量占比

作业船数从 2003 年的 9114 艘逐年下降，到 2015 年已降至 5048 艘，年递减率为 4.80%；作业渔船功率于 2006 年达到顶峰，而后逐渐下降，至 2012 年为 15.10×10^4 kW(图 7-3-3)。

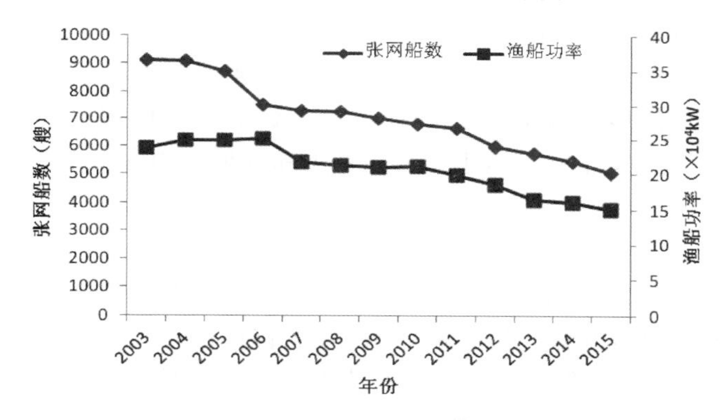

图 7-3-3　福建省张网作业渔船数和渔船功率变化

单船年产量和总产量变化趋势较为一致，也是从 2005 年起逐渐下降，2010 年最低为 48.47 t，而后几年有所回升，2015 年为 68.76 t；2015 年张网作业船单位功率产量 CPUE 为 2.30 t/kW，比 2005 年的最高值下降 7.63%(图 7-3-4)。

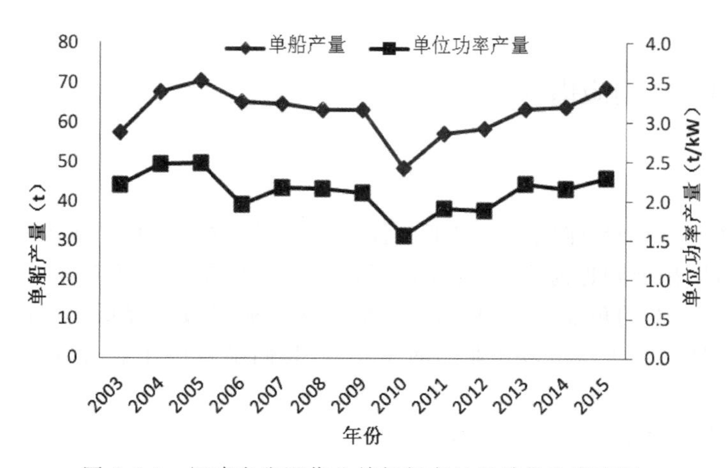

图 7-3-4　福建省张网作业单船年产量和单位功率产量

三、渔获物组成

福建海区各地的张网作业由于使用的网具、作业的海域和生产季节不同，渔获物组成也存在一定的差异。据福建省20世纪90年代初进行的全省张网渔业调查，张网渔获物中已鉴定的鱼类有281种，头足类13种，甲壳类72种。

闽南近海：据张壮丽（张壮丽，2005）的研究显示，2003—2004年闽南近海渔获物种类有156种，其中鱼类有107种，甲壳类有40种，头足类有9种。渔获重量比例以带鱼居首位，占15.4%，其次为康氏小公鱼（9.3%），中型经济虾类合占7.9%，居第三位，其他大于1%的种类依次为尖尾鳗、龙头鱼、二长棘鲷、蓝圆鲹、蟹类、静鲾、竹筴鱼、虾蛄类、棱鳀类、石首鱼类和黄鲫，这14个类群的渔获重量占总渔获重量的79.5%。

闽东近海：据张壮丽（张壮丽，2005）的研究显示，闽东海区张网作业的渔获种类有220种，其中鱼类最多，有168种，占76.4%，甲壳类42种，占9.1%，头足类10种，占3%。张网作业渔获物根据经济价值高低、数量大小可分为5类：小型大宗鱼类占56.2%，居渔获量首位；其次是主要经济种类幼鱼，占17.2%；其他类、小型大宗虾类、中型经济虾类分居第三、第四和第五位。到2009—2010年，闽东近海张网渔获物组成结构又发生了一些变化（刘勇，2012）：小型大宗鱼类仍居第一位，但比例增至68.7%，其次是中型经济虾类，占12.3%，经济幼鱼幼体已退居第三位，占8.0%，小型大宗虾类和其他类均占5.5%。

四、渔期

闽东海区：从1998—2002年张网监测船各月的渔获物组成分析结果看，1—4月间，因中国毛虾发海，其渔获量约占总渔获量的40.7%，居首位；5—8月，带鱼、蓝圆鲹、鲳鱼类等经济种类幼鱼和中型经济虾类幼虾数量较多，其中，6—7月带鱼幼鱼渔获量占各月总渔获量的30%～50%，7—8月中型经济虾类占20%～30%；9—12月，基本上以小型大宗鱼虾类最多，其渔获量约占各月总渔获量的50%～70%。

闽南海区：根据近年来的监测资料显示，闽南海区定置张网作业，1—4月以捕口虾蛄、龙头鱼、双斑蟳、中国毛虾等为主；开捕后，7—9月主捕带鱼、石首鱼类，其中带鱼比例高达50%～70%；10—12月，主捕龙头鱼、带鱼、小公鱼、棱鳀类、鳗鱼类、虾蛄类及中型经济虾类等多种类群。

五、存在问题及相应措施

1. 存在问题

尽管从经济效益来看，张网作业渔船的投资回报率较高，尤其是较大功率的张网渔船，因为它适合从沿岸拓展到近海生产，深受渔民的关注。但是该作业对经济鱼类的幼鱼损害很大，从保护渔业资源的角度考虑，我们应该减少该作业船数和降低单船的功率，还应限制张网作业向外扩展。由于从事该作业的渔民较多，我们削减该作业时应考虑渔民转行转业出路的问题。

（1）捕捞强度仍过于强大，单位产量下降

据《福建海区渔业资源生态容量和海洋捕捞业管理研究》（戴天元等，2004）一书的研究结论，福建省的海洋捕捞产量和捕捞努力量必须实行负增长，且认为2000年到2012年，全省的海洋捕捞产量应由183.5万t减至132万t，渔船功率应由134.5万kW减至106万kW，其中，张网作业产量由55.3万t减至36.3万t，渔船功率由13.9万kW减至9.3万kW。近三年来的渔业统计显示，全省张网作业产量为34.7～36.5万t，基本吻合该研究结果，但渔船功率为15.1～16.4万kW，高出该研究结果的60%～70%，可见，张网作业捕捞努力量的投入仍过于强大。

（2）经济海洋生物幼鱼幼体损害较大

沿岸近海的定置张网作业在利用小型大宗鱼虾蟹类的同时，由于其选择性较差，也会捕到不少数量的经济鱼虾蟹类的幼鱼幼体，对近海鱼类资源损害较严重。

2. 相关建议

（1）调整定置张网作业船数，减少捕捞努力量的投入

直至2015年，福建全省张网作业船数为5048艘，虽然近十多年来渔船数量以年均递减率4.80%的速度一直在减少，但其占全省海洋捕捞作业渔船总数的比例仍为16.72%，仅次于流刺网；全省张网作业渔船总功率为151012 kW，占全省海洋捕捞作业渔船总功率的6.8%。不少小型定置张网作业渔船，因功率小、可作业范围狭窄，长期集聚于内湾、沿岸水域作业生产，使得沿岸近海渔业资源不堪重负，导致捕捞效益不断下降，且因其选择性较差，在合理利用小型大宗鱼虾蟹类时，也损害了大量经济幼鱼幼体，因此，我们有必要进一步调整定置张网作业船数，减少捕捞努力量的投入。

（2）加强渔政管理，杜绝违规生产行为

渔政管理部门应进一步提高渔政管理水平，渔业执法部门应进一步加强渔业执法力度：对于禁渔期内违规作业的张网作业渔船，及时查处；对于“三无”渔船，及时劝诫，适当惩处；对于渔业法规明令禁止的渔具渔法，加以没收销毁；利用宣传栏、多媒体、互联网的多种媒介，向沿海渔民进行相关渔业法规的宣传。

（3）延长定置张网作业的休渔期

2017年，我省开始执行农业部新的伏季休渔制度，其中，张网作业的伏季休渔时间由原先的5月1日到7月16日改为5月1日至8月1日，休渔时间延长了半个月。张网作业全年都可捕获到经济种类的幼鱼幼体，尤其是5—8月，带鱼、蓝圆鲹、短尾大眼鲷、二长棘鲷等幼鱼幼体数量较多，在渔获中的重量比例达40%～60%，且个体很小，平均体重约为5～10 g，因此，适当延长张网休渔时间，即将休渔时间5月1日至7月16日向后延至8月1日，有利于进一步减少经济幼鱼幼体的受损情况，从而更好地保护与利用经济鱼类资源。

（4）加强渔业资源动态监测

东海区渔业资源动态监测网成立于1987年，至今已有30个年头，我所的福建省监测站一直承担着福建近海拖网、张网、光诱敷网、围网等几种主要捕捞作业方式生产动态和资源变动情况的监测任务。长期的渔业资源监测，不仅可以了解沿海渔民张网作业的经济效益和生存状况，而且可以了解沿岸近海渔业资源利用的结构组成变动等情况，同时也能够摸清主要经济鱼类的繁殖生物学，弄清其主要鱼汛渔期及群体结构组成等。因此，我们有必要继续加强渔业资源动态监测，了解渔业资源的变动情况，更好地为渔业行政主管部门制定合理的保护措施和利用近海渔业资源提供一定的科学依据。

第四节　光诱敷网

福建省的光诱敷网是在20世纪80年代从台湾引进并进一步发展起来的，作为张网和流刺网等小型渔船的季节性兼轮作渔具。开始时，由于作业渔船功率小，抗风能力差，网具规格小，只能在沿岸浅水区生产。近年来，通过渔具试验改革，渔船功率不断增加，网具规格不断加大，灯光强度不断增强，作业水深不断加深，生产范围已扩大到近海渔场。目前，光诱敷网已是福建省一种主要的海洋捕捞方式。在夏、秋汛生产，其主要捕捞枪乌贼和中上层鱼类。

一、基本作业原理

光诱敷网作业是将网具敷设在水中等待，利用鱿鱼具有趋光的习性，首先，用人造光源将鱼群诱集到渔船周围的光照区内，然后再将其诱导到敷网敷设的范围之内，提绞网具，达到捕捞的目的。捕捞技术要点：

(1)将渔船周围的鱼群诱导到船艉较上层水域，并诱入网内，是敷网作业的技术关键，因此必须把握：

①关熄水下灯的速度不能太快。

②网具在水中要保持良好的扩张状态。

③导鱼灯要采用可调光源，在导鱼灯向网内移动前须调弱光强，使渔船周围和较深水层的鱼群向导鱼灯集结，然后缓慢将其导入网内。

④在下纲提离水面前，应尽量减少主机动车，避免螺旋桨激起的噪声和水流惊吓鱼群。

⑤绞收下纲要迅速，以尽快封闭底网，防止鱼群从下纲逃逸。

(2)要充分利用暗夜和黄昏最佳作业时间。因月光夜期间及下半夜诱鱼效果较差，所以渔船返航及出售渔获应安排在月光夜期间，夜间作业如遇产况差，须转移渔场，应尽量短距离转移，避免浪费作业时间。其作业示意图如图7-4-1所示。

二、发展概况

到了20世纪70年代末80年代初，随着一些主要经济鱼种资源的衰退，人们开始将目光转向资源相对还比较丰富的头足类。这期间，福建省的晋江、石狮等地相继试验了多种方法来捕捞鱿鱼。1984年，福建省水产厅下达了“鱿鱼资源调查和渔具渔法研究”项目，项目组在借鉴台湾光诱敷网网具结构、作业优点的基础上，在石狮的东浦村试验成功了光诱鱿鱼敷网渔具，取得了很好的经济效益。由于该作业具有投资少、成本低、劳动强度小、操作方便、经济效益高等优点，发展速度相当快。该作业从1985年开始在定置网渔船、流刺网渔船等小型的机动渔船中推广应用，到1991年仅在石狮市就发展光诱敷网渔船161艘，产量1326 t。进入21世纪，该种作业迅速在闽南、闽中和闽东地区发展，到2013年，福建省的光诱敷网船达481艘，总产量达2.16×10^4 t(表7-4-1、图7-4-2)。

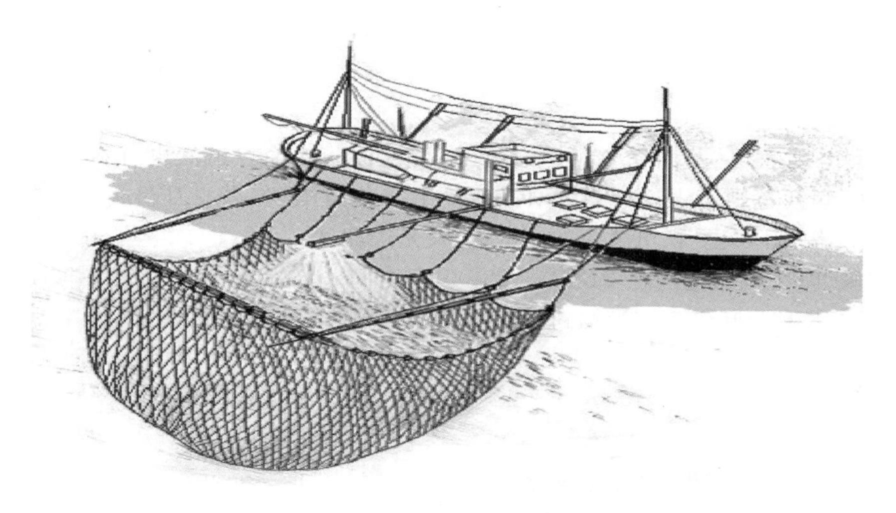

图 7-4-1　光诱敷网作业示意图

表 7-4-1　2007—2013 年福建省光诱鱿鱼敷网作业渔船数量和产量

年份	2007	2008	2009	2010	2011	2012	2013
船数(艘)	380	622	500	429	485	485	481
产量(t)	25037	40638	46033	46090	48130	47531	21610
CPUE(t/艘)	65.9	65.3	92.1	107.4	99.2	98.0	44.9

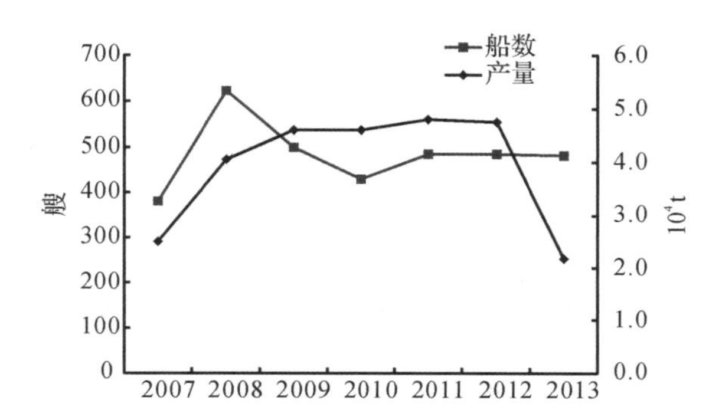

图 7-4-2　2007—2013 年福建省光诱敷网作业渔船数量和产量

三、主要渔场、渔期和渔获物组成

福建的鱿鱼敷网作业渔场遍布整个台湾海峡，鱼发面积广，尤其旺季时，各渔区均能获得较高的产量，一般整年都能捕鱿鱼，而形成汛期是 5—10 月。因海峡南北部的环境条件不同，鱼汛期的长短、高渔获量的出现时间也有所差异。就中心渔场的位置来说，其主要以海峡中、南部为主，具体有如下几个渔区：

(1)海峡南部渔场：范围为 22°10′～23°00′N 之间，该渔场有两个汛期，5—6 月为春汛，以5月为旺季，主要捕捞春季产卵群体；7—10月份为夏秋汛，以8月为旺季，主要捕捞秋季产卵群体。高产区主要集中在315、316等渔区，该渔区既是春汛鱿鱼的密集区，也是夏秋汛的中心渔场之一。

(2)海峡中部渔场：范围在23°00′～24°00′N之间。该渔场虽然也有春汛和夏秋汛，但春汛渔期短，鱼发范围小；夏秋汛(7—9月)是主要的鱼汛期，以9月份为旺季。该渔场的292、303、304等渔区是夏秋汛鱿鱼的高产区，又是产卵区。

(3)海峡北部渔场：范围在24°00′～25°00′N之间。该渔场仅有一个鱼汛期，即夏秋汛(7—9月)，以8月为旺汛。该渔场的273、283等海区是夏秋汛的高产区(图7-4-3)。

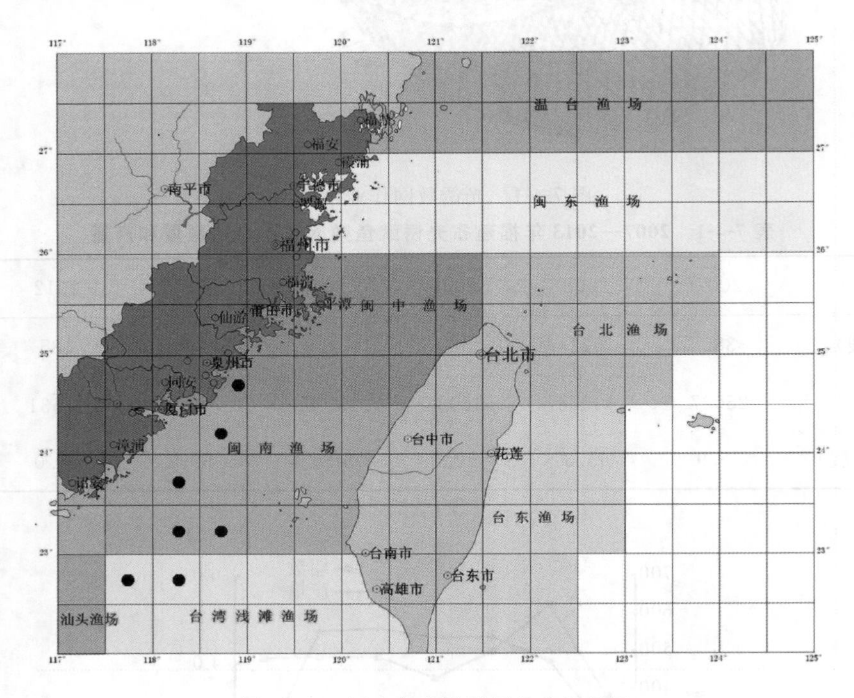

图7-4-3　福建省光诱敷网作业渔场图

根据2001年的调查情况，两艘调查船出海生产116个夜晚，捕捞渔获42308 kg，其中枪乌贼占64.15%，鱼类和其他种类占35.85%。采集12批渔获样品，重量142.1 kg，35个品种，经测定分析，其中，头足类9种、鱼类25种、甲壳类1种。样品比重占1%以上的优势种类有9种，分别是：杜氏枪乌贼58.26%，中国枪乌贼13.88%，火枪乌贼7.26%，小管枪乌贼1.94%，带鱼2.46%，黄鲫7.30%，短尾大眼鲷1.76%，蓝圆鲹1.62%，横带扁颌针鱼1.1%。在样品出现率中，杜氏枪乌贼占绝对优势，抽样12次出现了11次，而且数量都很大；次之是中国枪乌贼，也出现过11次；火枪乌贼位居第三，6月、7月份的4次抽样都有出现，8月份开始就不再出现。所出现的25种鱼类，大多数是中上层鱼类，特别是趋光性较强的鲐、鲹鱼类和鲱科鱼类，详见表7-4-2。可见，光诱鱿鱼敷网的主要捕捞对象为枪乌贼和中上层鱼类。

表 7-4-2　2001 年光诱鱿鱼敷网主要渔获物组成情况

种类	杜氏枪乌贼	中国枪乌贼	火枪乌贼	小管枪乌贼	黄鲫	带鱼	短尾大眼鲷	蓝圆鲹	横带扁颌针鱼
重量合计(g)	82768	19720	9555	2755	10376	3495	2505	2302	1550
占比例(%)	58.26	13.88	7.26	1.94	7.30	2.46	1.76	1.62	1.09
尾数合计(尾)	2229	412	723	306	548	20	258	54	4
平均重量(g)	36.00	47.86	13.22	9.00	18.93	174.75	9.71	42.63	387.5

四、主要经济种类生物学

2001 年 7 月和 8 月各测定中国枪乌贼 30 尾，杜氏枪乌贼 50 尾，6 月和 9 月各测定带鱼 20 尾，结果见表 7-4-3；2004 年 6 月测定杜氏枪乌贼 30 尾，鲐鱼 30 尾，7 月测定杜氏枪乌贼 50 尾，鲐鱼 35 尾，8 月测定杜氏枪乌贼 50 尾，结果如表 7-4-4 所示。

表 7-4-3　2001 年枪乌贼和带鱼的生物学测定

日期	种类	胴(肛)长范围(mm)	平均胴(肛)长(mm)	优势胴(肛)长(mm)	体重范围(g)	平均体重(g)	优势体重(g)	雌性腺成熟度
7 月 19 日	中国枪乌贼	128～272	150.5	141～161	62～310	97.07	81～111	Ⅴ100%
8 月 15 日	中国枪乌贼	104～206	163.77	151～181	53～210	139.13	131～181	Ⅲ83%，Ⅳ17%
7 月 2 日	杜氏枪乌贼	55～114	89.9	81～111	16～61	37.8	31～51	Ⅱ50%，Ⅲ50%
6 月 19 日	带鱼	237～261	243.23	231～251	148～176	153.46	141～161	Ⅲ77.8，Ⅳ22.2
9 月 13 日	带鱼	252～295	277.71	271～301	201～231	214.29	211～231	Ⅳ100%

表 7-4-4　2004 年杜氏枪乌贼和鲐鱼生物学测定情况

测定日期	鱼种	测定尾数	胴(叉)长范围(mm)	平均胴(叉)长(mm)	体重范围(g)	平均体重(g)	性腺成熟度(%)
6 月 18 日	杜氏枪乌贼	30	38～163	75	5～134	25.5	Ⅲ期以下占 90
6 月 18 日	鲐鱼	30	175～24	192	65～183	88	Ⅲ期以下占 53
7 月 28 日	杜氏枪乌贼	50	9～185	140.88	35～158	88.56	Ⅵ期占 100
7 月 28 日	鲐鱼	35	19～280	220,54	97～316	147.9	Ⅱ以上占 63
8 月 9 日	杜氏枪乌贼	50	80～182	121.17	20～132	62.18	♀性大部分已排过卵

五、光诱敷网渔业资源养护与管理

(1)光诱敷网渔业资源特点

枪乌贼是支撑着光诱敷网作业产量及其经济效益最重要的经济种类。2003 年以后,福建省捕捞的枪乌贼产量明显增多,而且一直维持在 5×10^4 t 以上。当然,这与光诱敷网作业生产规模增大、作业海区的扩展有关,但更重要的是因为当前传统主要底层经济鱼类资源衰退为其提供了广阔的生存空间和丰富的饵料生物,再加上枪乌贼本身的生物学特性确保了其资源量的相对稳定性。在光诱敷网作业渔获物中,枪乌贼所占比例变化很小,且有上升趋势。但因枪乌贼生命周期短,一般为一年生,几乎全是利用补充群体,很容易因捕捞过度引起年间渔获量大幅度波动。

(2)科学利用光诱鱿鱼敷网作业

光诱鱿鱼敷网作业具有投资少、生产费用低、劳动强度小、捕捞效率好等特点,是捕捞枪乌贼、鲐鱼、蓝圆鲹和金色小沙丁鱼等中上层鱼类较有效的作业方式。其渔具及其作业方式对经济幼鱼和渔场底层环境损害程度比拖网作业小得多,并且生产汛期渔获的鲐、鲹鱼类生殖个体不多,有利于对亲鱼资源的保护。但是,由于该作业诱集鱼类的灯光强度不断加大,诱集的幼鱼比例不断增加,光诱敷网作业从原来在本地区的沿岸生产,发展到跨地区生产,造成了渔场的矛盾,因此应加强对该作业的管理,合理安排生产渔场。

(3)严格控制单拖作业

单拖作业较为集中的海区,多数是中国枪乌贼产卵和索饵场所,捕捞乌贼卵鞘数量多,较为严重破坏枪乌贼栖息和产卵环境,直接影响枪乌贼资源量的补充。我们认为合理利用和保护枪乌贼渔业资源更重要的是保护亲体,保护好卵鞘。根据多年来单拖作业的监测结果,单拖作业在 10—12 月期间所利用的中国枪乌贼主要是当年生的、个体较小的索饵群体,不仅经济价值低,而且过量利用索饵群体将会导致翌年生殖群体数量减少。因此,除伏休外,我们在秋冬季 10—12 月应加以控制单拖作业对当年春生索饵群体的利用,尽量避免导致翌年生殖群体数量减少。

(4)控制光诱渔具的灯光强度

光诱渔具(包括灯光围网和光诱敷网)主要捕捞鲐、鲹等中上层鱼类及鱿鱼等。渔民为了提高捕捞效果,通过不断增加灯光强度来诱集鱼群。目前,有的灯光围网渔船装配了 300 kW以上的灯光强度。由于幼鱼趋光性更强,这样,在诱集鱿鱼和中上层鱼类成鱼的同时也诱集了大量的幼鱼,损害了大量幼鱼资源。根据厦门大学何大仁教授的实验,在 3000 lx强光下,灯光会对仔、稚、幼鱼造成严重刺激,产生"光晕旋""光休克"反应。为了减轻灯光强度对幼鱼的损害,光诱渔具作业应严格遵守福建省海洋渔业局 2007 年公布的"福建省渔业捕捞禁止和限制使用的渔具渔法目录"中的有关规定,单船的灯光强度应控制在 250 kW 以内。

(5)加强科学调查监测

我们应加强光诱敷网作业和单拖作业常年监测调查,及时掌握渔业生产动态和资源动态,提出每年最佳捕捞量,为保证枪乌贼资源可持续利用提供依据和管理模式。尤其是闽东北外海地处闽、浙、台交界,属于公海范畴,另据了解,在调查海区外侧的 229、230、239、240、249、250、231、241、251 渔区(26°30′~27°30′N,122°00′~123°30′E)每年 7—10 月,有日本、港台等渔船从事捕鱿作业。因此，在闽东北外海开展捕鱿生产，既是利用自家门口的渔业资源，又是参与国际海洋权益竞争，今后我们应加强枪乌贼渔业资源动态监测，根据其资源的动态，及时调整捕捞力量，提高竞争能力。

(6)开展综合加工研究，提高产品价值

中国枪乌贼营养丰富，肉质鲜美，在夏秋季，温度高，鱼货不易保鲜，质量常受影响；目前国内的枪乌贼以保鲜和干制品畅销于海鲜市场，但国外市场则有多种加工产品上市；另枪乌贼的肝脏、性腺都比较发达，生殖季节时肝脏、性腺约占鱼体总重的三分之一，目前，枪乌贼内脏尚未加工利用等，因此，我们应开展保鲜技术和综合加工的研究，提高产品的价值。

(7)开展海峡两岸渔业合作，携手养护枪乌贼资源

枪乌贼资源是海峡两岸共同利用的资源。我们应开展海峡两岸渔业技术交流和合作，与台湾渔业界人士多取得联系，争取两岸渔业管理部门携手共同管理和养护该渔场的枪乌贼资源。

第五节 刺网

一、作业基本原理及其特点

1. 基本原理

刺网是以网目刺挂或网衣缠络原理作业的网具。它是由若干片长方形网衣连接成的长带状的网列，敷设在鱼、虾、蟹洄游的通道上，垂直展开呈垣墙状，当捕捞对象在洄游或受惊吓逃窜时刺挂在网目或缠绕在网上而被捕获。

2. 结构形式

按结构类型，它可以分为单片(层)刺网、双重刺网、三重刺网、无下纲刺网和框刺网 5 个类型；按作业形式，它可分为定置刺网、漂流刺网、包围刺网和拖曳刺网 4 种形式；按捕捞对象，它有鳓鱼、鲨鱼、马鲛、鲳鱼、青鳞鱼、黄鲫、龙虾、对虾、梭子蟹、方头鱼流刺网等。图 7-5-1 是单层刺网和三重刺网结构示意图。

3. 作业特点

渔具结构简单，捕捞操作简便，作业成本低，不受渔场环境限制，作业范围广，机动性强，渔具选择性强，能捕捞上、中、下各层比较集中或分散的鱼群、甲壳类和头足类等游泳动物；渔获个体一般较大而且整齐、质量好，对海洋环境和渔业资源损害较小。其缺点是摘除刺挂在网上的渔获物较费工时，渔具损耗率较高。

4. 操作方法

放网前必须把网片连接好，相隔 5～10 片连接一支浮标，渔船抵达作业渔场后，选择缓流时放网，先投下第一支浮标，然后顺着暗礁地形把网投下，放网一般选择清晨，高低平潮时

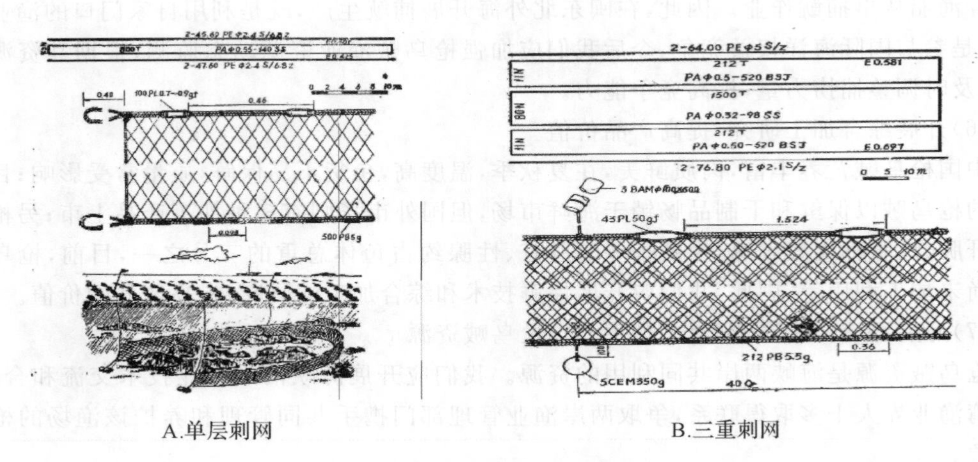

A.单层刺网　　B.三重刺网

图 7-5-1　福建省单层刺网和三重刺网结构图

最适宜,高潮时放网由西向东,低潮时由东向西放网,漂流时间 3～4 h,海流 3～4 节时不宜放网以免网具有损失,投网的速度和船速要协调配合,防止水流作用造成网片重叠和纠缠。起网时应偏顺流起网,放网选择海沟边缘为佳,大潮时放 2 列间距 0.7～0.8 nmile,小潮时放3/6列间距 0.3～0.4 nmile,作业水深 80～200 m。

二、历史沿革及渔业地位

1. 历史沿革

我省单片流刺网是历史最悠久,数量最多,分布最广的一种作业形式,占全省流刺网渔船总数的65%以上,有在近岸作业的小型流刺网,也有在近海和外海作业的大型流刺网,捕捞对象较多。20 世纪 60 年就有流刺网作业,如 1965 年,鳓鱼流刺网产量达 6870 t,占海洋捕捞总产量的 2.62%,是鳓鱼流刺网发展最好的年份,然而,70 年代中期,由于拖网和围网渔业兴起,鳓鱼流刺网作业几乎全部停止,1979 年全省鳓鱼产量仅为 1000 t,占全省海洋捕捞总产量的 0.2%,80 年代以来,中小型流刺网作业又有开始恢复和发展,1982 年全省鳓鱼产量为 2098 t,占全省海洋捕捞总产量的 0.57%;梭子蟹流刺网历史悠久,广泛分布于我省沿海各地,1958—1960 年全省年产 7～8.5 千 t,1972 年减少到 2.3 千 t,1982 年又发展到 10.765 千 t,占当年海洋捕捞总产量的 2.91%;鲨鱼流刺网在全省沿海均有分布,晋江、莆田、惠安等县市最多;马鲛流刺网在全省沿海各地均有分布,莆田最多;鲳鱼刺网是霞浦县三沙镇的传统作业,福鼎、霞浦、连江、长乐、平潭、莆田最多;青鳞鱼流刺网在全省沿海均有分布;黄鲫流刺网在我省沿海均有分布,晋江、东山、泉州等地最多;对虾流刺网是 20 世纪 70 年代初发展的捕虾专业渔具,它虽然发展历史短,但捕捞大型虾类效果好,目前已成为我省捕捞大型虾类的主要渔具,在我省沿海均有分布,闽南沿海较多。

双重(层)流刺网广泛分布于全省沿海,历史悠久,如惠安县的双重(层)流刺网早在 400 多年前就有相关记载,20 世纪 50 年代后期至 60 年代初期,渔船数量发展到三重流刺网是于 1997 年,在霞浦县三澳村率先发展起来的。我省闽东传统的捕捞方式以机围底拖生产为主,然而,因为渔业资源的过度利用和近海渔场环境的不断变化,海洋捕捞业的发展陷入了困境，传统的渔具渔法与变化的渔场之间的矛盾日益凸显，在这种情形下，霞浦三澳村于1997年打破传统的格局，开始试用底层三重流刺网作业，取得了良好的经济效果，便很快普及推广。至2005年，霞浦全县已有213艘三重流刺网渔船，该作业的成功开展，为提高渔业经济效益做出了积极的贡献，有效减轻了近海捕捞压力；对优化海洋捕捞起了积极的影响。但是，三重刺网将刺挂捕鱼变刺挂加上缠绕捕鱼，变选择性捕捞为广捕性捕捞，对渔业资源有损害。

根据2010年我省开展的海洋捕捞渔具、渔法调查，我们把我省流刺网划分为单片（层）刺网、双重刺网、三重刺网3个主要类型，把无下纲刺网、框刺网划分为其他刺网；又把这4种刺网按照作业形式划分为定置刺网、漂流刺网2种形式。根据调查结果，我省漂流三刺网数量最多，达到639142片，占刺网总数的33.33%，其次是漂流单片刺网，有496430片，占25.89%；数量最少的是定置双重刺网，仅有500片，占0.03%，具体情况如图7-5-2所示。

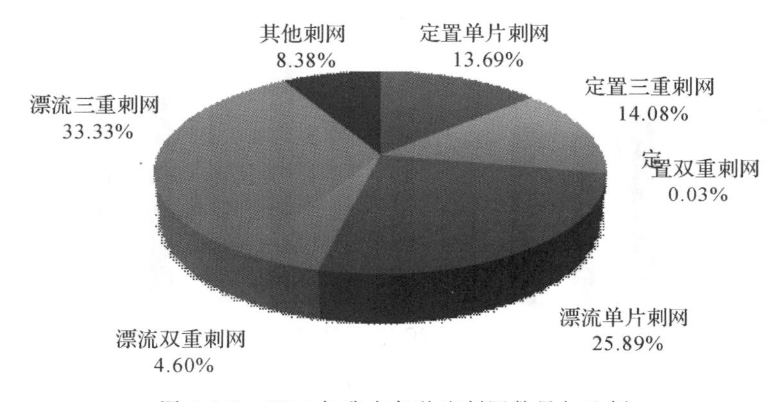

图7-5-2 2010年我省各种流刺网数量与比例

2. 发展历程

刺网是我省主要的海洋捕捞渔业之一。由于该作业成本低，技术易掌握，人员少，所捕捞的优质鱼价格高，所以发展较快。2004—2014年间，渔船数量从10526艘发展到13843艘，年增加率为8.15%（图7-5-3）；渔船功率从29.52万kW增加到46.06万kW，年增长率为7.06%（图7-5-4），年产量从24.35万t增长到29.87万t，增长了64.09%（图7-5-5）。

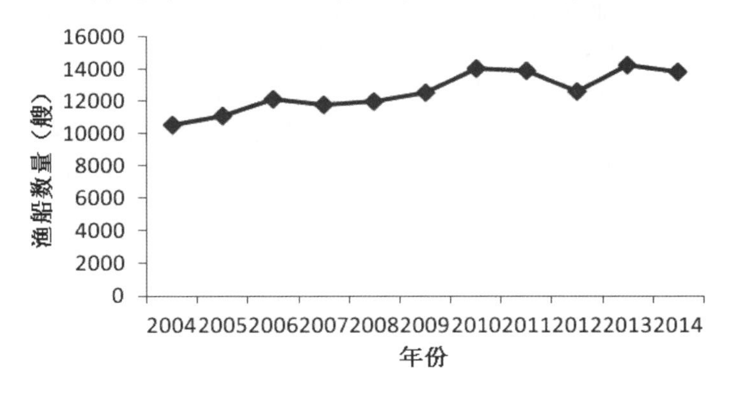

图7-5-3 2004—2014年福建省刺网渔船数量

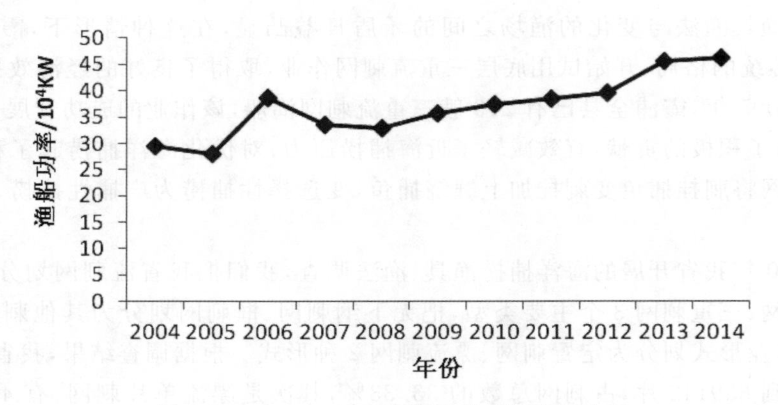

图 7-5-4　2004—2014 年福建省刺网渔船功率

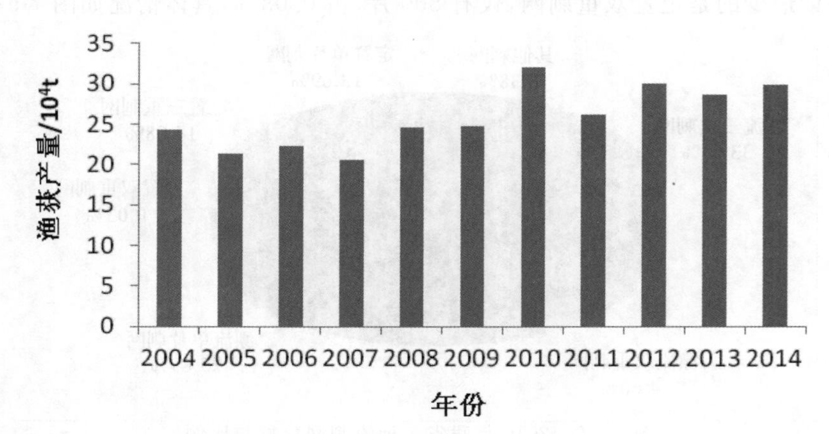

图 7-5-5　2004—2014 年福建省刺网渔船年产量

3. 渔业地位

近年来，由于受气候变化、环境污染、过度捕捞等因素的影响，底层鱼类资源严重衰退，海洋捕捞业的发展陷入了困境，传统的渔具渔法与变化的渔业资源之间矛盾日益凸显，因此，利用对海洋生态和渔业资源损害较小的渔具，开发利用一些传统上较少利用的渔业资源，如小杂鱼和甲壳类资源，就成了海洋捕捞业生存的新的希望。在这种情形下，刺网，作为开发利用小杂鱼和甲壳类资源的渔具，就趁机快速发展起来，在海洋捕捞业中所居地位明显提高。2004—2014 年间，刺网渔船数量占全省海洋捕捞渔船数量的比例从 30.44％提高到 43.83％(图 7-5-6)，渔船功率从 17.42％提高到 21.99％(图 7-5-7)，同样，年产量从 10.90％提高到 15.12％(图 7-5-8)。

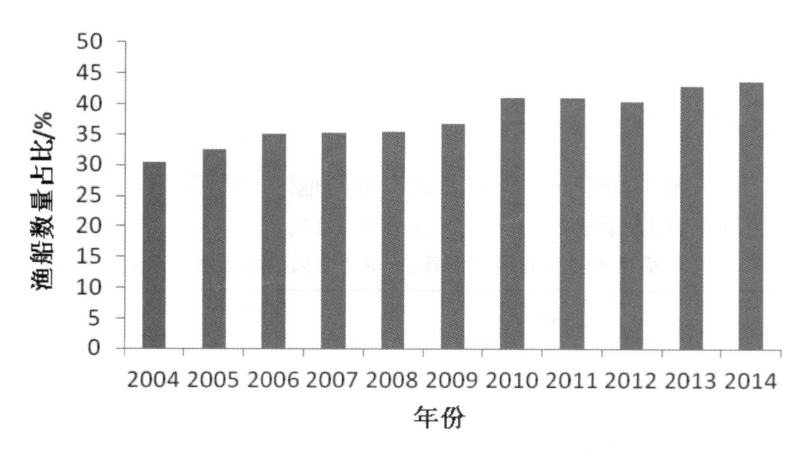

图 7-5-6 2004—2014 年福建省刺网渔船占全省海洋捕捞渔船数量的比例

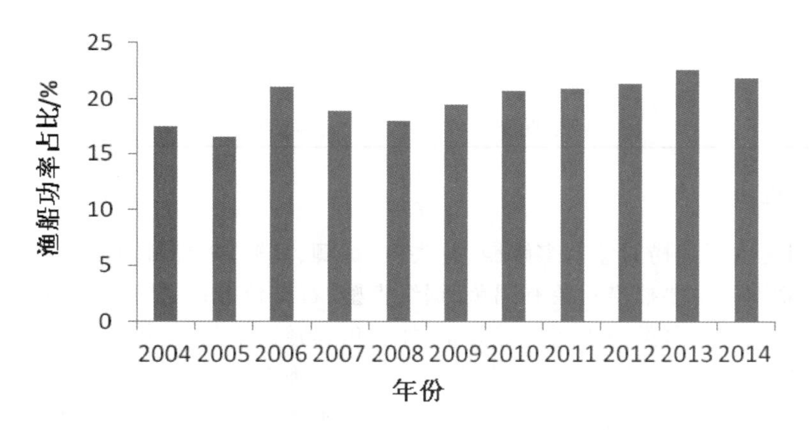

图 7-5-7 2004—2014 年福建省刺网渔船功率占全省海洋捕捞渔船功率的比例

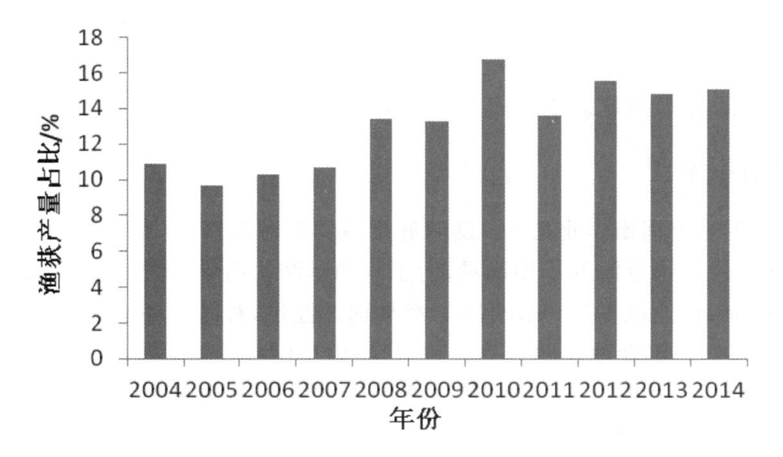

图 7-5-8 2004—2014 年福建省刺网年产量占全省海洋捕捞年产量的比例

三、渔场、渔期和渔获组成

1. 渔场、渔期

我省刺网的渔场、渔期因不同的作业形式和不同地区而有所不同，下面列出了主要刺网作业县、市单片刺网的渔场、渔期及主捕种类（表 7-5-1）。

表 7-5-1 福建省主要刺网作业县、市单片刺网的渔场渔期及主捕种类

地区	渔场	渔期	主捕种类
诏安县	诏安内湾	全年	内湾小杂鱼
东山县	东山近岸	全年	多鳞鱚
龙海市	闽南近海、闽中近海	3—12 月	龙头鱼、黄鲫、马鲛
莆田市	闽东北外海	1—4 月	金线鱼
连江县	闽东北外海	3—5 月	虾蛄、小杂鱼
霞浦县	闽东近海	4—12 月	鲨鱼、马鲛
惠安县	闽中近海	5—12 月	龙头鱼、黄鲫
石狮市	闽中近海	3—9 月	锯缘青蟹、石斑鱼

2. 渔获组成

单层刺网的主要捕捞对象有多鳞鱚、龙头鱼、黄鲫、马鲛、金线鱼、蟹类、鲨鱼、虾蛄、小杂鱼等；双重流刺网的主要捕捞对象有鲳鱼、锯缘青蟹、石斑鱼等；三重流刺网的主要捕捞对象较复杂，一种以大中型鱼类为主要捕捞对象，如鲨鱼、马鲛、鲳鱼、石斑鱼等；一种以中型鱼类为主捕对象，如银方头鱼、黄鲷、刺鲳、金线鱼、白姑鱼、海鳗等底层和近底层鱼类；第三种是以蟹类为主捕对象，如三疣梭子蟹、锯缘青蟹、远海梭子蟹和拥剑梭子蟹等。据吴永辉2004—2005 年利用 3 艘刺网渔船开展的调查（吴永辉，2006），三重流刺网调查船渔捞资料分类统计表明，在渔获物中，银方头鱼 149.1 t，占 31%；黄鲷 122.6 t，占 25.5%；刺鲳 72.14 t，占 15%；白姑鱼 48.1 t，占 10%；金线鱼 28.86 t，占 6%；大眼鲷 24.04 t，占 5%；海鳗 19.24 t，占 4%；日本鲳等杂鱼 16.84 t，占 3.5%。

四、发展前景展望

刺网是我省的主要捕捞作业之一。随着底层鱼类资源的衰退，小杂鱼和甲壳类资源相对比较稳定，刺网作为沿岸近海的小型渔具，由于其渔具结构简单，捕捞操作简便，作业成本低，不受渔场环境限制，作业范围广，机动性强，渔具选择性强，对海洋环境和渔业资源损害较小，因此，近年来发展较快，渔业地位明显提升。但是，由于网具经常丢失在海里，不易腐烂，对渔场环境造成威胁；而且，目前该作业已发展了双层流刺网、三重流刺网，与传统的单层流刺网相比，网目小，选择性差，层层拦捕鱼群，损害了经济幼鱼。另外，由于该作业的渔船一般较小，抗风能力差，往往存在安全隐患，我们在发展该作业时应综合考虑上述因素。再者，我们对流刺网同样要继续加强渔业资源动态监测，进一步摸清其主要捕捞对象的繁殖生物学，弄清其主要鱼汛渔期及群体结构组成，确保渔业资源可持续利用，流刺网作业能稳定发展。

第八章　福建海区渔业资源可持续利用

21 世纪，世界进入了海洋资源现代化开发世纪，海洋经济成为经济发展新的增长点，海洋渔业经济已成为国民经济发展的重要增长部分。然而，近年来，由于过度捕捞、气候变化、水域污染等原因，世界渔业资源受到了严重挑战。联合国粮农组织估计，世界海洋渔业资源已经有四分之一被过度捕捞，部分海区具有商业价值的鱼类捕捞量也超过了许可量的 3 倍，只有 3%的海洋资源处于未开发状态，21%的渔业资源可以少量提高捕捞力量。而 52%的资源目前处于充分开发状态，16%的资源处于过度开发状态，7%的资源遭到完全破坏，仅有 1%的资源从衰竭状态开始恢复。为了确保我省渔业资源的可持续利用，我们应开展台湾海峡主要渔场的形成机制、重要渔业资源种类的生命全过程、时空分布、种群动态变化、渔业资源潜在量、渔业资源的养护与修复等调查研究工作，建立切实可行的海洋渔业资源管理方法，使我省沿、近海的海洋生物多样性和生态环境基本得到修复，海洋生物资源可持续利用。

第一节　渔业资源养护与管理

一、建立法律法规

我国渔业资源养护与管理的基本法律制度初步形成于 20 世纪 80 年代后半期，1986 年，我国制定了《中华人民共和国渔业法》，2000 年，进行第一次修订，2004 年进行第二次修订，2009 年进行第三次修订，2013 年进行第四次修订。1989 年，我国又颁布了《中华人民共和国野生动物保护法》，并先后在 2004 年、2009 年、2016 年进行修订。据统计，目前全国已有渔业法规、规章 600 多部。显然，我国在渔业基本立法上，已经形成了较为完整的制度体系，渔业经济活动与行政管理基本实现了有法可依。有关渔业资源养护与管理的基本法律法规有以下内容：

1. 海洋捕捞许可制度

《中华人民共和国渔业法》第二十三条规定："国家捕捞业实行捕捞许可证制度"。凡在中国管辖水域和公海从事渔业捕捞活动的单位和个人，应报经相关渔业主管机关批准并领取捕捞许可证后，方可在核定的水域和时限内从事核定的作业类型的捕捞生产，即：领取渔业船舶检验证书，渔业船舶登记证书，捕捞许可证，方可从事捕捞生产。

2. 捕捞渔船控制制度

国家对全国海洋捕捞渔船数量和功率实行总量控制制度，即由中央政府向地方政府下达海洋捕捞渔船数量和功率控制指标，地方政府必须严格按照中央政府下达的指标控制本辖区海洋捕捞渔船数量和功率，不得超过国家下达的船网工具控制指标发展海洋捕捞业。这从根本上控制海洋捕捞强度，保护海洋渔业资源。

3. 捕捞产量限额制度

《中华人民共和国渔业法》第二十二条规定："国家根据捕捞量低于渔业资源增长量的原则，确定渔业资源的总可捕捞量，实行捕捞限额制度。"首先由国家渔业主管部门通过对海洋渔业资源的调查和评估，确定各海域渔场捕捞渔船总量，捕捞鱼获物总量，并根据各省、市级情况和公平、公正原则，逐级分别下达捕捞产量限额。未获得捕捞限额的捕捞渔船不得从事捕捞作业。

4. 伏季休渔制度

"伏季休渔"是依据《渔业法》建立的一项重要的渔业资源养护制度，即规定在特定的时间和海域渔场，严禁特定的作业渔船出海从事捕捞生产，目的是让特定的水生动物得到休养生息，使渔业资源得到有效的恢复和增加。自1995年实施以来，其得到了较为全面有效的执行，休渔范围、休渔时间和休渔作业类型得到不断扩大。目前，休渔海域覆盖了全国四大海区，涉及沿海11个省（市、区）及香港、澳门特别行政区的渔船，每年全国休渔渔船达到12万艘、休渔渔民上百万人，是迄今为止我国在渔业资源管理方面采取的覆盖面最广、影响面最大、涉及渔船渔民最多、对海洋渔业资源保护最有效的措施。该制度实施以来，取得了良好的生态、经济和社会效益，受到广大渔民群众和社会各界的普遍欢迎。

5. 保护区制度

为了保护具有较高经济价值和遗传育种价值的水产种质资源及其生存环境，国家在特定海域划定禁渔区和保护区，未经批准，任何单位和个人不得在保护区内从事捕捞活动。2012年止，我国划定了282个国家级水产种质资源保护区和237个国家级水生野生动植物自然保护区。我省共设立了10多个海洋保护区，有宁德官井洋大黄鱼繁殖保护区、长乐海蚌资源增殖保护区、厦门中华白海豚保护区等。

6. 禁渔区制度

为了保护沿海水产资源，1957年7月开始，国家在渤海、黄海和东海划定机轮拖网渔业禁渔区；我省设定了机动渔船底拖网禁渔区线，在禁渔线至沿岸海域，严禁拖网生产。

7．禁止和限制使用渔具渔法制度

按照我国《渔业法》实施细则规定，东黄海拖网的网囊最小网目内径不得小于54 mm；南海拖网的网囊内径最小网目内径不得小于40 mm；以捕捞带鱼为主的张网的网囊最小网目不得小于50 mm；灯光围网取鱼部网目内径不得小于22 mm；马鲛、鳓鱼刺网最小网目不得小于90 mm；银鲳刺网最小网目不得小于137 mm。同时，我国《渔业法》第三十条规定："省级地方政府可根据实际情况制定本辖区禁止和限制使用的捕捞渔具和渔法。"目前，福建省禁止使用的渔具渔法主要有毒鱼、炸鱼、电鱼、敲舟鼓等10种；限制使用的渔具渔法有：张网、灯光围网、笼壶等；禁止使用的最小网目尺寸有：底拖网网囊的网目内径不得小于54 mm，灯光围网取鱼部网目内径不得小于22 mm，捕捞带鱼为主的张网网囊网具内径不得小于50 mm，等等。

8．最小幼鱼可捕标准

中国规定了18种鱼类的最小幼鱼可捕标准，主要有海鳗、鳓鱼、石斑鱼、大黄鱼、小黄鱼、带鱼等。2016年，福建省海洋与渔业厅颁布了30种主要捕捞种类的最小可捕规格名录（试行），包括：蓝圆鲹、竹筴鱼、鲐鱼、银鲳、鳓鱼、大甲鲹、带鱼、大黄鱼、二长棘鲷、海鳗、白姑鱼、刺鲳、蓝点马鲛、条纹斑竹鲨、黄鳍鲷、黑鲷、褐菖鲉、青石斑鱼、赤点石斑鱼、鲻鱼、金线鱼、中国枪乌贼、剑尖枪乌贼、曼氏无针乌贼、长毛明对虾、日本囊对虾、三疣梭子蟹、红星梭子蟹、拥剑梭子蟹、锈斑蟳。2013年，厦门市颁布了厦门海域主要经济鱼类的最小可捕规格名录，包括：条纹斑竹鲨、斑鰶、凤鲚、海鳗、中华海鲶、鲻鱼、青石斑鱼、点带石斑鱼、花鲈、多鳞鱚、叫姑鱼、棘头梅童鱼、黄鳍鲷、黑鲷、真鲷、平鲷、短棘银鲈、矛尾鰕虎鱼、褐菖鲉。各种捕捞作业应当主动避让幼鱼群。捕捞的渔获物中，幼鱼体总量不得超过同品种渔获物总重量的25%。2017年，农业部办公厅下发通知，要求沿海各省、自治区、直辖市渔业主管厅（局），自2017年4月1日起，依照水产行业标准《重要渔业资源品种可捕规格第一部分：海洋经济鱼类》，做好海洋经济鱼类可捕标准贯彻落实工作，该标准规定了15种重要海洋经济鱼类的最小可捕规格，为今后加强幼鱼资源保护提供了重要依据。

二、加强渔业执法力度，提高渔业执法效能

近年来，我国在法律法规的实施方面取得一定成效，但仍存在法制不完善，现有制度未能全面执行的问题。因此，加强渔业执法力度，提高渔业执法效能，是维护渔业资源可持续利用的关键，我们可以从以下几个方面着手：

1．严格实行捕捞许可法，有计划、有步骤取缔无证渔船

按照《渔业法》规定，从事海洋捕捞生产的渔船必须持有三证（渔业船舶检验证书，渔业船舶登记证书，捕捞许可证书），方可从事捕捞生产，但是，根据2004年福建省水产研究所的调查，全省持有捕捞许可证的渔船仅占总船数的38%，其中：拖网和围网渔船的持证率较高为73%，最低持证率的是其他类别的渔船，仅15%；在14 kW以下的小渔船中，有14000多艘没有捕捞许可证，占小渔船数量的80%；刺网船、钓具渔船、张网渔船的持证率也才30%

～40%(戴天元等,2004)。因此,我们应对三证不全的渔船实行分类指导,总量控制,有计划、有步骤取缔无证渔船。

2. 进一步减少渔船数量,控制捕捞产量的增长

按照《渔业法》规定:"国家根据捕捞量低于渔业资源增长量的原则,确定渔业资源的总可捕捞量,实行捕捞限额制度";我省制定了海洋捕捞产量零增长的战略。我省海洋捕捞产量从2004年的145.10万t减少到2014年的128.08万t,减少了17.02万t,但仍高于2010年的113.6万t,虽然,近年来,我省的海洋捕捞产量增长有所减缓,但是捕捞产量还是高于最大可捕产量(127.5万t)(戴天元等,2014)。减少捕捞产量的增长,则应该从较少渔船数量的投入入手,尤其应减少那些对海洋生态环境破坏性较大的,且对渔业资源损害较大的作业渔船数量和产量,这样才能真正做到海洋捕捞产量零增长,甚至负增长。

3. 进一步发挥"伏季休渔"对渔业资源的修复效果

"伏季休渔"自1995年实施以来,得到了较为全面有效的执行,是迄今为止我国在海洋渔业资源保护中采取的最有效的措施。该制度实施以来,取得了良好的生态、经济和社会效益,受到了广大渔民群众和社会各界的普遍欢迎。今后,我们应进一步对渔业资源的修复效果做较全面的调查评价,进一步总结经验、寻找实施过程存在的不足,使其发挥更好的渔业资源修复效果。

4. 根据实际情况,研究允许使用的网具最小网目尺寸,严格管理

我国虽然规定了拖网、张网、灯光围网、刺网等各种网具的最小网目,但是由于近年来,渔业资源衰退,鱼类个体越来越小,按照原来限定的网具最小网目生产,渔民的捕捞效率低,产量低。渔民为了捕捞较多的渔获物,纷纷扩大最小网目尺寸,捕捞个体较小的鱼类,造成渔业资源进一步衰退。为此,我们应根据现在的渔业资源实际,开展限制最小网目尺寸研究,制定合理的允许使用的网具最小网目尺寸,严格执行管理。

第二节 建立信息化、负责任管理模式

一、建立以生态系统为基础的渔业管理模式

海洋渔业管理经历的模式主要有3种类型:

(1)单物种水平的管理方法;

(2)多物种/群落水平的管理方法;

(3)生态系统水平的管理方法。

面对全球海洋生态系统对生命系统支持能力的下降,中国的渔业管理也随之面临着捕捞强度持续过高和渔业资源与环境状况不断衰退的两难境地,这促使我们在渔业的可持续发展中应该更多地考虑海洋生态系统的平衡,并将人类活动作为海洋生态系统的组成部分,从而使海洋渔业走上基于生态系统的可持续道路,即,海洋渔业管理应从传统的单物种水平

的管理方法转变为生态系统水平的管理方法。生态系统管理是自然资源管理一种新的综合途径，该方法重视生境，考虑物种之间的相互作用、捕食－被捕食关系和物种－栖息地之间的相互作用和依赖关系，致力于改善对渔业生态系统的了解。其目的在于重建和维持群体、种类、群落和海洋生态系统的高生产力和生物多样性、避免不可逆的风险，以便在不危及海洋生态系统物种多样性和服务的同时，维持并持续为人类提供食品、收益和便利"（慕容通，2003）。由于台湾海峡存在闽浙沿岸流、粤东沿岸流、台湾暖水（黑潮支梢）等多支海流汇交的影响，产生了台湾北部海域、澎湖周边海域、台湾浅滩海域等上升流区，这些海域由于海水肥沃，初级生产力高，增加了次级生产力和终级生产力，因此，形成了台湾海峡 3 个主要上升流渔场。我省科研单位曾几次联合开展了上升流区生态系研究，对上升流渔场的形成机制有了较清楚的认识。但是，近年来，由于自然因素如气候变化、人类活动、水域污染加剧的影响，我们对这些海域上升流区的生态系统变化缺乏动态、深入和全面的认识，对它的功能和受控机制基本不了解，就难以遵循可持续发展的规律开发利用生态系统及其资源，也难以建立合理、有效的海洋开发管理体制和机制。因此，我们要以生态系统为基础的渔业管理模式进行渔业资源管理，就必须加强对该渔场海洋生态环境监测，把海洋生态环境和渔业资源结合起来，为该海域的海洋开发和管理提供科学依据。

二、实施负责任捕捞管理模式

海洋生物资源虽然是可再生的，但并非是无限的，如果要使海洋生物资源持续为人类提供食物安全保障，必须对海洋生物资源进行科学的管理。1992 年 5 月在墨西哥坎昆举行的"国际负责任捕捞会议"发表了《坎昆宣言》，宣言里提出了"负责任捕捞"的概念，同年 6 月，《里约宣言》与《21 世纪议程》提出了"可持续发展"的概念。此后，近 20 年来，世界以"负责任捕捞"和"可持续发展"作为海洋生物资源管理的主导思想，采取了各种措施，科学管理海洋生物资源。在对海洋渔业资源的管理上，我省与世界各国同步，实施了负责任管理模式。

1. 实施捕捞产量负增长的战略

我省近年来实施了"负责任"海洋捕捞业管理战略，增长方式从"量增长"转变为"质增长"，实现产量"零增长"，产值"正增长"，海洋捕捞产量从 2004 年的 223.32 万 t 减少到 2016 年的 203.86 万 t，减少了 19.46 万 t（图 8-2-1）；海洋捕捞业产值却从 2005 年的 136.73 亿元增到 2016 年的 307.87 亿元，增加了 171.14 亿元，年增长率为 12.51%。

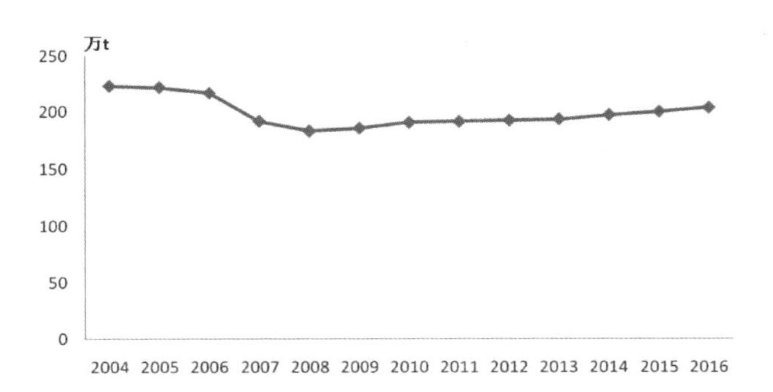

图 8-2-1　福建省海洋捕捞产量（2004—2016）

但是，从图 8-2-1 也可以看出，从 2010 年开始，我省捕捞产量却每年都略有增长，从 2010 年的 190.8t，增加到 2016 年的 203.86t，增加了 13.06t，年增长率为 0.68%。我省渔船数量从 2004 年的 34575 艘减少到 2014 年的 31585 艘，减少了 2990 艘，减少幅度为 8.65%(图 8-2-2)。我省的捕捞产量能实现零增长，这是我省近年来减少渔船数量产生的效果显现，但也与近海渔业资源衰退的情况有关。

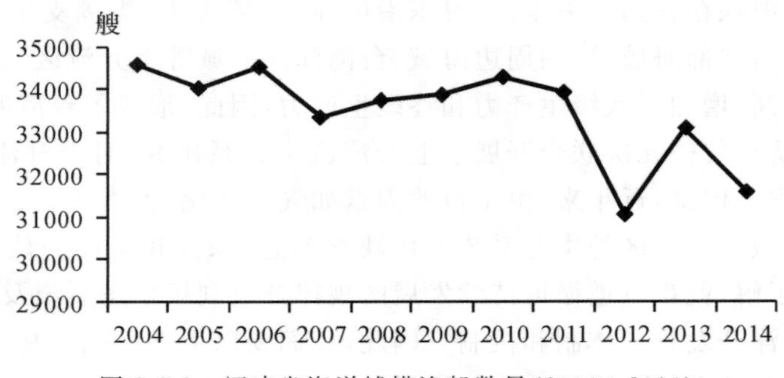

图 8-2-2 福建省海洋捕捞渔船数量(2004—2014)

然而，从渔船功率看，近年来，渔船功率却从 2004 年的 169.44 万 kW 增加到 2014 年的 209.45 万 kW，渔船功率明显增加(图 8-2-3)。这应与渔船更新改造、渔船朝大型化方向发展有关。

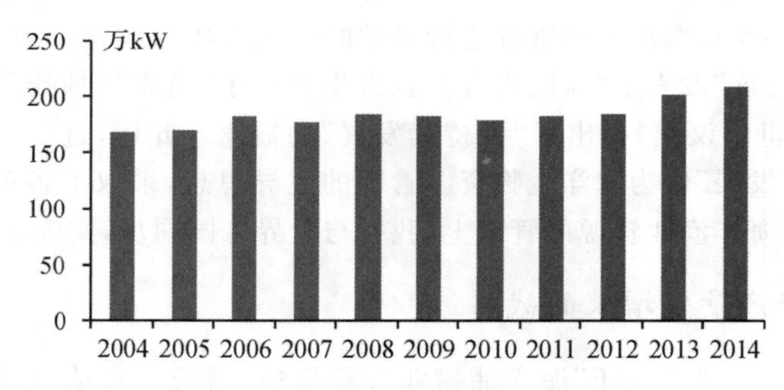

图 8-2-3 福建省海洋捕捞渔船功率(2004—2014)

另一方面，根据 2011 年福建省水产研究所的调查评估结果，台湾海峡渔业资源量为 250.23 万 t，最大持续产量为 148.75×10^4 t，由于台湾海峡是浙江、广东、台湾渔民和我省的共同渔场，我省渔民在台湾海峡的年生产量约占 80.61%，按照这个比例计算，福建省在台湾海峡的最大持续产量应为 132.02×10^4 t(戴天元等，2004)。显然，我省实施海洋捕捞产量零增长有一定效果，但是，仍远高于最大持续产量评估值。因此，为了使渔业资源更快恢复，海洋捕捞的产量还应大幅度减少。

2. 减少对海洋生态环境破坏性较大的作业

“负责任”捕捞体现在作业方式上，即对生态环境负责、对生物资源负责、对生物多样性负责、对人类生存负责、对社会经济负责、对可持续发展负责。因此，我们应减少那些对海洋生态环境破坏性较大的，且对渔业资源损害较大的作业渔船数量和产量。

(1)减少拖网渔船数量和产量

拖网作业严重损害经济鱼类幼鱼,又对海底生态环境产生了不良作用。因此,从渔业资源保护和对海底生态环境保护出发,我们应大幅度减少该作业渔船数量和产量。我省近年来,连续减少拖网渔船数量,从2004年的5000艘减少到2014年的3951艘,减少了1049艘,减少幅度为20.98%(图8-2-4)。

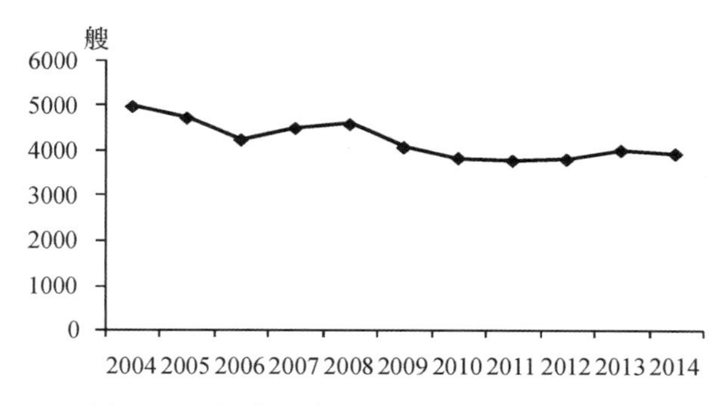

图8-2-4 福建省拖网渔船数量(2004—2014)

然而,渔船功率却增加了,从2004年的80.87万kW增加到2014年的90.88万kW,增加了10.1万kW,增加幅度为12.37%(图8-2-5)。这应与渔船更新改造、渔船朝大型化方向发展有关。

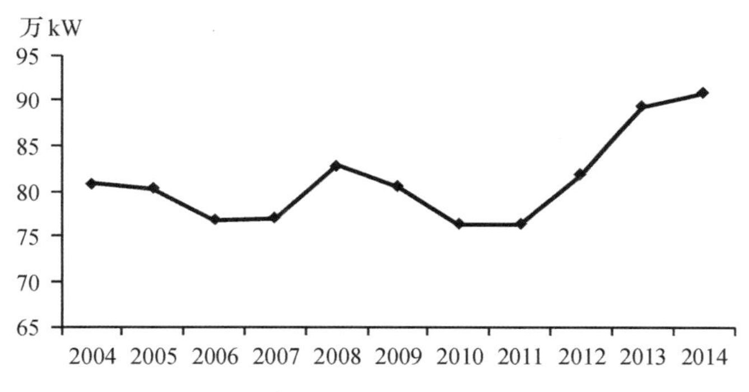

图8-2-5 福建省拖网渔船功率(2004—2014)

我省拖网的产量从2004年87.97万t减少到2014年的76.12万t,减少了11.85万t,减少幅度为13.43%(图8-2-6)。

(2)减少张网渔船数量及产量

张网作业严重损害经济鱼类幼鱼,因此,我们应从渔业资源保护和对海底生态环境保护出发,大幅度减少该作业渔船。近年来,我省连续几年减少张网渔船,已从2004年的9084艘减少到2014年的5452艘,减少了3632艘,减少幅度达39.98%(图8-2-7)。

我省张网渔船功率从2004年的24.81万kW,2014年减少到的16.12万kW,减少8.69万kW,减少幅度达到35.04%(图8-2-8)。

我省张网的产量从2004年的61.44万t,减少到2014年的34.84万t,减少了26.6万t,减少幅度达到42.29%(图8-2-9)。

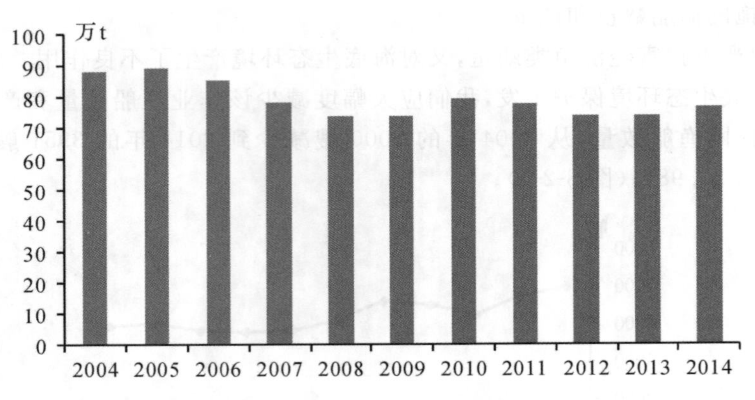

图 8-2-6 福建省拖网产量(2004—2014)

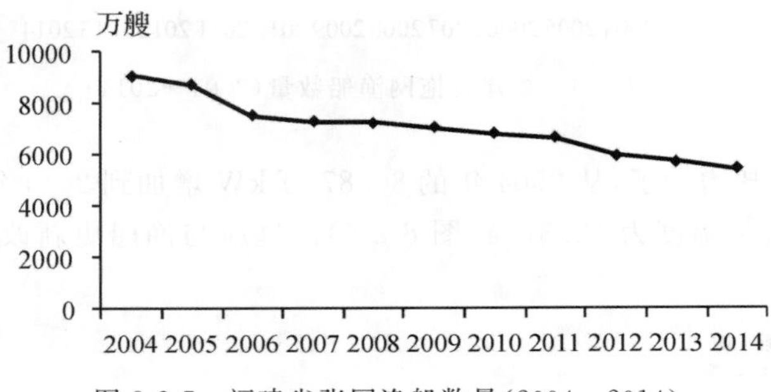

图 8-2-7 福建省张网渔船数量(2004—2014)

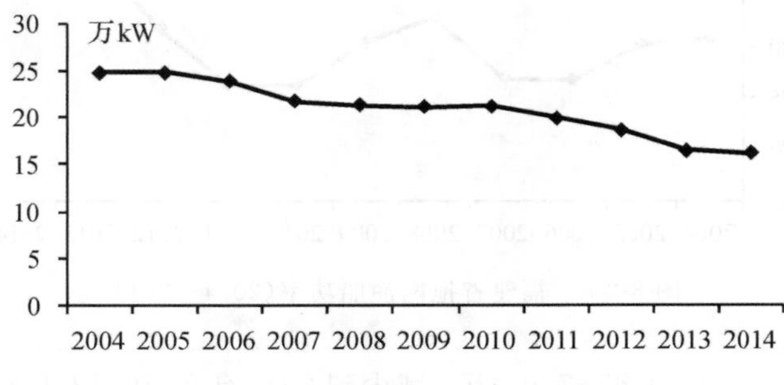

图 8-2-8 福建省张网渔船功率(2004—2014)

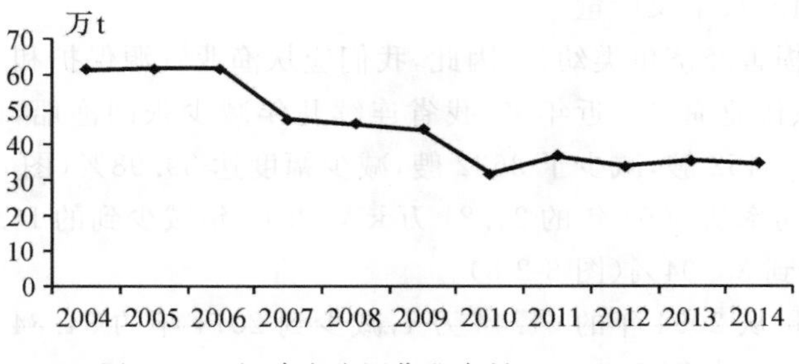

图 8-2-9 福建省张网作业产量(2004—2012)

另一方面，根据2004年福建省水产研究所的评估结果，福建省张网渔业的最大持续产量应为43.23万t，相对应的捕捞力量为13.68万kW(戴天元等，2004)。近年来，我省采取了较大的张网作业力度，虽然，张网作业的功率仍略大于评估值，但已大幅度减少，渔船数量也大幅度减少；产量明显减少，从2010年开始就少于最大持续产量评估值，但还应注意持续效果。

3. 科学发展对生态环境、生物资源较好的作业

(1)发展围网作业

由于围网作业不会破坏海底的生态环境，对经济鱼类损害程度小，该作业的捕捞对象鲐、鲹等中上层鱼类，生命周期短、繁殖快，还有一定的资源量，从这些因素考虑，近年来，我省围网渔船稳定发展，2004年为1271艘，2014年略为减少，为1257艘(图8-2-10)。

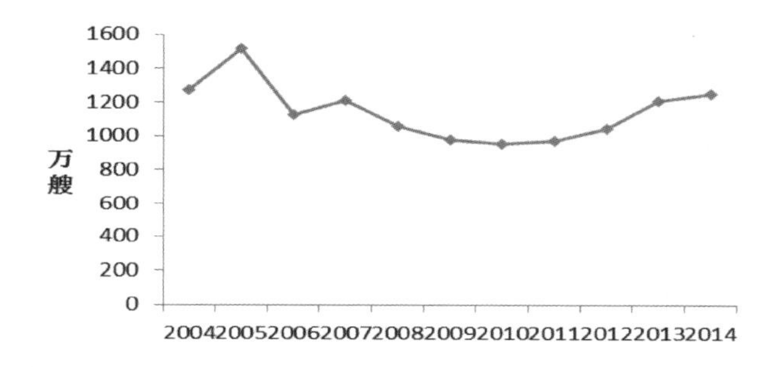

图8-2-10　福建省围网渔船数量(2004—2014)

但渔船功率却快速增加，从2004年的8.20万kW增加到2014年的22.19万kW，增加了13.99万kW，增加幅度达到153.0%(图8-2-11)；产量从2004年的18.59万t，提高到2014年的28.61万t，增加了10.02万t，增加幅度达到118.1%(图8-2-12)。

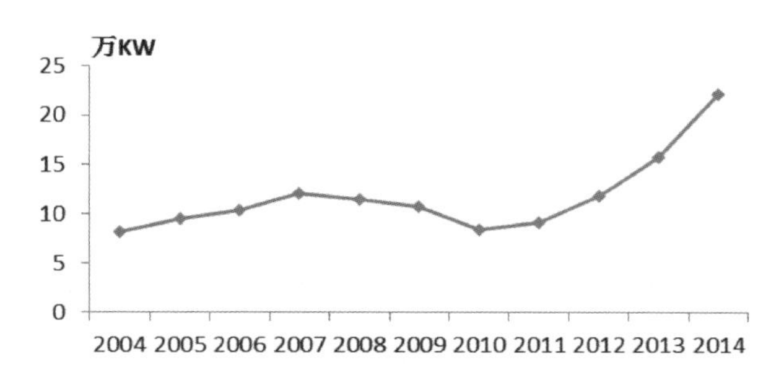

图8-2-11　福建省围网渔船功率(2004—2014)

(2)发展流刺网作业

由于流刺网作业不会破坏海底的生态环境，对经济鱼类的损害程度小，我省提倡适度发展该种作业，我省的流刺网渔船数已从2004年的10526艘增加到2014年的13843艘，增加幅度达19.3%(图8-2-13)。

渔船功率也从2004年的29.52 kW增加到2014年的46.06 kW，增加16.54万kW，幅度达到56.03%(图8-2-14)。

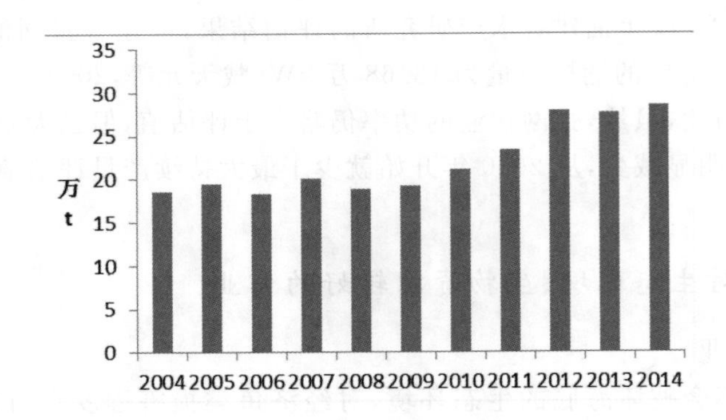

图 8-2-12　福建省围网作业产量(2004—2014)

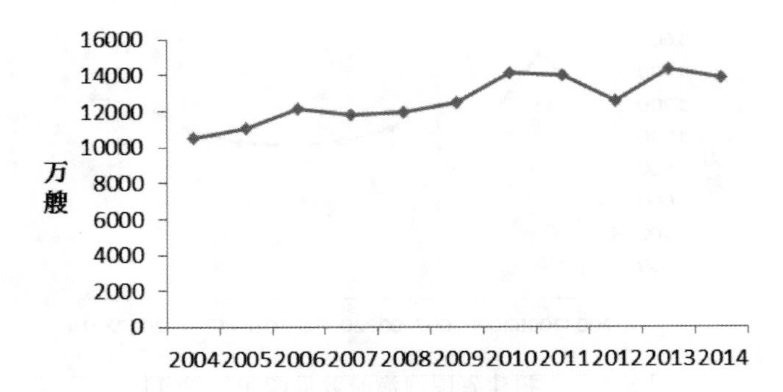

图 8-2-13　福建省刺网渔船数量(2004—2014)

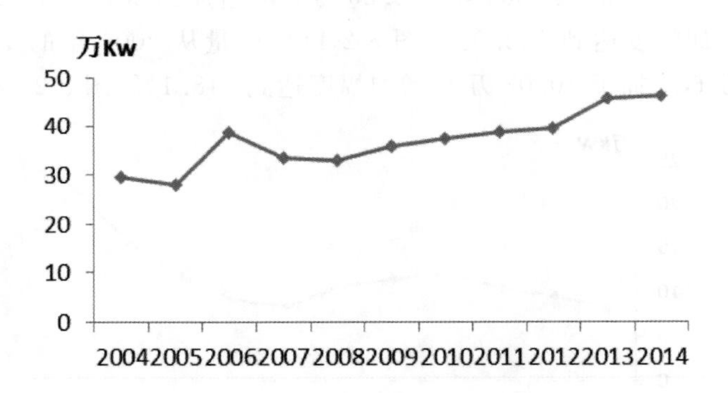

图 8-2-14　福建省流刺网渔船功率(2004—2014)

由于投入刺网渔船的捕捞力量增加了,捕捞产量也相应增加了,产量从 2004 年的24.35 万 t,提高到 2014 年的 29.87 万 t,增加了 5.52 万 t,幅度达到 18.81%(图 8-2-15)。

根据 2004 年福建省水产研究所的评估结果,福建省流刺网渔业的最大持续产量为 2.074×10^5 t(戴天元等,2014),显然,流刺网产量的增加速度太快了,捕捞产量已超过最大持续产量,不应再继续增加。

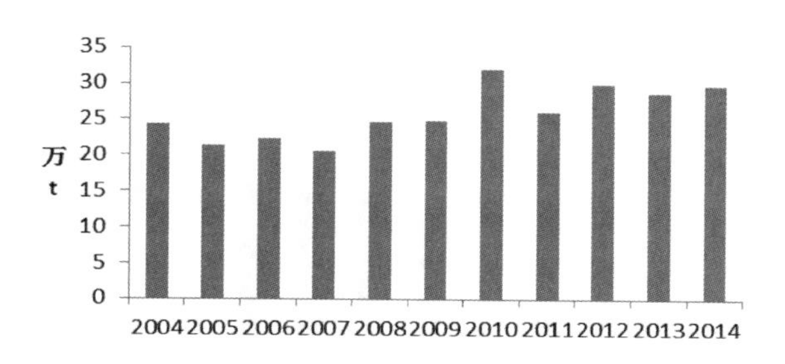

图 8-2-15 福建省流刺网作业产量(2004—2014)

4. 合理利用具有利用潜力的渔业资源策略

在渔业资源衰退的情况下，科技人员通过调查研究，提出了合理利用具有潜力的渔业资源的建议，为海洋渔业的可持续利用，开辟了新的途径。

(1)适当利用甲壳类资源

近年来，随着带鱼、鲷科鱼类等底层鱼类的衰退，一些原来为底层鱼类的捕食对象如甲壳类生物，由于捕食者少了，其生存机会也就增多了。加上甲壳类是处于低食物链水平的生物、营养层次低、生长周期短，因此，在底层鱼类衰退的情况下，却还能保持较好的资源生物量和利用水平。

根据福建省水产统计年鉴，2004—2014 年，我省的甲壳类的产量仍然保持稳中有升，产量从 2004 年的 28.44 万 t，增加到 2014 年的 33.21 万 t，增加了 4.77 万 t，增加幅度达到 16.81%，占全省海洋捕捞产量的 12.74%～16.81%，成了福建省海洋捕捞业的支柱资源之一(图 8-2-16)。

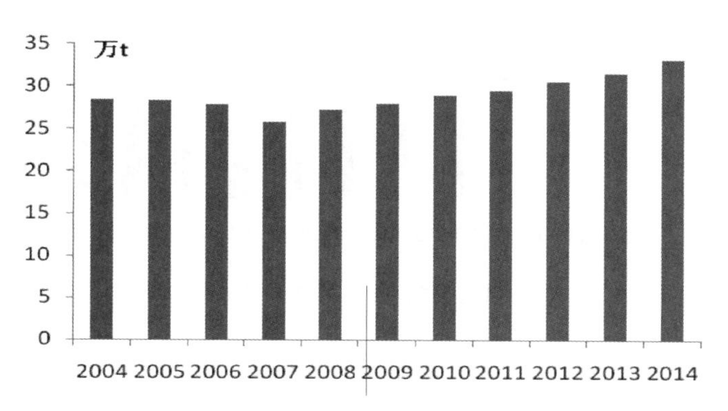

图 8-2-16 福建省甲壳类产量(2004—2014)

(2)合理利用头足类资源

头足类，尤其是枪乌贼，具有生命周期短、生长迅速、繁殖力强、资源更新快等特点，传统上，头足类主要由钓具、单拖、光诱敷网捕捞，而钓具和光诱敷网是选择性较好的渔具，单拖捕捞头足类的船数逐年减少，对该资源的损害程度降低，头足类资源还保持一定的资源量。2004—2014 年，福建省头足类的年产量从 2004 年的 10.77 万 t，增加到 2014 年的 11.81 万 t，增加了 1.04 万 t，增加幅度达到 9.66%，在海洋捕捞品种的更替中，则逐露头角，成为我省海洋渔业主要利用资源之一(图 8-2-17)。

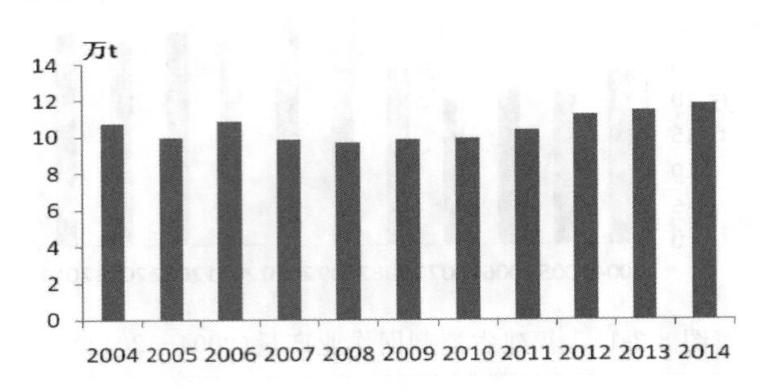

图 8-2-17 福建省头足鱼类产量(2004—2014)

(3)合理利用鲐、鲹等中上层鱼类资源

根据评估的结果,台湾海峡的鲐、鲹鱼类的资源量为 93.08 万 t,最大持续产量为 50.26 万 t。2004—2014 年,福建省在台湾海峡捕捞的鲐、鲹鱼类的产量在 26.91～40.21 万 t(图 8-2-18);台湾在台湾海峡捕捞鲐、鲹鱼类的产量为 5.8～9.2 万 t。2004—2014 年,两岸合计利用鲐、鲹鱼类的产量约为 32.71～49.41 万 t。鲐、鲹鱼类的开发利用量低于鲐、鲹鱼类的评估资源量,也略低于最大持续产量(戴天元等,2014)。然而,鉴于台湾海峡的鲐、鲹鱼类资源除了两岸渔民生产利用外,海峡北面有浙江省渔民生产,南面还有广东省渔民生产,虽然鲐、鲹等中上层鱼类资源还保持一定潜力,但也应合理开发利用。

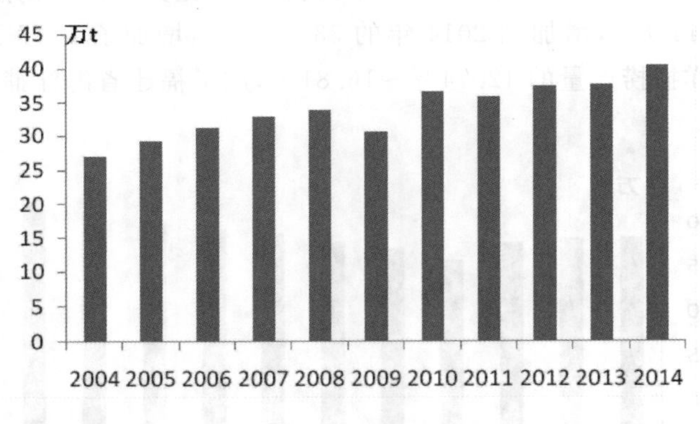

图 8-2-18 福建省鲐、鲹鱼类产量(2004—2014)

第三节 海洋生物资源的恢复

水域生态环境是水生生物赖以生存的基础,保护和修复水域生态环境是为水生生物的栖息繁衍提供适宜的生存条件。由于人的活动,世界海域的环境污染日趋严重,水生物的生存空间越来越小,水域荒漠化现象也越来越严重。为此,世界各国纷纷开展海洋环境生态修复和海洋生物资源恢复的研究,采取多项措施修复海洋环境生态和恢复海洋生物资源。我国出台了一系列保护和修复水域生态环境的方针政策,如《中国水生生物资源养护行动纲要》等，并开展保护区建设，水生生物增殖放流、人工鱼礁建设、海洋牧场建设等一系列修复海洋环境生态和恢复海洋生物资源的措施。

一、保护区建设

建设海洋保护区是人类保护海洋生物资源与环境的有效方法。渔业资源的繁育场所主要集中在沿岸港湾和河口，近年来，由于城市污水排放量的不断增加，致使这些水域污染日趋严重，已严重影响了鱼类的正常生殖繁育环境，加上临海工业的大规模建设，大量填海造地，致使鱼类的繁育场所不断变小，保护区遭到了一定程度的破坏。根据福建省海洋生态重点保护区的建设规划（刘修德，2007），在“十一五”期间，我省准备建设 20 个省级以上自然保护区，其中国家级海洋自然保护区要达到 5 个，保护面积超过 30 万公顷，建立 20 个海洋生态保护示范区。今后，我省应在主要经济鱼类繁育区建立水产种质资源保护区，制定相应的管理办法，依据《省市海洋功能区划》依法对保护区进行管理、保护，同时，应对拟新建立的自然保护区的海洋环境、海洋生态现状开展调查、评价，使新增的海洋自然保护区的计划尽快成为现实，对渔业资源发挥更大的保护效果和增殖效果。

二、水生生物增殖放流

从 20 世纪 80 年代以来，我省就开始开展水生增殖放流工作，进入 21 世纪，水生生物的增殖放流掀起了新的高潮，对渔业资源的恢复起到了一定的作用。然而，投入了大量的人力物力开展增殖放流工作，对渔业资源恢复的效果是否达到人们所期望的，尚未有令人信服的评价，虽然，我们对一些放流的对象进行了标示，但回捕率很低。今后，我们应建立一套切实可行的增殖放流效果评价系统，对已开展放流的海域进行较为完整的效果评估；加大对放流物种适宜的标识研究，提升标志放流技术水平；同时，为增殖放流提供优质的苗种，研发提高放流成活率的放流装置，全面提升水生生物资源养护管理水平，从而，把水生生物增殖放流工作提高到一个新的水平。

三、人工鱼礁建设

我省于 1985 年就开展人工鱼礁建设，进入 21 世纪，人工鱼礁的建设进入一个新阶段，已形成一定的规模，对渔业资源的恢复起到了一定的作用，同时，对部分人工鱼礁的聚鱼效果做了初步的调查评价，然而，人工鱼礁对渔业资源的增殖作用还不明显，还没有形成社会的共识。今后，我们应对人工鱼礁整体聚鱼效果，人工鱼礁的礁体模拟实验和设计、礁体的材料，人工鱼礁形成的流场效应、生态系变化、自然岛礁与人工鱼礁配置组合等开展研究，使人工鱼礁发挥更大的生态效应。

四、海洋牧场建设

我省已有人工鱼礁建设和增殖放流的工作基础，海洋牧场的建设就会水到渠成。然而，我省海洋牧场的建设刚起步，因此，首先要做好规划布局工作，从滩涂、浅海到近海水域空间上进行规划布局，应因地制宜，选择当地的建设发展模式，尽量把海水养殖、休闲渔业、渔场改良建设等方面结合起来，把人工鱼礁建设、增殖放流工作融合到海洋牧场建设中，使之成为海洋牧场有机体的一个重要组成部分，形成具有中国特色和地方特色的海洋牧场建设模式。

参考文献

蔡建堤，马超，姜双城，等. 闽南台湾浅滩二长棘鲷集群行为的宏观量化与分析[J]. 水生生物学报，2013，37(2)：185－190.

蔡建堤，陈方平，吴建绍，刘勇，沈长春，马超，吴立峰. 渔场重心信度测算及渔场重心修正理论构建——以闽南－台湾浅滩渔场二长棘鲷为例[J]. 生态学报，2015，35(6)：1929－1937.

蔡建堤，徐春燕，马超，刘勇，庄之栋，陈洁，沈长春. 闽东北海域中华管鞭虾种群聚集特性[J]. 生态学报，2017，37(6)：1844－1850.

陈卫忠，胡芬，严利平. 用实际种群分析法评估东海鲐鱼现存资源量[J]. 水产学报，1998，22(4)：334－339.

陈卫忠，李长松，俞连福. 用剩余产量模型专家系统(CLIMPROD)评估东海鲐鲹鱼类最大持续产量[J]. 水产学报，1997，(4)：404－408.

陈丕茂. 渔业资源组织放流效果评估方法的研究 [J]. 南方水产，2006，2(1)：1－4.

戴泉水，颜尤明. 闽南－台湾浅滩渔场鲐鲹鱼类群聚资源生产量和允许总渔获量[J]. 应用海洋学学报，2000，19(4)：506－510.

戴天元. 台湾海峡灯光围网渔业发展前景研究[J]. 中国水产科学，1999，6(4)：86－89.

张静，戴天元，苏永全等. 台湾海峡及毗邻海域生物多样性与渔业资源可持续利用[M]. 厦门：厦门大学出版社，2004.

戴天元等. 福建海区渔业资源生态容量和海洋捕捞业管理研究 [M]. 北京：科学出版社，2004.

戴天元，苏永全，阮五崎，廖正信. 台湾海峡及邻近海域渔业资源养护与管理 [M]. 厦门：厦门大学出版社，2011.

董正之. 中国动物志·软体动物门头足纲[M]. 北京：科学出版社，1988.

董正之. 世界大洋经济头足类生物学[M]. 济南：山东科学技术出版社，1991.

福建省海洋研究所. 台湾海峡中北部海洋综合调查研究报告[M]. 北京，科学出版社，1988.

福建省渔业区划办公室.福建省渔业资源[M].福州:福建省科学技术出版社.1988.

郭爱,周永东,金海卫,等.东海黄鲫的食物组成和食性的季节变化[J].现代渔业信息,2010,25(8):10－13.

国家技术监督局.海洋调查规范[S].北京:中国标准出版社,1991.

黄良敏,张雅芝,潘佳佳,等.2008.厦门东海域鱼类食物网研究[J].台湾海峡,27(1):64－73.

洪华生,丘书院,阮五崎,洪港船.闽南一台湾浅滩渔场上升流区生态系统研究[M].北京:科学出版社,1991.

洪华生,阮五崎,黄邦钦,王海黎,张钒.中国海洋学文集[C].台湾海峡初级生产力及其调控机制研究[M].北京:海洋出版社,1997.

金显仕,单秀娟,施纬纲,邱永松.渔业资源保护与利用学科发展研究[J]. 2011－2012水产科学发展报告,2012:105－118.

蓝希文. 闽南粤东沿海的鱿鱼资源[J]. 海洋渔业,1985,(5):208－209.

李明云,倪海儿,竺俊全,宋海棠,俞存根东海北部哈氏仿对虾的种群动态及其最高持续渔获量[J].水产学报,2000,24(4):364－368.

林龙山,程家骅,凌建忠,等.东海区主要经济鱼类开捕规格的初步研究[J].中国水产科学,2006,13(2):250－256.

林龙山,张静,戴天元等.台湾海峡西部海域游泳动物多样性[M].厦门:厦门大学出版社,2016.

刘喆,戴天元.台湾海峡北部海域凹管鞭虾生物学特性及资源量[J]. 福建水产,2010,(4):60－63.

刘敏等. 中国福建南部海洋鱼类图鉴[M].北京:海洋出版社,2013.

刘修德. 科学开发与保护海洋,推进海洋经济可持续发展[M].海洋科技发展战略报告. 北京: 群言出版社,2007.

阙江龙, 徐兆礼, 陈佳杰. 台湾海峡中部近海虾类数量和优势种分布特征[J]. 中国水产科学, 2014, 21(6): 1211－1219.

沈长春,苏新红,洪明进,吴国风,谢庆健.闽东渔场光诱鱿鱼敷网渔业现状[J].福建水产,2008,(4):54－59.

宋海棠,姚光展,俞存根,等.东海中华管鞭虾的数量分布和生物学特性[J].浙江海洋学院学报(自然科学版),2003,24(4):305－320.

宋海棠, 俞存根, 姚光展.东海鹰爪虾的数量分布和变动[J].海洋渔业,2006,26(3):185－188.

宋海棠,俞存根,薛利建.东海哈氏仿对虾的数量分布和生长特性研究[J].水生生物学报,2009,33(1):15－21.

宋海棠,俞存根,姚光展.东海凹管鞭虾的渔业生物学特性[J]. 水产学报,2006,30(2):219－224.

宋海棠,丁天明,徐开达.东海经济头足类资源[M]. 北京:海洋出版社.2009.

苏永全、王军、戴天元等. 台湾海峡常见鱼类[M].厦门:厦门大学出版社,2011.

唐启升.中国专属经济区海洋生物资源与栖息环境[M].北京:科学出版社,2006.

唐启升，贾晓平，郑元甲，程济生等. 中国区域海洋学——渔业海洋学 [M]. 北京：海洋出版社，2012.

王友喜. 闽东北外海虾类资源状况及开发利用前景[J]. 海洋渔业，2002(3)：117—119.

王飞跃. 闽东北海域假长缝拟对虾的生物学特性及利用前景[J]. 福建水产，2014，36(6)：285—293.

吴永辉. 闽东渔场底层三重流刺网作业调查分析[J]. 福建水产，2006(3)：17—19.

薛利建，贺舟挺，徐开达，等. 东海中华管鞭虾种群动态及持续渔获量分析[J]. 福建水产，2009(4)：48—54.

薛利建，贺舟挺，徐开达，宋海棠. 东海中华管鞭虾种群动态及持续渔获量分析[J]. 福建水产，2009，(4)：48—54.

杨纪明，谭雪静. 渤海 3 种头足类食性分析[J]. 海洋科学，2000，24(4)：53—55.

杨纪明. 渤海无脊椎动物的食性和营养级研究[J]. 现代渔业信息，2001，16(9)：8—16.

叶孙忠，肖方森，陈文勇. 闽南—台湾浅滩二长棘鲷群体结构特征[J]. 福建水产，2004，(1)：23—30.

叶孙忠. 闽南—台湾浅滩二长棘鲷群体数量的时空分布[J]. 福建水产，2004，(4)：36—39.

叶孙忠. 闽南—台湾浅滩二长棘鲷的生长特性[J]. 水产学报，2004，28(6)：663—668.

叶孙忠，张壮丽，叶泉土. 闽东北外海中华管鞭虾的数量分布及其生物学特征[J]. 南方水产科学，2012，8(1)：24—29.

叶孙忠，张壮丽，叶泉土，戴天元. 闽东北外海鹰爪虾数量的时空分布及其生物学特性[J]. 福建水产，2012，34 (2)：141—146.

叶孙忠，叶泉土，张壮丽. 闽东北外海高脊管鞭虾的数量分布及其生物学特征[J]. 南方水产，2006，2(2)：33—37.

叶孙忠，张壮丽，叶泉土. 闽东北外海中华管鞭虾的数量分布及其生物学特征[J]. 南方水产科学，2012，8(1)：24—29.

叶泉土，黄培民，叶孙忠 . 闽东北外海假长缝拟对虾时空分布和生物学特性[J]. 福建水产，2006，(2)：7—11.

詹秉义. 渔业资源评估[M]. 北京：中国农业出版社，1995.

张壮丽，洪明进，叶孙忠，刘勇. 台湾海峡中南部海域光诱敷网渔业资源监测[J]. 福建水产，2009，(3)：141—146.

张壮丽. 2005. 闽东海区张网渔业调查与分析[J]. 海洋渔业，27(1)：15—20.

张壮丽，王茵. 2005. 闽南海区张网作业渔获物组成分析[J]. 海洋渔业，27(2)：129—132.

张秋华，程家骅，徐汉祥，等. 东海区渔业资源及其可持续利用[M]. 上海：复旦大学出版社，2007.

郑元甲，陈雪忠，程家骅，等. 东海区大陆架生物资源与环境[M]. 上海：上海科学技术出版社，2003.

中华人民共和国农业部. 建设项目对海洋生物资源影响评价技术规范[S]. 中华人民共

和国水产行业标准，2008.

中国国家标准化管理委员会. GB/T 12763.6—2007 海洋调查规范第 6 部分:海洋生物调查[S]. 北京:中国标准出版社,2007.

朱元鼎. 东海鱼类志[M]. 北京:科学出版社,1963.

朱元鼎等. 福建鱼类志[M]. 福州:福建科学技术出版社,1984.

Abodolhay, H. A. , Daud, S. K. , Rezvani Ghilkolahi, S. , et al. Fingerling production and stock enhancement of Mahisefid (Rutilus frisii kutum) lessons for others in the south of Caspian Sea [J]. Rev Fish Biol Fisheries, 2011,21:247—257.

Costallo, C. ,Gaines, S. D. , Lynham, J. Can catch shares prevent fisheries collapse [J] Science, 2008,321:1678—1681.

Cullis - Suzuki, S. , D. Pauly. Failing the High Sea: a global evaluation of regional fisheries management organizations [J]. Marine Policy, 2010, 34(5) 1036—1042.

Cushing, D. H. Upwelling and The Production of Fish. Adv. Mar. Biol. ,1971,(9): 255—334.

Danancher, D. ,Garcia—Vazquez, E.. Genetic population structure in flatfishes and potential impact of aquaculture and stock enhancement on wild populations in Europe Rev Fish Biol Fisheries [J]. Rev Fish Biol Fisheries,2011,21:441—462.

Freire, K. , Christensen, V. ,Pauly, D. Description of the East Brazil Large Marine Ecosystem using a trophic model [J]. Scientia Marina, 2008, 72(2): 477—491.

Gascuel, D. , D. Pauly. Eco Trph: modeling marine ecosystem functioning and impact of fishing [J]. Ecological Modelling, 2008, 220(21): 2885—2898.

Gwak, w. ,Nakayama, k.. Genetic variation of hatchery and wild stocks of pearl oyster Pinctada fucata martensii(Dunker,1872),assessed by mitochondrial DNA analysis [J]. Aquacult Int, 2011, 19: 585—591.

Gulland,J. A. Fish stock assessment. A manual of basic methods. FAO/Wiley, 1983(1):223.

Head, W. R.. Overview of salmon stock enhancement in southeast Alaska and compatibility with maintenance of hatchery and wild stocks [J]. Environ Biol Fish, 2011, DOI 10. 1007/s10641—011—9855—6.

Hamasaki, K. , Obata, Y. , Dan, S. , et al. Areview of seed production and stock enhancement for commercially important crabs in Japan. Aquacult Int, 2011, 19:217—235.

Jiandi Cai, Sunzhong Ye, Zhidong Zhuang, Chunyan Xu, Chao Ma, Yong Liu, Changchun Shen. Population distribution pattern intensity of Parapenaeus fissuroides Crosnier in the northeast Fujian sea[J]. Acta Ecologica Sinica 37 (2017) 253 - 257.

Parsons T R, M. Takahashi. Biological Oceanographic Processes. New York: Pergamon Press, 1973. 186.

Powers, J. E. Measuring biodiversity in marine ecosystems [J]. Nature, 2010, 468: 85—386.

Pinkas L. Oliphamt M S, Iverson I L K. Food habits of albacore, bluefin tuna and bontito in California water. Calif Dep Fish Game Fish Bull, 1971, 152—105.

Schaefer, M. B.. A study of the dynamics of the fishery for yellow fin tuna in the eastern tropical Pacific Ocean. Int. Am. Trop. Tuna Comm. Bull. 1957. 2:247—268

Skewgar, E. , Boersma, D. P. , Harris, G. , et al. Anchovy fishery threat to Patagonian ecosystem [J]. Science, 2007,315:45.

Tittensor, D. P. , Micheli,F. , Nystr? m, M. et al. Human impacts on the species - area relationship in reef fish assemblages [J]. Ecology Letters, 2007,10:760—772.

Tittensor, D. P. ,Mora, C. ,Jetz, W. , et al. Global patterns and predictors of marine biodiversity across taxa [J]. Nature, 2010, 26: 1098—1101.

Worm, B. , Sandow, M. , Oschlies, A. Global patterns of predator diversity in the open oceans [J]. Science, 2005, 309: 1365—1369.

Zeller, D. , Booth, S. , Pakhomov, E. , et al. Arctic fisheries catches in Russia, USA, and Canada: baselines for neglected ecosystems [J]. Polar Biology, 2011, DOI 10. 1007/s00300 —010—092—3.

Zeller, D. , Rossing, P. ,Harper, S. , et al. The Baltic Sea: estimates of total fisheries removals 1950—2007[J]. Fisheries Research, 2011, 108: 356—363.

水产総合研究センター. 国际渔业资源况. 2010. http/kokushi. Job. affrc. go. jp/index—a. html.

附录 福建海区渔获种类名录

鱼 类

一、六鳃鲨目 Hexanchiformes

六鳃鲨科 Hexanchidae

哈那鲨属 *Notorhynchus*

1. 扁头哈那鲨 *Notorhynchus platycephalus* (Tenore,1870)

二、须鲨目 Orectolobiformes

须鲨科 Orectolobidae

斑竹鲨属 *Chiloscyllium*

2. 条纹斑竹鲨 *Chiloscyllium plagiosum* (Anonymous[Bennett],1830)

三、真鲨目 Carcharhiniformes

皱唇鲨科 Triakidae

皱唇鲨属 *Triakis*

3. 斑点皱唇鲨 *Triakis venustum* (Tanaka,1838)
4. 皱唇鲨 *Triakis scyllium* (Müller & Henle,1841)

星鲨属 *Mustelus*

5. 灰星鲨 *Mustelus griseus* (Pietschmann,1908)

真鲨科 Carcharhinidae

斜齿鲨属 *Scoliodon*

6. 宽尾斜齿鲨 *Scoliodon laticaudus* (Müller et Henle,1838)
7. 尖头斜齿鲨 *Scoliodon sorrakowah* (Müller & Henle,1838)

直齿鲨属 *Aprionodon*

8. 短鳍直齿鲨 *Aprionodon brevipinna* (Müller & Henle,1841)

真鲨属 *Carcharhinus*

9. 黑印真鲨 *Carcharhinus menisorrah* (Müller & Henle,1941)

双髻鲨科 Sphyrnidae

双髻鲨属 *Sphyrna*

10. 路氏双髻鲨 *Sphyrna lewini* (Griffith&Smith,1834)

猫鲨科 Scyliorhinidae

梅花鲨属 *Halaelurus*

11. 梅花鲨 *Halaelurus buergeri*(Müller et Henle,1841)

四、鳐目 Rajiformes

尖犁头鳐科 Rhynchobatidae

尖犁头鳐属 *Rhynchobatus*

12. 及达尖犁头鳐 *Rhynchobatus djiddensis* (Forskal,1775)

犁头鳐科 Rhinobatidae

犁头鳐属 *Rhinobatos*

13. 斑纹犁头鳐 *Rhinobatos hynnicephalus* (Richardson,1846)

14. 许氏犁头鳐 *Rhinobatos schlegelii* (Müller & Henle,1841)

团扇鳐科 Platyrhinidae

团扇鳐属 *Platyrhina*

15. 中国团扇鳐 *Platyrhina sinensis* (Bloch&Schneider,1801)

16. 林氏团扇鳐 *Platyrhina limboonkeng*i (Tang,1933)

鳐科 Rajidae

鳐属 *Raja*

17. 何氏鳐 *Raja hollandi* (Jordan& Richardson,1909)

18. 孔鳐 *Raja porosa* (Gunther,1874)

19. 美鳐 *Raja pulchra* (Liu,1932)

20. 斑鳐 *Raja kenojei* (Müller & Henle,1841)

五、鲼目 Myliobatiformes

魟科 Dasyatidae

魟属 *Dasyatis*

21. 黄魟 *Dasyatis bennetti* (Müller&Henle,1841)

22. 小眼魟 *Dasyatis microphthalmus* (Chen,1948)

23. 中国魟 *Dasyatis sinensis* (Steindachner,1892)

24. 尖嘴魟 *Dasyatis zugei* (Müller & Henle,1841)

25. 古氏魟 *Dasyatis kuhlii* (Müller & Henle)

26. 赤魟 *Dasyatis akajei*(Müller et Henle,1841)

27. 光魟 *Dasyatis laevigata*(Chu,1960)

28. 奈氏魟 *Dasyatis navarrae*(Steindachner,1892)

燕魟科 Gymnuridae

燕魟属 *Gymnura*

29. 双斑燕魟 *Gymnura bimaculata* (Norman,1925)

30. 日本燕魟 *Gymnura japonica* (Temminck & Schlegel,1850)

鲼科 Myliobatidae

无刺鲼属 *Aetomylaeus*

31. 聂氏无刺鲼 *Aetomylaeus nichofii* (Bloch & Schneider,1801)

六、电鳐目 Torpediniformes

电鳐科 Torpedinidae

双鳍电鳐属 *Narcine*

32. 丁氏双鳍电鳐 *Narcine timlei* (Bloch & Schneider,1801)

33. 黑斑双鳍电鳐 *Narcine maculata* (Shaw,1804)

单鳍电鳐科 Narkidae

单鳍电鳐属 *Narke*

34. 日本单鳍电鳐 *Narke japonica* (Temminck & Schlegel,1850)

七、鼠鱚目 Gonorhynchiformes

鼠鱚科 Gonorhynchidae

鼠鱚属 *Gonorhynchus*

35. 鼠鱚 *Gonorhynchus abbreviatus* (Temminck & Schlegel,1846)

八、鲱形目 Clupeiformes

鲱科 Clupeidae

脂眼鲱属 *Etrumeus*

36. 脂眼鲱 *Etrumeus micropus* (DeKay,1842)

小沙丁鱼属 *Sardinella*

37. 金色小沙丁鱼 *Sardinella aurita* (Cuvier & Valenciennes,1847)

38. 青鳞小沙丁鱼 *Sardinella zunasi* (Bleeker,1854)

斑鰶属 *Konosirus*

39. 斑鰶 *Konosirus punctatus* (Temminck & Schlegel,1846)

花鰶属 *Clupanodon*

40. 花鰶 *Clupanodon thrissa* (Linnaeus,1758)

鳓属 *Ilisha*

41. 鳓 *Ilisha elongata* (Anonymous[Bennett],1830)

42. 印度鳓 *Ilisha indica* (Swainson,1839)

鳀科 Engraulidae

鳀属 *Engraulis*

43. 日本鳀 *Engraulis japonicus* (Temminck & Schlegel,1846)

小公鱼属 *Stolephorus*

44. 青带小公鱼 *Stolephorus zollingeri* (Bleeker,1849)

45. 康氏小公鱼 *Stolephorus commersonii* (Lacepède,1803)

46. 中华小公鱼 *Stolephorus chinensis* (Cünther,1880)

棱鳀属 *Thrissa*

47. 赤鼻棱鳀 *Thrissa kammalensis* (Bleeker,1849)

48. 黄吻棱鳀 *Thrissa vitirostris* (Gilchrist & Thompson,1908)

49. 杜氏棱鳀 *Thrissa dussumieri* (Cüvier & Valenciennes,1848)

50. 长颌棱鳀 *Thrissa setirostris*(Broussonet,1782)

51. 中颌棱鳀 *Thryssa mystax*(Bloch & Schneider,1801)

黄鲫属 *Setipinna*

52. 黄鲫 *Setipinna taty* (Cüvier & Valenciennes,1848)

鲚属 *Coilia*

53. 七丝鲚 *Coilia grayii* (Richardsont,1845)

54. 凤鲚 *Coilia mystus* (Linnaeus,1758)

55. 刀鲚 *Coilia ectenes* (Jordan & Seale,1846)

宝刀鱼科 Chirocentridae

宝刀鱼属 *Chirocentrus*

56. 宝刀鱼 *Chirocentrus dorab*(Forssal,1775)

九、鲑形目 Salmoniformes

银鱼科 Salangidae

白肌银鱼属 *Leucosoma*

57. 白肌银鱼 *Leucosoma chinensis* (Osbeck,1765)

十、灯笼鱼目 Myctophiformes

狗母鱼科 Synodidae

狗母鱼属 *Synodus*

58. 叉斑狗母鱼 *Synodus macrops* (Tanaka,1917)

59. 肩斑狗母鱼 *Symodus hoshinonis* (Tanaka,1917)

大头狗母鱼属 *Trachinocephalus*

60. 大头狗母鱼 *Trachinocephalus myops* (Forster,1801)

蛇鲻属 *Saurida*

61. 长条蛇鲻 *Saurida filamentosa* (Ogilby,1910)

62. 花斑蛇鲻 *Saurida undosquamis* (Richardson,1848)

63. 多齿蛇鲻 *Saurida tumbil* (Bloch ,1795)

64. 长蛇鲻 *Saurida elongata* (Norman,1939)

龙头鱼属 *Harpodon*

65. 龙头鱼 *Harpodon nehereus* (Hamilton,1822)

灯笼鱼科 Scopelidae

七星鱼属 *Myctophum*

66. 七星鱼 *Myctophum pterotum* (Alcock,1890)

十一、鳗鲡目 Anguilliformes

康吉鳗科 Congridae

康吉鳗属 *Conger*

67. 日本康吉鳗 *Conger japonicus* (Bleeker,1879)

拟海康吉鳗属 *parabathymyrus*

68. 大眼拟海康吉鳗 *parabathymyrus macrophthalmus*(Kamohara,1938)

穴鳗属 *Anago*

69. 穴鳗 *Anago anago* (Temminck & Schlegel,1846)

吻鳗属 *Rhynchocymba*

70. 尼氏吻鳗 *Rhynchocymba nystromi* (Jordan & Snyder,1901)

71. 黑尾吻鳗 *Rhynchoconger ectenurus*(Jordan& Richardson,1909)

尖尾鳗属 *Uroconger*

72. 尖尾鳗 *Uroconger lepturus* (Richardson,1845)

海鳗科 Muraenesocidae

海鳗属 *Muraenesox*

73. 海鳗 *Muraenesox cinereus* (Forskal,1775)

细颌鳗属 *Oxyconger*

74. 细颌鳗 *Oxyconger leptognathus* (Bleeker,1858)

蚓鳗科 Moringuidae

蚓鳗属 *Moringua*

75. 大头蚓鳗 *Moringua macrocephalus* (Bleeker,1863)

丝鳗科 Nettastomidae

草鳗属 *Chlopsis*

76. 无鳍草鳗 *Chlopsis apterus* (Bleeker&Tee－Van,1938)

77. 丝尾草鳗 *Chlopsis fierasfer* (Jordan & Suyder,1901)

蠕鳗科 Echelidae

虫鳗属 *Muraenichthys*

78. 裸鳍虫鳗 *Muraenichthys gymnopterus* (Bleeker,1853)

79. 短鳍虫鳗 *Muraenichthys hattae* (Jordan & snyder,1901)

80. 大鳍虫鳗 *Muraenichthys macropterus* (Bleeker,1857)

蛇鳗科 Ophichthyidae

须鳗属 *Cirrhimuraena*

81. 中华须鳗 *Cirrhimuraena chinensis* (Kaup,1856)

短体鳗属 *Brachysomophis*

82. 鳄形短体鳗 *Brachysomophis crocodilinus* (Bennett,1833)

豆齿鳗属 *Pisoodonophis*

83. 杂食豆齿鳗 *Pisoodonophis boro* (Hamilton,1822)

84. 食蟹豆齿鳗 *Pisoodonophis cancrivorous* (Richardson,1848)

蛇鳗属 *Ophichthys*

85. 尖吻蛇鳗 *Ophichthys apicalis* (Anonymous[Bennett],1830)

86. 艾氏蛇鳗 *Ophichthys evermanni* (Jordan & Richardson,1911)

87. 短尾蛇鳗 *Ophichthys brevicaudatus* (Chu,Wu & jin,1981)

88. 西里伯蛇鳗 *Ophichthys celebicus* (Bleeker,1856)

小齿蛇鳗属 *Microdonophis*

89. 横带小齿蛇鳗 *Microdonophis fasciatus* (Chu,Wu & Jin,1981)

前肛鳗科 Dysommidae

前肛鳗属 *Dysomma*

90. 前肛鳗 *Dysomma anguillaris*（Barnard,1923）

海鳝科 Muraenidae

长体鳝属 *Thyrsoidea*

91. 长体鳝 *Thyrsoidea macrurus*（Bleeker,1854）

裸胸鳝属 *Gymnothorax*

92. 网纹裸胸鳝 *Gymnothorax reticularis*（Bloch,1795）

93. 黑点裸胸鳝 *Gymnothorax melanospilus*（Bleeker&Randall,1995）

94. 匀斑裸胸鳝 *Gymnothora reevesi*（Richardson,,1844）

十二、鲶形目 Siluriformes

海鲶科 Ariidae

海鲶属 *Arius*

95. 中华海鲶 *Arius sinensis*（Lacepede,1803）

96. 海鲶 *Arius thalassinus*（Ruppell,1837）

鳗鲶科 Plotosidae

鳗鲶属 *Plotosus*

97. 鳗鲶 *Plotosus anguillaris*（Bloch,1794）

十三、颌针鱼目 Beloniformes

飞鱼科 Exocoetidae

燕鳐鱼属 *Cypselurus*

98. 尖头燕鳐鱼 *Cypselurus oxycephalus*（Bleeker,1852）

鱵科 Hemiramphidae

下鱵鱼属 *Hyporhamphus*

99. 瓜氏下鱵 *Hyporhamphus quoyi*（Valenciennes,1846）

十四、鳕形目 Gadiformes

犀鳕科 Bregmacerotidae

犀鳕属 *Bregmaceros*

100. 尖鳍犀鳕 *Bregmaceros lanceolatus*（Shen,1960）

101. 麦氏犀鳕 *Bregmaceros macclellandii*（Thompson,1840）

突吻鳕科 Coryphaenoididae

腔吻鳕属 *Coelorhynchus*

102. 多棘腔吻鳕 *Coelorhynchus multispinulosus*（Katayama,1842）

须鼬鳕科 Brotulidae

棘鼬鳕属 *Hoplobrotula*

103. 棘鼬鳕 *Hoplobrotula armata*（Temminck et Schlegel,1847）

仙鼬鳕属 *Sirembo*

104. 仙鼬鳕 *Sirembo imberbis*（Temminck et Schlegel,1842）

十五、金眼鲷目 Beryciformes

松球鱼科 Monocentridae

松球鱼属 *Monocentrus*

105. 日本松球鱼 *Monocentrus japonicus* (Houttuyn,1782)

十六、海鲂目 Zeiformes

海鲂科 Zeidae

海鲂属 *Zeus*

106. 巨眼海鲂 *Zeus japonicus* (Kamohara,1935)

十七、刺鱼目 Gasterosteiformes

烟管鱼科 Fistularidae

烟管鱼属 *Fitrularia*

107. 毛烟管鱼 *Fistularia villosa* (Klunzinger,1871)

108. 鳞烟管鱼 *Fistularia petimba* (Lacepede,1803)

海龙鱼科 Syngnathidae

粗吻海龙鱼属 *Trachyrhamphus*

109. 粗吻海龙鱼 *Trachyrhamphus serratus* (Temminck& Schlegel,1850)

海龙鱼属 *Syngnathus*

110. 尖海龙鱼 *Syngnathus acus* (Günther,1873)

海马鱼属 *Hippocampus*

111. 斑海马 *Hippocampus trimaculatu*s (Leach,1814)

112. 克氏海马 *Hippocampus kellogg*i (Jordan et Snyder,1901)

113. 刺海马 *Hippocampus histrix* (Kaup,1856)

十八、鲻形目 Mugiliformes

魣科 Sphyraenidae

魣属 *Sphyraena*

114. 日本魣 *Sphyraena japonica* (Bloch & Schneider,1801)

115. 油魣 *Sphyraena pinguis* (Günther,1874)

鲻科 Mugilidae

鲻属 *Mugil*

116. 鲻 *Mugil cephalus* (Linnaeus,1758)

鮻属 *Liza*

117. 棱鮻 *Liza carinatus* (Oshima,1922)

118. 鮻 *Liza haematocheila* (Temminck et Schlegel,1845)

骨鲻属 *Osteomugil*

119. 前鳞骨鲻 *Osteomugil ophuyseni* (Bleeker,1858—1859)

120. 硬头骨鲻 *Osteomugil strongylocephalu*s (Richardson,1846)

马鲅科 Polynemidae

四指马鲅属 *Eleutheronema*

121. 四指马鲅 *Eleutheronema tetradactylum* (Shaw,1804)

马鲅属 *Polydactylus*

122. 六指马鲅 *Polydactylus sextarius* (Bloch & Schneider,1801)

十九、鲈形目 Perciformes

鮨科 Serranidae

石斑鱼属 *Epinephelus*

123. 玳瑁石斑鱼 *Epinephelus quoyanus* (Valenciennes,1830)
124. 云纹石斑鱼 *Epinephelus moara* (Day,1868)
125. 宝石石斑鱼 *Epinephelus areolatus* (Forskal,1775)
126. 网纹石斑鱼 *Epinephelus chlorostigma* (Valenciennes,1828)
127. 鲑点石斑鱼 *Epinephelus trimaculatus* (Valenciennes,1828)
128. 青石斑鱼 *Epinephelus awoara* (Temminck & Schlegel,1842)
129. 镶点石斑鱼 *Epinephelus amblycephalus* (Bleeker,1857)
130. 橙点石斑鱼 *Epinephelus bleekeri* (Vaillant & Bocourt,1878)
131. 六带石斑鱼 *Epinephelus sexfasciatus* (Valenciennes,1828)

三棱鲈属 *Trisotropis*

132. 细鳞三棱鲈 *Trisotropis dermopterus* (Temminck &t Schlegel,1842)

黄鲈属 *Diploprion*

133. 黄鲈 *Diploprion bifasciatum* (Cuvier & Valenciennes,1828)

花鲈属 *Lateolabrax*

134. 花鲈 *Lateolabrax japonicus* (Mcclelland,1844)

叶鲷科 Glaucosomidae

叶鲷属 *Glaucosoma*

135. 叶鲷 *Glaucosoma hebraicum* (Richardson,1845)

谐鱼科 Emmelichthyidae

细谐鱼属 *Dipterygonotus*

136. 细谐鱼 *Dipterygonotus leucogrammicus* (Bleeker,1849)

大眼鲷科 Priacanthidae

大眼鲷属 *Priacanthus*

137. 短尾大眼鲷 *Priacanthus macracanthus* (Cuvier ,1829)
138. 长尾大眼鲷 *Priacanthus tayenus* (Richardson,1846)

发光鲷科 Acropomidae

发光鲷属 *Acropoma*

139. 发光鲷 *Acropoma japonicum* (Gunther,1859)

尖牙鲷属 *Synagrops*

140. 尖牙鲷 *Synagrops japonicus* (Steindacher & Doderlein,1884)

天竺鲷科 Apogonidae

天竺鱼属 *Apogonichthys*

141. 宽条天竺鱼 *Apogonichthys striatus* (Smith& Radcliffe,1912)
142. 细条天竺鱼 *Apogonichthys lineatus* (Temminck & Schlegel,1842)
143. 黑天竺鱼 *Apogonichthys niger* (Doderlein,1884)
144. 斑鳍天竺鱼 *Apogonichthys carinatus* (Cuvier,1828)

145. 黑边天竺鱼 *Apogonichthys ellioti*（Day,1875）

天竺鲷属 *Apogon*

146. 双带天竺鲷 *Apogon taeniatus*（Cuvier& Valenciennes,1828）

147. 半线天竺鲷 *Apogon semilineatus*（Temminck &Schlegel,1842）

148. 四线天竺鲷 *Apogon quadrifasciatus*（Cuvier ,1828）

149. 中线天竺鲷 *Apogon kiensis*（Jordan&Snyder,1901）

鱚科 Sillaginidae

鱚属 *Sillago*

150. 多鳞鱚 *Sillago sihama*（Forskal,1775）

151. 少鳞鱚 *Sillago japonica*（Temminck & Schlegel,1843）

方头鱼科 Branchiostegidae

方头鱼属 *Branchiostegus*

152. 银方头鱼 *Branchiostegus argentatus*（Cuvier ,1830）

军曹鱼科 Rachycentridae

军曹鱼属 *Rachycentron*

153. 军曹鱼 *Rachycentron canadum*（Linnaeus,1766）

双边鱼科 Ambassidae

双边鱼属 *Ambassis*

154. 眶棘双边鱼 *Ambassis gymnocephalus*（Lacepede,1802）

鲹科 Carangidae

丝鲹属 *Alectis*

155. 短吻丝鲹 *Alectis ciliaris*（Bloch,1787）

156. 长吻丝鲹 *Alectis indica*（Ruppell,1830）

沟鲹属 *Atropus*

157. 沟鲹 *Atropus atropus*（Bloch ,1838）

鲹属 *Caranx*

158. 马拉巴裸胸鲹 *Carax malabaricus*（Bloch & Schneider,1801）

159. 白舌尾甲鲹 *Uraspis helvolus*（Forster,1801）

160. 高体若鲹 *Carax equula*（Temminck & Schlegel,1884）

161. 丽叶鲹 *Atule kalla*（Cuvier, 1833）

162. 六带鲹 *Caranx sexfasciatus*（Quoy & Gaimard,1824）

细鲹属 *Selaroides*

163. 金带细鲹 *Selaroides leptolepis*（Cuvier ,1833）

凹肩鲹属 *Selar*

164. 脂眼凹肩鲹 *Selar crumenophthalmus*（Bloth,1793）

圆鲹属 *Decapterus*

165. 蓝圆鲹 *Decapterus maruadsi*（Temminck & Schlegel,1844）

166. 无斑圆鲹 *Decapterus kurroides*（Bleeker,1855）

167. 颌圆鲹 *Decapterus lajang*（)Bleeker,1855

大甲鲹属 *Megalaspis*

168. 大甲鲹 *Megalaspis cordyla* (Linnaeus,1758)

竹筴鱼属 *Trachurus*

169. 竹筴鱼 *Trachurus japonicus* (Temminck & Schlegel,1844)

条鰤属 *Zonichthys*

170. 黑纹条鰤 *Zonichthys nigrofasciata* (Rüppell,1929)

鲳鲹属 *Chorinemus*

171. 台湾鲳鲹 *Chorinemus formosanus* (Wakiya,1924)

眼镜鱼科 Menidae

眼镜鱼属 *Mene*

172. 眼镜鱼 *Mene maculata* (Bloch&t Schneider,1801)

乌鲳科 Formionidae

乌鲳属 *Formio*

173. 乌鲳 *Formio niger* (Bloch,1879)

石首鱼科 Sciaenidae

叫姑鱼属 *Johnius*

174. 皮氏叫姑鱼 *Johnius belengerii* (Cuvier,1830)

175. 条纹叫姑鱼 *Johnius fasciatus* (Chu,Lo&Wu,1963)

黄鳍牙鰔属 *Chrysochir*

176. 尖头黄鳍牙鰔 *Chrysochir aureus* (Richardson,1846)

鰔属 *Wak*

177. 丁氏鰔 *Wak tingi* (Tang,1937)

178. 湾鰔 *Wak sina* (Cuvier et Valenciennes,1830)

牙鰔属 *Otolithes*

179. 银牙鰔 *Otolithes argenteus* (Cuvier et Valenciennes,1830)

黄姑鱼属 *Nibea*

180. 黄姑鱼 *Nibea albiflora* (Richardson,1846)

181. 浅色黄姑鱼 *Nibea chui* (Trewavas, 1971)

182. 鮸状黄姑鱼 *Nibea miichthioides* (Chu,Lo et Wu,1963)

黑姑鱼属 *Atrobucca*

183. 黑姑鱼 *Atrobucca nibe* (Jordan& Thompson,1911)

白姑鱼属 *Argyrosomus*

184. 白姑鱼 *Argyrosomus argentatus* (Houttuyn,1782)

185. 斑鳍白姑鱼 *Argyrosomus pawak* (Lin,1940)

186. 大头白姑鱼 *Argyrosomus macrocephalus* (Tang,1737)

187. 截尾白姑鱼 *Argyrosomus aneus* (Bloch,1793)

黑姑鱼属 *Atrobucca*

188. 黑姑鱼 *Atrobucca nibe* (Jordan & Thompson,1911)

鮸鱼属 *Miichthys*

189. 鮸鱼 *Miichthys miiuy* (Basilewsky,1855)

黄鱼属 *Larimichthys*

190. 大黄鱼 *Larimichthys crocea* (Richardson,1846)

191. 小黄鱼 *Larimichthys polyactis* (Bleeker,1877)

梅童鱼属 *Collichthys*

192. 棘头梅童鱼 *Collichthys lucidus* (Richardson,1844)

鲾科 Leiognathidae

鲾属 *Leiognathus*

193. 静鲾 *Leiognathus insidiato*r (Bloth,1787)

194. 鹿斑鲾 *Leiognathus ruconius* (Hamilton,1822)

195. 黄斑鲾 *Leiognathus bindus* (Cuvier & Valenciennes,1835)

196. 细纹鲾 *Leiognathus berbis* (Cuvier &Valenciennes,1835)

197. 粗纹鲾 *Leiognathus lineolatus* (Valenciennes,1835)

198. 短吻鲾 *Leiognathus brevirostris* (Valenciennes,1835)

牙鲾属 *Gazza*

199. 小牙鲾 *Gazza minuta* (Bloth,1795)

银鲈科 Gerridae

银鲈属 *Gerres*

200. 长棘银鲈 *Gerres filamentosus* (Cuvier,1829)

201. 短棘银鲈 *Gerres Lucidus* (Cuvier,1830)

笛鲷科 Lutianidae

笛鲷属 *Lutianus*

202. 金焰笛鲷 *Lutianus fulviflamma* (Forskal,1775)

203. 画眉笛鲷 *Lutianus vitta* (Quoy & Gaimard,1824)

204. 勒氏笛鲷 *Lutianus russelli* (Bleeker,1849)

205. 红鳍笛鲷 *Lutianus erythopterus* (Bloth,1790)

206. 五带笛鲷 *Lutianus spilurus* (Bleeker,1833)

207. 约氏笛鲷 *Lutianus johnii* (Bloth,1792)

鲷科 Sparidae

黄鲷属 *Dentex*

208. 黄鲷 *Dentex tumifrons* (Temminck & Schlegel,1843)

真鲷属 *Pagrosomus*

209. 真鲷 *Pagrosomus major* (Temminck et Schlegel,1843)

二长棘鲷属 *Parargyrops*

210. 二长棘鲷 *Parargyrops edita* (Tanaka,1916)

平鲷属 *Rhabdosargus*

211. 平鲷 *Rhabdosargus sarba* (Forskal,1755)

鲷属 *Sparus*

212. 黑鲷 *Sparus macrocephalus* (Basilewsky,1855)

213. 黄鳍鲷 *Sparus latus* (Houttuyn,1782)

214. 灰鳍鲷 *Sparus berda* (Forska? l,1775)

金线鱼科 Nemipteridae

金线鱼属 *Nemipterus*

215. 波鳍金线鱼 *Nemipterus tolu* (Valenciennes,1830)

216. 金线鱼 *Nemipterus virgatus* (Houttuyn,1782)

217. 日本金线鱼 *Nemipterus joponicus* (Bloch,1791)

石鲈科 Pomadasyidae

髭鲷属 *Hapalogenys*

218. 斜带髭鲷 *Hapalogenys nitens* (Richardson,1844)

219. 横带髭鲷 *Hapalogenys mucronatus* (Eydoux &Souleyet,1850)

胡椒鲷属 *Plectorhinchus*

220. 花尾胡椒鲷 *Plectorhinchus cinctus* (Temminck & Schlegel,1843)

221. 胡椒鲷 *Plectorhinchus pictus* (Thunberg,1792)

矶鲈属 *Parapristipoma*

222. 三线矶鲈 *Parapristipoma trilineatum* (Thunberg,1793)

眶棘鲈属 *Scolopsis*

223. 伏氏眶棘鲈 *Scolopsis vosmer*i (Bloch,1792)

鯻科 Theraponidae

鯻属 *Therapon*

224. 细鳞鯻 *Therapon jarbua* (Forskal,1775)

225. 鯻鱼 *Therapon theraps* (Cuvier e1829)

226. 尖吻鯻 *Therapon oxyrhynchus*(Temminck & Schlegel,1843)

羊鱼科 Mullidae

绯鲤属 *Upeneus*

227. 条尾绯鲤 *Upeneus bensasi* (Temminck & Schlegel,1843)

228. 黑斑绯鲤 *Upeneus tragula* (Richardson,1846)

229. 黄带绯鲤 *Upeneus sulphureus* (Cuvier & Valenciennes,1829)

230. 纵带绯鲤 *Upeneus subvittatus* (Temminck &Schlegel)

231. 吕宋绯鲤 *Upeneus luzonius*(Jordan&Seale,1907)

副绯鲤属 *Parupeneus*

232. 黄带副绯鲤 *Parupeneus chrysopleuron* (Temminck & Schlegel,1843)

白鲳科 Ephippidae

燕鱼属 *Platax*

233. 燕鱼 *Platax teira* (Forskal,1775)

鸡笼鲳科 Drepanidae

鸡笼鲳属 *Drepane*

234. 条纹鸡笼鲳 *Drepane longimana* (Bloch &Schneider,1801)

235. 斑点鸡笼鲳 *Dreane punctata* (Linnaeus,1758)

蝎鱼科 Scorpidae

细刺鱼属 *Microcanthus*

236. 细刺鱼 *Microcanthus strigatus* (Cuvier & Valenciennes,1831)

蝴蝶鱼科 Chaetodontidae

少女鱼属 *Coradion*

237. 少女鱼 *Coradion chrysozonus* (Cuvier ,1831)

蝴蝶鱼属 *Chaetodon*

238. 朴蝴蝶鱼 *Chaetodon modestus* (Temminck & Schlegel,1844)

荷包鱼属 *Chaetodontoplus*

239. 荷包鱼 *Chaetodontoplus septentrionalis* (Temminck & Schlegel,1844)

帆鳍鱼科 Histiopteridae

帆鳍鱼属 *Histiopterus*

240. 帆鳍鱼 *Histiopterus typus* (Temminck & Schlegel,1944)

石鲷科 Oplegnathidae

石鲷属 *Oplegnathus*

241. 条石鲷 *Oplegnathus fasciatus* (Temminck & Schlegel,1844)

赤刀鱼科 Cepolidae

棘赤刀鱼属 *Acanthocepola*

242. 克氏棘赤刀鱼 *Acanthocepola krusensterni* (Cuvier & Valenciennes,1845)

243. 印度棘赤刀鱼 *Acanthocepola indica* (Day,1888)

雀鲷科 Pomacentridae

台雅鱼属 *Daya*

244. 乔氏台雅鱼 *Daya jordani* (Rutter,1897)

光鳃鱼属 *Chromis*

245. 斑鳍光鳃鱼 *Chromis notatus* (Temminck et Schlegel,1843)

豆娘鱼属 *Abudefduf*

246. 五带豆娘鱼 *Abudefduf vaigiensis* (Quoy & Gaimard)

鮣科 Echeneidae

鮣属 *Echeneis*

247. 鮣 *Echeneis naucrates* (Linnaeus1758)

隆头鱼科 Labridae

猪齿鱼属 *Choerodon*

248. 蓝猪齿鱼 *Choerodon azurio* (Jordan & Snyder,1901)

249. 黑斑猪齿鱼 *Choerodon schoenleinii* (Valenciennes,1958)

拟隆头鱼属 *Pseudolabrus*

250. 细拟隆头鱼 *Pseudolabrus gracilis* (Steindachner&Donderlein,1887))

海猪鱼属 *Halichoeres*

251. 花鳍海猪鱼 *Halichoeres poecilopterus* (Temminck & Schlegel,1845)

颈鳍鱼属 *Iniistius*

252.洛神颈鳍鱼 *Iniistius dea*（Temminck & Schlegel,1845）

鲻形鰧科 Mugiloididae

拟鲈属 *Parapercis*

253.六带拟鲈 *Parapercis sexfasciatus*（Temminck & Schlegel,1843）

254.美拟鲈 *Parapercis pulchella*（Temminck & Schlegel,1842）

255.眼斑拟鲈 *Parapercis ommaturus*（Jordan & Snyder,1902）

毛背鱼科 Trchonotidae

毛背鱼属 *Trichonotus*

256.毛背鱼 *Trichonotus setiger*（Bolch et Sckneider,1801）

鰧科 Uranoscopidae

鰧属 *Uranoscopus*

257.日本鰧 *Uranoscopus japonicus*（Houttuyn,1782）

258.双斑鰧 *Uranoscopus bicinctus*（Temminck & Schlegel,1843）

259.中华鰧 *Uranoscopus chinensis*（Guichenot,1882）

260.少鳞鰧 *Uranoscopus oligolepis*（Bleeker,1878）

披肩鰧属 *Ichthyscopus*

261.披肩鰧 *Ichthyscopus lebeck*（Bolch et Sckneider,1801）

鳄齿鰧科 Champsodontidae

鳄齿鰧属 *Champsodon*

262.鳄齿鰧 *Champsodon capensis*（Regan,1908）

青鰧属 *Gnathagnus*

263.青鰧 *Gnathagnus elongatus*（Temminck et Schlegel,1843）

鳚科 Blenniidae

带鳚属 *Xiphasia*

264.带鳚 *Xiphasia setifer*（Swainson,1839）

绵鳚科 Zoarcidae

绵鳚属 *Zoarces*

265.绵鳚 *Zoarces viviparus*（Linnaeus,1758）

玉筋鱼科 Ammodytidae

布氏筋鱼属 *Bleekeria*

266.绿布氏筋鱼 *Bleekeria anguilliviridis*（Fowler,1931）

鱼衔科 Callionymidae

鱼衔属 *Callionymus*

267.香衔 *Callionymus olidus*（Günther,1873）

268.丝鳍衔 *Callionymus virgis*（Jordan & Fowler,1903）

269.短鳍衔 *Callionymus kitaharae*（Jordan & Seale）

270.丝棘衔 *Callionymus flagris*（Jordan & Fowler,1903）

271.本氏衔 *Callionymus beniteguri*（Jordan & Snyder,1900）

272.李氏衔 *Callionymus richardsoni*（Bleeker,1854）

美尾鲔属 *Calliurichthys*

273. 美尾鲔 *Calliurichthys japonicus* (Houttuyn, 1782)

274. 丝鳍美尾鲔 *Calliurichthys dorysus* (Jordan et Fowler, 1903)

塘鳢鱼科 Eleotridae

乌塘鳢鱼属 *Bostrichthys*

275. 中华乌塘鳢 *Bostrichthys sinensis*(Lacepede, 1801)

锯塘鳢鱼属 *Prionobutis*

276. 锯塘鳢 *Prionobutis koilomatodon* (Bleeker, 1849)

鰕虎鱼科 Gobiidae

缟鰕虎鱼属 *Tridentiger*

277. 纹缟鰕虎鱼 *Tridentiger trigonocephalus* (Gill, 1859)

髭鰕虎鱼属 *Triaenopogon*

278. 髭鰕虎鱼 *Triaenopogon barbatus*(Günther, 1861)

舌鰕虎鱼属 *Glossogobius*

279. 舌鰕虎鱼 *Glossogobius giuris* (Hamilton, 1822)

280. 斑纹舌鰕虎鱼 *Glossogobius olivaceus* (Temminck & Schlegel, 1845)

细棘鰕虎鱼属 *Acentrogobius*

281. 绿斑细棘鰕虎鱼 *Acentrogobius chlorostigmatoides* (Bleeker, 1849)

282. 犬牙细棘鰕虎鱼 *Acentrogobius caninus* (Valenciennes, 1830)

犁突鰕虎鱼属 *Myersina*

283. 横带犁突鰕虎鱼 *Myersina fasciatus* (Wu&Lin, 1983)

复鰕虎鱼属 *Synechogobius*

284. 斑尾复鰕虎鱼 *Synechogobius ommaturus* (Richardson, 1845)

285. 矛尾复鰕虎鱼 *Synechogobius hasta* (Temminck et Schlegel, 1845)

沟鰕虎鱼属 *Oxyurichthys*

286. 眼瓣沟鰕虎鱼 *Oxyurichthys ophthalmonema* (Bleeker, 1856)

287. 小鳞沟鰕虎鱼 *Oxyurichthys microlepis* (Bleeker, 1849)

288. 巴布亚沟鰕虎鱼 *Oxyurichthys papuensis* (Cuvier & Valenciennes, 1837)

289. 触角沟鰕虎鱼 *Oxyurichthys tentacularis* (Valenciennes, 1837)

栉鰕虎鱼属 *Ctenogobius*

290. 短吻栉鰕虎鱼 *Ctenogobius brevirostris* (Günther, 1861)

丝鰕虎鱼属 *Cryptocentrus*

291. 长丝鰕虎鱼 *Cryptocentrus filifer* (Valenciennes, 1837)

拟矛尾鰕虎鱼属 *Parachaeturichthys*

292. 拟矛尾鰕虎鱼 *Parachaeturichthys polynema* (Bleeker, 1853)

矛尾鰕虎鱼属 *Chaeturichthys*

293. 矛尾鰕虎鱼 *Chaeturichthys stigmatias* (Richardson, 1844)

294. 六丝矛尾鰕虎鱼 *Chaeturichthys hexanema* (Bleeker, 1853)

鲻鰕虎鱼属 *Mugilogobius*

295. 鲻鰕虎鱼 *Mugilogobius abei* (Jordan & Synder,1901)

鳗鰕虎鱼科 Taenioididae

狼牙鰕虎鱼属 *Odontamblyopus*

296. 红狼牙鰕虎鱼 *Odontamblyopus rubicundus* (Hamilton,1822)

孔鰕虎鱼属 *Trypauchen*

297. 孔鰕虎鱼 *Trypauchen vagina* (Bloch & Schneider,1801)

鳗鰕虎鱼属 *Taenioides*

298. 须鳗鰕虎鱼 *Taenioides cirratus* (Blyth,1860)

弹涂鱼科 Periophthalmidae

大弹涂鱼属 *Boleophthalmus*

299. 大弹涂鱼 *Boleophthalmus pectinirostris* (Linnaeus,1758)

青弹涂鱼属 *Scartelaos*

300. 青弹涂鱼 *Scartelaos viridis* (Valenciennes,1837)

刺尾鱼科 Acanthuridae

多板盾尾鱼属 *Prionurus*

301. 多板盾尾鱼 *Prionurus scalprus* (Valenciennes,1835)

篮子鱼科 Siganidae

篮子鱼属 *Siganus*

302. 黄斑篮子鱼 *Siganus oramin* (Schneider,1801)

303. 褐篮子鱼 *Siganus fuscescens* (Houttuyn,1782)

带鱼科 Trichiuridae

带鱼属 *Trichiurus*

304. 带鱼 *Trichiurus haumela* (Forsk? l,1775)

305. 沙带鱼 *Lepturacanthus savala* (Cuvier ,1829)

窄颅带鱼属 *Tentoriceps*

306. 窄颅带鱼 *Tentoriceps cristatus* (Klunzinger,1844)

蛇鲭科 Gempylidae

黑鳍蛇鲭属 *Thyrsitoides*

307. 黑鳍蛇鲭 *Thyrsitoides marleyi* (Fowler,1929)

棘鳞蛇鲭属 *Ruvettus*

308. 棘鳞蛇鲭 *Ruvettus tydemani* (Cocco,1829)

鲭科 Scombridae

鲐属 *Pneumatophorus*

309. 鲐鱼 *Scomber japonicus* (Houttuyn,1782)

310. 狭头鲐 *Pneumatophorus tapeinocephalus* (Bleeker,1854)

羽鳃鲐属 *Rastrelliger*

311. 羽鳃鲐 *Rastrelliger kanagurta* (Cuvier,1917)

马鲛属 *Scomberomorus*

312. 蓝点马鲛 *Scomberomorus niphonius* (Cuvier & Valenciennes,1832)

313. 康氏马鲛 *Scomberomorus commersoni* (Lacépède,1899)
314. 朝鲜马鲛 *Scomberomorus koreanus* (Kishinouye,1915)
315. 斑点马鲛 *Scomberomorus guttatus* (Bloch & Schneider,1801)

狐鲣属 *Sarda*

316. 东方狐鲣 *Sarda orientalis* (Temminck & Schlegel,1844)

舵鲣属 *Auxis*

317. 扁舵鲣 *Auxis thazard* (Lacépède,1800)
318. 圆舵鲣 *Auxis rochei* (Risso,1810)

双鳍鲳科 Nomeidae

玉鲳属 *Icticus*

319. 玉鲳 *Icticus pellucidus* (Lütken,1880)

方头鲳属 *Cubiceps*

320. 鳞首方头鲳 *Cubiceps squamiceps* (Lloyd,1909)

鲳科 Stomateidae

鲳属 *Pampus*

321. 银鲳 *Pampus argenteus* (Euphrasen,1788)
322. 灰鲳 *Pampus cinereus* (Bloch,1793)
323. 中国鲳 *Pampus chinensis* (Euphrasen,1788)

长鲳科 Centrolophidae

刺鲳属 *Psenopsis*

324. 刺鲳 *Psenopsis anomala* (Temminck & Schlegel,1844)

三鳍鳚科 Tripterygiidae

弯线鳚属 *Helcogramma*

325. 纵带弯线鳚 *Helcogramma striata* (Hansen,1986)

二十、鲉形目 Scorpaeniformes

鲉科 Scorpaenidae

菖鲉属 *Sebastiscus*

326. 褐菖鲉 *Sebastiscus marmoratus* (Cuvier,1829)

鳞头鲉属 *Sebastapistes*

327. 花腋鳞头鲉 *Sebastapistes nuchalis* (Gunther)

鲉属 *Scorpaena*

328. 斑鳍鲉 *Scorpaena neglecta* (Temminck et Schlegel,1843)
329. 裸胸鲉 *Scorpaena izensis* (Jordan et Starks,1904)

拟鲉属 *Scorpaenopsis*

330. 须拟鲉 *Scorpaenopsis cirrhosa* (Thunberg,1793)
331. 驼背拟鲉 *Scorpaenopsis gibbosa* (Bloch & Schneider,1801)

锯棱短蓑鲉属 *Brachypterois*

332. 锯蓑鲉 *Brachypterois serrulatus* (Richardson,1846)

拟蓑鲉属 *Parapterois*

333.拟蓑鲉 *Parapterois heterurus*（Bleeker,1856）
蓑鲉属 *Pterois*
334.勒氏蓑鲉 *Pterois russelli*（Bennett,1831）
335.环纹蓑鲉 *Pterois lunulata*（Temminck & Schlegel,1843）
须蓑鲉属 *Apistus*
336.须蓑鲉 *Apistus carinatus*（Bloch & Schneider,1801）
绒皮鲉科 Aploactidae
赤鲉属 *Hypodytes*
337.印度赤鲉 *Hypodytes indicus*（Day,1878）
蜂鲉属 *Erisohex*
338.蜂鲉 *Erisohex potti*（Steindachner,1896）
钝顶鲉属 *Amblyapistus*
339.长棘钝顶鲉 *Amblyapistus macracanthus*（Bleeker,1852）
绒皮鲉属 *Aploactis*
340.绒皮鲉 *Aploactis aspera*（Richardson）
毒鲉科 Synanceiidae
虎鲉属 *Minous*
341.虎鲉 *Minous monodactylus*（Bloch & Schneider,1801）
342.无备虎鲉 *Minous inermis*（Alcock,1889）
鬼鲉属 *Inimicus*
343.鬼鲉 *Inimicus japonicus*（Cuvier,1829）
粗头鲉属 Trachicephalus
344.騰头鲉 *Trachicephalus uranoscopus*（Bloch &Schneider,1801）
平鲉科 Sebastidae
平鲉属 Sebastes
345.边尾平鲉 *Sebastes taczanowskii*（Steiindachner,1880）
前鳍鲉科 *Congiopodidae*
裸绒鲉属 *Ocosia*
346.裸绒鲉 *Ocosia vespa*（Jordan & Starks,1904）
鲂𩽾科 Triglidae
绿鳍鱼属 *Chelidonichthys*
347.绿鳍鱼 *Chelidonichthys kumu*（Cuvier,1829）
红娘鱼属 *Lepidotrigla*
348.短鳍红娘鱼 *Lepidotrigla microptera*（Günther,1873）
349.翼红娘鱼 *Lepidotrigla alata*（Houttuyn,1782）
350.日本红娘鱼 *Lepidotrigla japonica*（Bleeker,1854）
351.岸上红娘鱼 *Lepidotrigla kishinouyi*（Snyder,1911）
鲬科 Platycephalidae
鳞鲬属 *Onigocia*

352. 锯齿鳞鲬 *Onigocia spinosus* (Temminck & Schlegel,1844)
353. 粒突鳞鲬 *Onigocia tuberculatus* (Cuvier,1829)

倒棘鲬属 *Rogadius*

354. 倒棘鲬 *Rogadius asper* (Cuvier,1829)

棘线鲬属 *Grammoplites*

355. 棘线鲬 *Grammoplites scaber* (Linnaeus,1758)

大眼鲬属 *Suggrundus*

356. 大眼鲬 *Suggrundus meerdervoortii* (Bleeker,1860)

瞳鲬属 *Inegocia*

357. 日本瞳鲬 *Inegocia japonica* (Cuvier,1829)
358. 斑瞳鲬 *Inegocia guttata* (Cuvier ,1829)

鳄鲬属 *Cociella*

359. 鳄鲬 *Cociella crocodila* (Cuvier,1829)

鲬属 *Platycephalus*

360. 鲬 *Platycephalus indicus* (Linnaeus,1758)

豹鲂鮄科 Dactylopteridae

豹鲂鮄属 *Dactylopterus*

361. 东方豹鲂鮄 *Dactylopterus orientalis* (Cuvier,1829)
362. 吉氏豹鲂鮄 *Dactylopterus giberti* (Snyder1911)

凹鳍鲬属 *Kumococius*

363. 凹鳍鲬 *Kumococius rodericensis* (Cuvier,1829)

二十一、鲽形目 Pleuronectiformes

鲆科 Bothidae

牙鲆属 *Paralichthys*

364. 牙鲆 *Paralichthys olivaceus* (Temminck & Schlegel,1846)

大鳞鲆属 *Tarphops*

365. 高体大鳞鲆 *Tarphops oligolepis* (Bleeker,1858)

斑鲆属 *Pseudorhombus*

366. 少牙斑鲆 *Pseudorhombus oligodon* (Bleeker,1854)
367. 大牙斑鲆 *Pseudorhombus arsius* (Hamilton,1822)
368. 五目斑鲆 *Pseudorhombus quinquocellatus* (Weber et Beaufort,1929)
369. 五眼斑鲆 *Pseudorhombus pentophthalmus* (Gunther,1862)
370. 桂皮斑鲆 *Pseudorhombus cinnamoneus* (Temminck & Schlegel,1846)

短额鲆属 *Engyprosopon*

371. 大鳞短额鲆 *Engyprosopon grandisquama* (Temminck & Schlegel,1846)

缨鲆属 *Crossorhombus*

372. 长臂缨鲆 *Crossorhombus kobensis* (Jordan & starks,1906)
373. 青缨鲆 *Crossorhombus azureus* (Alcock,1889)

鲆属 *Bothus*

374. 繁星鲆 *Bothus myriaster*（Temminck & Schlegel，1946）

左鲆属 *Laeops*

375. 北原左鲆 *Laeops kitaharae*（Smith & Pope，1906）

鲽科 Pleuronectidae

木叶鲽属 *Pleuromichthys*

376. 木叶鲽 *Pleuronichthys cornutus*（Temminck & Schlegel，1946）

虫鲽属 *Eopsetta*

377. 虫鲽 *Eopsetta grigorjewi*（Herzenstien，1890）

冠鲽属 *Samaris*

378. 冠鲽 *Samaris cristatus*（Gray，1831）

斜鲽属 *Plagiopsetta*

379. 褐斜鲽 *Plagiopsetta glossa*（Franz，1901）

鳎科 Soleidae

鳎属 *Solea*

380. 卵鳎 *Solea ovata*（Richardson，1846）

豹鳎属 *Pardachirus*

381. 栉豹鳎 *Pardachirus pavominus*（Lacepede）

节鳞鳎属 *Aseraggodes*

382. 节鳞鳎 *Aseraggodes kobensis*（Günter，1880））

条鳎属 *Zebrias*

383. 带纹条鳎 *Zebrias zebra*（Bloch，1787）

384. 缨鳞条鳎 *Zebrias crossolepis*（Cheng & Chang，1965）

385. 峨眉条鳎 *Zebrias quagga*（Kaup，1858）

角鳎属 *Aesopia*

386. 角鳎 *Aesopia cornuta*（Kaup，1858）

圆鳞鳎属 *Liachirus*

387. 黑斑圆鳞鳎 *Liachirus melanospilus*（Bleeker，1854）

舌鳎科 Cynoglossidae

须鳎属 *Paraplagusia*

388. 日本须鳎 *Paraplagusia japonica*（Temminck & Schlegel，1846）

389. 长钩须鳎 *Paraplagusia bilineata*（Bloch，1785）

舌鳎属 *Cynoglossus*

390. 双线舌鳎 *Cynoglossus bilineatus*（Lacepede，1802）

391. 断线舌鳎 *Cynoglossus interruptus*（Günther，1880）

392. 宽体舌鳎 *Cynoglossus robustus*（Günther，1873）

393. 黑尾舌鳎 *Cynoglossus melampetalus*（Richardson，1846）

394. 斑头舌鳎 *Cynoglossus puncticeps*（Richardson，1846）

395. 西宝舌鳎 *Cynoglossus sibogae*（Weber，1913）

396. 东亚单孔舌鳎 *Cynoglossus itinus*（Snyder，1909）

397. 焦氏舌鳎 *Cynoglossus joyneri* (Günther,1878)
398. 三线舌鳎 *Cynoglossus trigtammus* (Günther,1862)
399. 半滑舌鳎 *Cynoglossus semilaevis* (Günther,1873)
400. 短吻舌鳎 *Cynoglossus abbreviatus* (Gray,1943)
401. 黑鳃舌鳎 *Cynoglossus roulei* (Wu,193)
402. 黑鳍舌鳎 *Cynolossus nigropinnatus* (Ochiai,1963)

二十二、鲀形目 Tetraodontiformes

三刺鲀科 Triacanthidae

三刺鲀属 *Triacanthus*

403. 三刺鲀 *Triacanthus biaculeatus* (Bloch,1786)

拟三刺鲀属 *Triacanthodidae*

404. 拟三刺鲀 *Triacanthodidae anomalus* (Temminck & Schlegel,1850)

革鲀科 Aluteridae

副单角鲀属 *Paramonacanthus*

405. 日本副单角鲀 *Paramonacanthus nipponensi*s (Kamohara,1939)

细鳞鲀属 *Stephanolepis*

406. 丝背细鳞鲀 *Stephanolepis cirrhifer* (Temminck & Schlegel,1850)

棘皮鲀属 *Chaetodermis*

407. 棘皮鲀 *Chaetodermis spinosissimus* (Quoy & Gaimard,1824)

线鳞鲀属 *Arotrolepis*

408. 绒纹线鳞鲀 *Arotrolepis sulcatus* (Hollard,1854)

前刺单角鲀属 *Laputa*

409. 日本前刺单角鲀 *Laputa japonica* (Tilesius)

马面鲀属 *Navodon*

410. 绿鳍马面鲀 *Navodon septentrionalis* (Gunther,1874)
411. 黄鳍马面鲀 *Thamnaconus hypargyreus* (Cope,1871)

革鲀属 *Alutera*

412. 单角革鲀 *Alrtera monoceros* (Linnaeus,1758)

箱鲀科 Ostraciontidae

箱鲀属 *Ostracion*

413. 粒突箱鲀 *Ostracion cubicus* (Linnaeus,1758)

鲀科 Tetraodontidae

兔头鲀属 *Lagocephalus*

414. 黑鳃兔头鲀 *Lagocephalus inermis* (Temminck & Schlegel,1850)

腹刺鲀属 *Gastrophysus*

415. 圆斑腹刺鲀 *Gastrophysus sceleratus* (Forster)
416. 月腹刺鲀 *Gastrophysus lunaris* (Bloch & Schneider,1801)
417. 棕腹刺鲀 *Gastrophysus spadiceus* (Richardson,1845)

东方鲀属 *Takifugu*

418. 虫纹东方鲀 *Takifugu vermicularis*（Temminck & Schlegel,1850）
419. 横纹东方鲀 *Takifugu oblongus*（Bloch,1786）
420. 暗纹东方鲀 *Takifugu fasciatus*（McClelland,1844）
421. 铅点东方鲀 *Takifugu alboplumbeus*（Richardson,1845）
422. 星点东方鲀 *Takifugu niphobles*（Jordan & Snyder,1902）
423. 弓斑东方鲀 *Takifugu ocellatus*（Linaeus,1758）
424. 黄鳍东方鲀 *Takifugu xanthopterus*（Temminck & Schlegel,1850）
425. 双斑东方鲀 *Takifugu bimaculatus*（Richardson,1845）

凹鼻鲀属 *Chelonodon*

426. 凹鼻鲀 *Chelonodon patoca*（Hamilton—Buchanan,1822）

叉鼻鲀属 *Arothron*

427. 星斑叉鼻鲀 *Arothron stellatus*（Bloch et Schneider,1801）

刺鲀科 Diodontidae

刺鲀属 *Diodon*

428. 六斑刺鲀 *Diodon holacanthus*（Linnaeus,1758）

短刺鲀属 *Chilomycterus*

429. 眶棘圆短刺鲀 *Chilomycterus orbicularis*（Bloch,1785）

二十三、海蛾鱼目 Pegasiformes

海蛾鱼科 Pegasidae

海蛾鱼属 *Pegasus*

430. 飞海蛾鱼 *Pegasus volitans*（linnaeus,1766）

二十四、鮟鱇目 Lophiiformes

鮟鱇科 Lophiidae

黑鮟鱇属 *Lophiomus*

431. 黑鮟鱇 *Lophiomus setigerus*（Vahl,1797）

躄鱼科 Antennaridae

躄鱼属 *Antennarius*

432. 毛躄鱼 *Antennarius hispidus*（Bloch & Schneider,1801）
433. 三齿躄鱼 *Antennarius pinniceps*（Comnerson,1837）
434. 钱斑躄鱼 *Antennarius nummifer*（Cuvier,1817）

甲 壳 类

一、口足目 Stomatopoda

虾蛄科 Squillidae

口虾蛄属 *Oratosquilla*

1. 口虾蛄 *Oratosquilla Oratoria*（De Haan,1844）
2. 黑斑口虾蛄 *Oratosquilla kempi*（Schmitt,1931）
3. 尖刺口虾蛄 *Oratosquilla Mikado*（Manning,1971）

4. 屈足口虾蛄 *Oratosquilla gonypetes* (Manning,1971)

小口虾蛄属 *Oratosquilla*

5. 断脊小口虾蛄 *Oratosquilla interrupta* (Kemp,1911)

纹虾蛄属 *Dictyosquilla*

6. 窝纹网虾蛄 *Dictyosquilla foveolata*(Wood—Mason,1895)

褶虾蛄属 *Lophosquilla*

7. 褶虾蛄 *Lophosquilla*

8. 脊条褶虾蛄 *Lophosquilla costata*(De Haan,1844)

猛虾蛄属 *Harpiosquilla*

9. 眼斑猛虾蛄 *Harpiosquilla annandalei* (Kemp,1911)

绿虾蛄属 *Clorida*

10. 圆尾绿虾蛄 *Clorida rotundicaudai*(Miers,1880)

11. 小眼绿虾蛄 *Clorida microphthalma*(H. Miine—Edwards,1837)

近虾姑属 *Anchisquilla*

12. 条尾近虾姑 *Anchisquilla* fasciata(De Haan,1844)

仿虾蛄科 Pseudosquillidae

仿虾蛄属 *Pseudosquilla*

13. 粗糙仿虾蛄 *Pseudosquilla empusa* (Mieres,1880)

琴虾蛄科 Lysiosquillidae

琴虾蛄属 *Lysiosquilla*

14. 宽额琴虾蛄 *Lysiosquilla latifrons* (De Haan,1844)

二、十足目 Decapoda

对虾科 Penaedea

对虾属 *Penaeus*

15. 日本对虾 *Penaeus japonicus*(Spence Bate,1888)

16. 宽沟对虾 *Penaeus latisulcatus* (kishinouye,1900)

17. 斑节对虾 *Penaeus monoilon*(Fabricius,1798)

18. 中国对虾 *Penaeus orientalis* (kishinouye,1900)

19. 长毛对虾 *Penaeus penicillatus*(Alcock,1905)

20. 短沟对虾 *Penaeus semisulcatus*(De Haan,1844)

21. 深沟对虾 *Penaeus canaliculatus*

22. 墨吉对虾 *Penaeus merguiensis*(De Haan,1844)

23. 中国明对虾 *Penaeus Orientalis*(kishinouye,1917)

滨对虾属 *Litopenaeus*

24. 凡纳滨对虾 *Litopenaeus vannamei*(Boone,1931)

新对虾属 *Metapenaeus*

25. 刀额新对虾 *Metapenaeus ensis*(De Haan,1844)

26. 中型新对虾 *Metapenaeus investgatoris*(kishinouye,1900)

27. 周氏新对虾 *Metapenaeus joyneri*(Miers,1880)

28. 近缘新对虾 *Metapenaeus affinis*(H. Mine-Edwars,1837)

鹰爪虾属 *Trachypenaeus*

29. 锚形鹰爪虾 *Trachypenaeus anchoralis*

30. 鹰爪虾 *Trachypenaeus curvirostris*(Stimpson,1860)

仿对虾属 *Parapenaeposis*

31. 细巧仿对虾 *Parapenaeposis tenella*(Bate,1888)

32. 角突仿对虾 *Parapenaeposis cornuta*(kishinouye,1900)

33. 哈氏仿对虾 *Parapenaeposis hardwickii*(Miers,1878)

34. 刀额仿对虾 *Parapenaeposis cultriostris*(Alcock,1906)

35. 亨氏仿对虾 *Parapenaeopsis hungerfordi* (Alcock,1905)

拟对虾属 *Parapenaeus*

36. 长缝拟对虾 *Parapenaeus fissurus*(Bate)

异对虾属 *Atypopenaeus*

37. 扁足异对虾 *Atypopenaeusstenodactylus*(Stimpsom,1880)

赤虾属 *Metapenaeposis*

38. 须赤虾 *Metapenaeposis barbata*(De Haan,1844)

39. 高脊赤虾 *Metapenaeposis lamellata*(De Haan,1850)

40. 门司赤虾 *Metapenaeposis mogiensis*

41. 宽突赤虾 *Metapenaeposis palmensis*

42. 安达曼赤虾 *Metapenaeposis andamanensis*(Wood-Mason,1891)

43. 菲赤虾 *Metapenaeposis philippi*(Spence Bate,1881)

管鞭虾科 Solenoceridae

管鞭虾属 *Solenocera*

44. 中华管鞭虾 *Solenocera crassicornis*(H. Mine-Edwars,1837)

45. 高脊管鞭虾 *Solenocera alticarinata*(Kubo,1949)

46. 突出管鞭虾 *Solenocera prominentis*(Kubo,1949)

47. 栉管鞭虾 *Solenocera pectinata*(Bate,1888)

48. 凹管鞭虾 *Solenocera koelbeli*(De Man,1911)

单肢虾科 Sicyonidae

单肢虾属 *Sicyonia*

49. 日本单肢虾 *Sicyonia japonica*(Balss,1914)

50. 脊单肢虾 *Sicyonia cristata*(De Haan,1844)

樱虾科 Sergestidae

毛虾属 *Acetes*

51. 中国毛虾 *Acetes chinensis*(Hansen Hasen,1919)

52. 日本毛虾 *Acetes japonicus*(kishinouye,1900)

玻璃虾科 Pasipeidae

细螯虾属 *Leptochela*

53. 细螯虾 *Leptochela gracilis*(Stimpson,1860)

鼓虾科 Alpheidae

鼓虾属 *Alpheus*

54. 鲜明鼓虾 *Alpheus distinguendus*(De Man,1911)
55. 日本鼓虾 *Alpheus japonicus*(Miers,1880)
56. 短脊鼓虾 *Alpheus brevicristatus* (De Haan,1849)
57. 刺螯鼓虾 *Alpheus hoplocheles* (Coutiēre,1897)

长臂虾科 Palaemonidae

白虾属 *Exopalaemon*

58. 脊尾白虾 *Exopalaemon carinicauda* (Holthuis,1950)
59. 秀丽白虾 *Exopalaemon modestus* (Heller)

长臂虾属 *Palaemon*

60. 葛长臂虾 *Palaemon gravieri*(Yu,1930)
61. 锯齿长臂虾 *Palaemon serrifer*(Stimpson,1860)
62. 巨指长臂虾 *Palaemon macrodacty*(Rathbun,1902)

藻虾科 Hippolytidae

船形虾属 *Tozeuma lanceolatum*

63. 长枪船形虾 *Tozeuma lanceolatum Stimpson*(Stimpson,1860)

鞭腕虾属 *Cysmata*

64. 红条鞭腕虾 *Cysmata vittata*(Stimpson,1860)

长额虾科

等腕虾属 *Procletes*

65. 滑脊等腕虾 *Procletes levicarina* (Bate,1888)

红虾属 *Plesionika*

66. 东海红虾 *Plesionika izumiae* Omori,1971)

蝉虾科 Jcyllaridae

扁虾属 *Thenus*

67. 东方扁虾 *Thenus orientalis*(Lund)
68. 毛缘扁虾 *Ibaeus ciliatus*(Von Siebold)
69. 九齿扁虾 *Ibaeus novemdetatus*(Gibbes)

长额虾科 Pandalidae

70. 滑脊等腕虾 *Heterocarpoides levicarina* (Bate)
71. 东海红虾 *Plesionika izumiae* (Omori)

三、短尾目 Brachyura

绵蟹科 Dromiidae

劳绵蟹属 *Lauridromia*

72. 德汉劳绵蟹 *Lauridromia dehaani*(Rathbun,1923)

走蟹科 Dromiidae

走蟹属 *Dromia*

73. 走蟹 *Dromia dehanni* (Rathbun,1923)

板蟹属 *Petalomera*

74. 颗粒板蟹 *Petalomera granulata*(Stimpson,1858)

平壳蟹属 *Conchoecetes*

75. 干炼平壳蟹 *Conchoecetes artificiosus*(Fabricius,1798)

关公蟹科 Dorippidae

关公蟹属 *Dorippe*

76. 日本关公蟹 *Dorippe japonica* (Siebold,1824)

77. 聪明关公蟹 *Dorippe astute* (Fabricius,1798)

78. 端正关公蟹 *Dorippe polita*(Alocock&Anderson,1894)

79. 颗粒关公蟹 *Dorippe granulata*(De Haan,1841)

80. 伪装关公蟹 *Dorippe facchino*(Herbst,1785)

玉蟹科 Leucosiidae

五角蟹属 *Nursia*

81. 小五角蟹 *Nursia minors*(Miers,1879)

栗壳蟹属 *Arcania*

82. 七齿栗壳蟹 *Arcania heptacantha* (De Haan,1861)

玉蟹属 *Leucosia*

83. 单齿玉蟹 *Leucosia unidentata* (De Haan,1841)

拳蟹属 *Philyra*

84. 隆线拳蟹 *Philyra carinata*(Bell,1855)

馒头蟹科 Calappidae

馒头蟹属 *Calappa*

85. 消遥馒头蟹 *Calappa philargius*(Linnaeus,1758)

86. 卷折馒头蟹 *Calappa lophos*(Herbst,1782)

黎明蟹属 *Matuta*

87. 红线黎明蟹 *Matuta planipes*(Fabricius,1798)

88. 红点月神蟹(Mshtoret lunaris(Forskal,1775)

虎头蟹属 *Orithyia*

89. 乳斑虎头蟹 *Orithyia mammillaris*(Fabricius,1793)

蜘蛛蟹科 Majidae

互敬蟹属 *Hyastenus*

90. 双角互敬蟹 *Hyastenus diacanthus* (De Haan,1839)

91. 慈母互敬蟹 *Hyastenus pleione*(Herbst,1803)

牛角属 *Leptomithrax*

92. 艾氏牛角蟹 *Leptomithrax edwardsi* (De Haan,1835)

绒球蟹属 *Doclea*

93. 羊毛绒球蟹 *Doclea vis* (Fabricius,1787)

94. 沟痕绒球蟹 *Doclea canalifera*(Stimpson,1857)

矶蟹属 *Pugettia*

95. 缺刻矶蟹 *Pugettia incisa*(De Haan,1839)

蜘蛛蟹属 *Maja*

96. 日本蜘蛛蟹 *Maja japonica*(Rathbun,1932)

97. 刺蜘蛛蟹 *Maja spinigera*(De Haan,1839)

蛛形蟹科 Latreillidae

蛛形蟹属 *Latreillia*

98. 强壮蛛形蟹 *Latreillia valida*(De Haan,1839)

99. 长足长踦蟹 *Phalangipus longipes*

菱蟹科 Parthenopidae

菱蟹属 *Parthenope*

100. 强壮菱蟹 *Parthenope validus*(De Haan,1837)

强壮紧握蟹属 *Lambrus*

101. 强壮紧握蟹 *Lambrus validus* (Linnaeus,1758)

102. 疣背紧握蟹 *Lambrus tuberculosus* Stimpson

隐足蟹属 *Cryptopodia*

103. 环状隐足蟹 *Cryptopodia fronicata* (Fabricius,1781)

盔蟹科 Corystidae

琼娜蟹属 *Jonas*

104. 显著琼娜蟹 *Jonas distincta* (De Haan,1835)

梭子蟹科 Portunidae

圆趾蟹属 *Ovalipes*

105. 细点圆趾蟹 *Ovalipes punctatus* (De Haan,1833)

梭子蟹属 *Portunus*

106. 红星梭子蟹 *Portunus sanguinolentus* (Herbst,1783)

107. 拥剑梭子蟹 *Portunus gladiator* (Fabricius,1798)

108. 矛形梭子蟹 *Portunus hastatoides* (Fabricius,1798)

109. 纤手梭子蟹 *Portunus gracilimanus* (Stimpson,1858)

110. 三疣梭子蟹 *Portunus trituberculatus* (Miers,1876)

111. 银光梭子蟹 *Portunus argentatus* (A. Mile—Edwards,1861)

112. 远海梭子蟹 *Portunus pelagicus*(Linnaeus,1766)

双额短桨蟹属 *Thalamita*

113. 双额短桨蟹 *Thalamita sima*(H. Mile—Edwards,1834)

青蟹属 *Scylla*

114. 锯缘青蟹 *Scylla serrata* (Forskal,1775)

蟳属 *Charybdis*

115. 锐齿蟳 *Charybdis acuta* (A. Milne—Edwards,1869)

116. 斑纹蟳 *Charybdis cruciata* (Herbst,1789)

117. 美人蟳 *Charybdis callianassa* (Herbst,1789)

118. 善泳蟳 *Charybdis natator* (Herbst,1789)

119. 双斑蟳 *Charybdis bimaculata* (Miers,1886)
120. 香港蟳 *Charybdis hongkongersis* (Shen,1934)
121. 直额蟳 *Charybdis truncata* (Fabricius,1798)
122. 近亲蟳 *Charybdis affinis*(Danna,1852)
123. 锈斑蟳 *Charybdis feriatus*(Linnaeus,1758)
124. 武士蟳 *Charybdis miles* (De Haan,1835)
125. 变态蟳 *Charybdis variegata* (Fabricius,1798)
126. 钝齿蟳 *Charybdis hellerii*(A. Milne－Edwards,1867)
127. 疾进蟳 *Charybdis vadorum*(Alcock,1899)
128. 日本蟳 *Charybdis japonica*(A. Milne－Edwards,1861)
129. 光掌蟳 *Charybdis riversandersoni*(Alcock,1899)
130. 东方蟳 *Charybdis orientalis*(Dana,1852)

扇蟹科 Xanthidae

长眼睛蟹属 *Podophthalmus*

131. 看守长眼蟹 *Podophthalmus vigil*(Fabricius,1798)

精武蟹属 *Parapanope*

132. 贪精武蟹 *Parapanope euagora*(De Man,1895)

异毛蟹属 *Heteropilumnus*

133. 健全异毛蟹 *Heteropilumnus subinteger*(Lanchester,1900)

爱洁蟹属 *Atergatis*

134. 细纹爱洁蟹 *Atergatis reticulates* (De Haan,1835)

鳞斑蟹属 *Atergatis*

135. 鳞斑蟹 *Atergatis scaberrima*(Walker,1887)
136. 圆形鳞斑蟹 *Demania rotundata*(Serène,1964)

银杏蟹属 *Actaea*

137. 菜花银杏蟹 *Actaea savignyi*(H. Milne－Edwards,1834)

和尚蟹科 Mictyridae

暴蟹属 *Halimede*

138. 普通暴蟹 *Halimede tyche*(Herbst,1801)

皱蟹属 *Leptodius*

139. 火红皱蟹 *Leptodius exaratus*(H. Milne－Edwards,1834)

梯形蟹属 *Trapezia*

140. 网纹梯形蟹 *Trapezia cymodoce areolata* Dana

和尚蟹科 Mictyridae

和尚蟹属 *Mictyris*

141. 长腕和尚蟹 *Mictyris longicarpus* (Latreille,1806)

长脚蟹科 Goneplacidae

隆背蟹属 *Carcinoplax*

142. 长手隆背蟹 *Carcinoplax longimana*(De Haan,1835)

143. 紫隆背蟹 *Carcinoplax purpurea*(Rathbun,1914)

强蟹属 *Eucrate*

144. 隆线强蟹 *Eucrate crenata*(De Haan,1835)

145. 太阳强蟹 *Euctrae solaris*(Yang&Sun,1979)

146. 阿氏强蟹 *Eucrate alcocki*(Serène,1971)

拟盲人蟹属 *Typhlocarcinops*

147. 沟纹拟盲蟹 *Typhlocarcinops canaliculata*(Rathbun,1909)

掘沙蟹属 *Scalopidia*

148. 刺足掘沙蟹 *Scalopidia spinosipes* (Stimpson,1858)

方蟹科 Grapsidae

近方蟹属 *Hemigrapsus*

149. 绒毛近方蟹 Hemigrapsus penicillatus(De Haan,1835)

弓蟹属 *Varuna*

150. 字纹弓蟹 *Varuna litterata*(Fabricius,1798)

绒螯蟹属 *Eriochier*

151. 狭颚绒螯蟹 *Eriochier leptognathus* (Rathbun,1913)

152. 中华绒螯蟹 *Eriocheir sinensis*(H. Milne—Edwards,1853)

相手蟹属 *Sesarma*

153 斑点相手蟹 *Sesarma pictum*(Latreille,1803)

瓷蟹科 Porcenanids

瓷蟹属 *Porcellana*

154. 美丽瓷蟹 *Porcellana pulchra* (Stimpson,1858)

豆蟹科 Pinnotheridae

短眼蟹属 *Xenophthalmus*

155. 豆形短眼蟹 *Xenophthalmus pinnotheroides*(White,1846)

活额寄居蟹科 Diogenidae

真寄居蟹属 *Dardanus*

156. 刺足真寄居蟹 *Dardanus hessii*(Miters,1884)

沙蟹科招潮蟹属 *Uca*

157. 弧边招潮蟹 *Uca arcuata* (De Haan,1835)

头 足 类

一、枪形目 Teeuthoidea

武装乌贼科 Enoploteuthidae

钩腕乌贼属 *Abralia*

1. 多钩钩腕乌贼 *Abralia multihamata* (Sasaki,1929)

柔鱼科 Ommastrephidae

茎乌贼属 *Symplectoteuthis*

2. 莺乌贼 *Symplectoteuthis oualaniensis* (Lesson)

褶柔鱼属 *Todarodes*

3. 太平洋褶柔鱼 *Todarodes pacificus* Steenstrup

枪乌贼科 Loliginidae

枪乌贼属 *Loligo*

4. 火枪乌贼 *Loligo beka* (Sasaki,1929)

5. 杜氏枪乌贼 *Loligo duvaucelii* (Orbigny,1835)

6. 中国枪乌贼 *Loligo chinensis* (Gray,1849)

7. 小管枪乌贼 *Loligo oshimai* (Sasaki,1929)

8. 剑尖枪乌贼 *Loligo edulis* (Hoyle,1885)

9. 尤氏枪乌贼 *Loligo uyii* (Wakiya&Ishikawa,1921)

拟乌贼属 *Sepioteuthis*

10. 莱氏拟乌贼 *Sepioteuthis lessoniana* (Ferussac)

二、乌贼目 Spioidea

乌贼科 Spiidea

乌贼属 *Sepia*

11. 目乌贼 *Sepia aculeata* Orbigny

12. 虎斑乌贼 *Sepia pharaonis* (Ehrenberg,1831)

13. 金乌贼 *Sepia esculenta*(Hoyle,1885)

14. 拟目乌贼 *Sepia lycidas*(Gray,1849)

无针乌贼属 *Sepiella*

15. 日本无针乌贼 *Sepiella japonica* (Sasaki,1929)

16. 曼氏无针乌贼 *Sepiella maindroni* de Rocebrune

耳乌贼科 Sepiolidae

耳乌贼属 *Sepiola*

17. 双喙耳乌贼 *Sepiola birostrala* (Sasaki,1918)

暗耳乌贼属 *Inioteuthis*

18. 暗耳乌贼 *Inioteuthis japonica* (Verrill,1881)

四盘耳乌贼属 *Euprymna*

19. 柏氏四盘耳乌贼 *Euprymna berryi* (Sasaki,1929)

20. 四盘耳乌贼 *Euprymna morse* (Verril,1881)

后耳乌贼属 *Sepiadarium*

21. 后耳乌贼 *Sepiadarium kochii Steenstrup* (Steenstrup,1818)

三、八腕目 Octopoda

蛸科 Octopodinae

蛸属 *Octopus*

22. 砂蛸 *Octopus aegina*

23. 弯斑蛸 *Octopus dollfusi* Robson

24. 纺锤蛸 *Octopus fusiformis* (Brock,1887)

25. 环蛸 *Octopus maculosa*
26. 南海蛸 *Octopus nanhaiensis*
27. 短蛸 *Octopus fangsiao*（Orbigny,1939—1941）
28. 小管蛸 *Octopus oshimai*（Sasaki,1929）
29. 卵蛸 *Octopus ovulum*（Sasaki,1917）
30. 条纹蛸 *Octopus striolatus*
31. 长蛸 *Octopus variabilis*（Sasaki,1917）
32. 真蛸 *Octopus vulgaris*（Cuvier,1797）

小孔蛸属 *Cistopus*

33. 小孔蛸 *Cistopus indicus*（Orbigny）